U0394707

最受欢迎的种植业精品图书
ZUI SHOU HUANYING DE ZHONGZHIYE JINGPIN TUSHU

南方果树施肥手册

NANFANG GUOSHU SHIFEI SHOUCE

董玉良　杨守祥　劳秀荣　主编

中国农业出版社

图书在版编目（CIP）数据

南方果树施肥手册/董玉良，杨守祥，劳秀荣主编．
—北京：中国农业出版社，2015.10
（最受欢迎的种植业精品图书）
ISBN 978-7-109-21001-1

Ⅰ.①南… Ⅱ.①董…②杨…③劳… Ⅲ.①果树－施肥－手册 Ⅳ.①S660.6-62

中国版本图书馆 CIP 数据核字（2015）第 243314 号

中国农业出版社出版
（北京市朝阳区麦子店街 18 号楼）
（邮政编码 100125）
责任编辑 贺志清

中国农业出版社印刷厂印刷 新华书店北京发行所发行
2016 年 2 月第 1 版 2016 年 2 月北京第 1 次印刷

开本：880mm×1230mm 1/32 印张：12
字数：322 千字
定价：29.00 元
（凡本版图书出现印刷、装订错误，请向出版社发行部调换）

编写人员

主　　　编：董玉良　杨守祥
　　　　　　劳秀荣

副　主　编：任丽英　陈宝成
　　　　　　郝艳茹

编写人员（按姓名笔画排序）：

马　旭　王　淳
王宜伦　孔繁美
任丽英　刘之广
孙伟红　孙娅婷
劳秀荣　李燕婷
杨守祥　张玉玲
张昌爱　陈宝成
陈凌霞　郝艳茹
徐　振　崔秀敏
董玉良　魏志强

前 言

中国是世界果树种植大国，有悠久的栽培历史，同时也是水果生产和消费大国。据农业部统计，自1996年以来，全国果树的产值，在种植业中仅次于粮食和蔬菜，居第三位。自1993年起，中国已跃居世界水果生产第一大国。特别是近30年来，我国果品产业有了突飞猛进的发展，苹果、柑橘、香蕉、菠萝、荔枝等多种果品的产量已稳居世界之首，果品业已成为广大农村脱贫致富、发展多种经济的支柱产业之一。

我国果树种植业主要是利用山地丘陵和滩涂沙荒地，存在土层浅薄、有机质贫乏、保水保肥性能差、海涂盐碱含量高等生产障碍因子。肥料是果树的“粮食”，测土配方施肥是保证果树高产、稳产、优质最有效的农艺措施。为建设现代高标准化的果品生产基地，及时满足广大果农和肥料工作者的迫切需求，加强科技投入，普及果树科学施肥技术，应中国农业出版社之邀，在原《果树施肥手册》一书的基础上，增添了近年来我国开展测土配方施肥工作的新成果和新技术等内容，编写了本书。

本书不仅介绍了南方果树的需肥特性、营养诊断技术、果园土壤管理技术等基础知识，而且重点阐述了南方果树测土配方施肥的新技术规程，以及果树丰产优质高效施肥的新经验，同时还对20多种经济效益高的南方主栽果树树种的配方施肥技术分别做了详述。本书可作为果农在实际生产中的参考书，也可作为肥料工作者、农业科技服务者的工具书。

书中引用了许多相关书籍的图表和资料，除列入参考文献外，特向原作者表示衷心感谢！由于专业水平有限，疏漏与错误之处在所难免，敬请读者批评指正。

编　者

2015年5月

目 录

前言

第一篇 南方果树施肥基础知识

第一章 南方果树主栽区生态环境与施肥 …… 2

第一节 南方果树种植概况 …… 2

一、南方果树种植面积、种类与品种概况 …… 2

二、南方果树产量与经济效益概况 …… 3

第二节 南方生态环境对果树生长发育的影响 …… 4

一、温度对果树生长发育的影响 …… 5

二、光照对果树生长发育的影响 …… 8

三、水分对果树生长发育的影响 …… 9

四、土壤对果树生长发育的影响 …… 10

第三节 南方果树主栽区土壤理化性状与施肥 …… 20

一、红壤的理化性状 …… 20

二、砖红壤的理化性状 …… 21

三、赤红壤的理化性状 …… 21

四、黄壤的理化性状 …… 22

五、黄棕壤的理化性状 …… 22

第二章 南方果树生物学特性与施肥 …… 23

第一节 南方果树栽培学特性与施肥 …… 23

一、果树具有多年生、多次结果的特性 …… 23

二、果树具有无性繁殖的特性 …… 24

第二节 南方果树生命周期中养分变化动态与施肥 …………… 25
一、实生树年龄时期的营养积累特征 ………………………… 25
二、营养繁殖树年龄时期的营养积累动态 …………………… 26
第三节 南方果树年周期中养分变化动态与施肥 …………… 29
一、果树的生长与休眠 ……………………………………… 29
二、果树各物候期中养分变化动态 ………………………… 30
第四节 南方果树营养物质的生产与分配规律 ……………… 44
一、年周期和不同年龄时期的代谢特点 …………………… 45
二、营养物质的生产 ………………………………………… 46
三、果树营养物质的运转和分配规律 ……………………… 48
四、营养物质的积累与消耗 ………………………………… 52

第三章 南方果树需肥特性与施肥 …………………………… 54

第一节 果树根系的营养特性与施肥 ……………………… 54
一、根系的结构与分布 ……………………………………… 55
二、根系的生长习性 ………………………………………… 58
第二节 果树营养特性与施肥 ……………………………… 59
一、果树的营养生理特性 …………………………………… 59
二、果树施肥的特点 ………………………………………… 67
第三节 果树对养分的吸收利用 …………………………… 71
一、果树根系对养分的吸收利用 …………………………… 71
二、叶部对养分的吸收利用 ………………………………… 82
三、矿质养分在果树体内的运输和分配 …………………… 86
四、果树体内矿质养分的循环与再利用 …………………… 88

第四章 南方果树营养诊断与施肥 …………………………… 91

第一节 果树营养诊断研究与应用展望 …………………… 91
一、果树营养诊断的途径及应用范围 ……………………… 91
二、果树营养诊断的特点 …………………………………… 95
三、果树营养诊断的实用价值 ……………………………… 95

四、果树营养诊断研究与应用展望 …………………… 95
第二节　果树营养诊断指标的确定 …………………… 96
一、有无症状潜在缺素临界指标 …………………… 97
二、适宜含量范围和过多中毒指标 …………………… 97
第三节　果树营养元素失调症状与防治 …………………… 103
一、氮素失调症状与防治 …………………… 103
二、磷素失调与防治 …………………… 104
三、钾素失调与防治 …………………… 105
四、钙素失调与防治 …………………… 106
五、镁素失调与防治 …………………… 107
六、铁素失调与防治 …………………… 108
七、锌素失调与防治 …………………… 109
八、硼素失调与防治 …………………… 110
九、锰素失调与防治 …………………… 111
第五章　南方果园土壤管理与施肥 …………………… 113
第一节　南方果园土壤改良技术 …………………… 113
一、果园土壤的深翻熟化 …………………… 114
二、红壤、黄壤果园土壤的改良 …………………… 117
三、山地、丘陵坡地果园土壤的改良 …………………… 117
四、沙荒地果园土壤的改良 …………………… 120
五、盐碱地果园土壤的改良 …………………… 121
第二节　南方果园土壤管理技术 …………………… 123
一、果园土壤管理的目标 …………………… 123
二、果园土壤管理方法 …………………… 124
三、幼年果园土壤管理 …………………… 127
四、成年果园土壤管理 …………………… 129

第二篇　南方果树配方施肥指南

第六章　南方果树测土配方施肥技术 …… 132
第一节　南方果园测土配方施肥新技术 …… 132
一、果园测土配方施肥的涵义 …… 132
二、果园测土配方施肥的应用前景 …… 132
三、果园测土配方施肥的特点 …… 133
四、果园测土配方施肥的基本原理与步骤 …… 134
五、果园测土配方施肥的基本内容 …… 136
六、果园测土配方施肥技术要点 …… 136
第二节　果园测土配方施肥田间试验技术 …… 138
一、果园测土配方施肥田间试验的目的与任务 …… 138
二、果园测土配方施肥田间试验研究的方法 …… 139
三、果园测土配方施肥技术的示范试验 …… 163
四、田间试验方案的设计 …… 170
五、田间试验设计方案的实施 …… 173
六、果园田间试验记载与数据分析 …… 175
第三节　果园测土配方施肥中确定施肥量的基本方法 …… 176
一、养分平衡法 …… 176
二、肥料效应函数法 …… 183
三、土壤养分丰缺指标法 …… 184
四、土壤植株测试推荐施肥法 …… 185
第七章　南方果树丰产优质高效施肥新技术 …… 188
第一节　南方果园常用肥料施用技术 …… 188
一、有机肥料 …… 188
二、化学肥料 …… 189
第二节　现代新型果树专用肥料施用技术 …… 190
一、果树专用复混肥 …… 190

二、果树散装专用掺混肥 …… 190
三、果树缓（控）释肥 …… 190
四、果树多功能专用肥料 …… 191
第三节　南方果树现代施肥技术 …… 191
一、穴贮肥水 …… 191
二、灌溉施肥技术 …… 193
三、树干强力注射施肥技术 …… 197
第八章　南方果树配方施肥指南 …… 199
第一节　柑橘配方施肥技术 …… 199
一、柑橘的需肥特性 …… 199
二、柑橘配方施肥技术 …… 210
第二节　香蕉配方施肥技术 …… 220
一、香蕉需肥特性 …… 221
二、香蕉配方施肥技术 …… 229
第三节　菠萝配方施肥技术 …… 235
一、菠萝需肥特性 …… 235
二、菠萝配方施肥技术 …… 242
第四节　荔枝配方施肥技术 …… 245
一、荔枝需肥特性 …… 246
二、荔枝配方施肥技术 …… 256
第五节　龙眼配方施肥技术 …… 262
一、龙眼需肥特性 …… 262
二、龙眼配方施肥技术 …… 269
第六节　枇杷配方施肥技术 …… 275
一、枇杷需肥特性 …… 275
二、枇杷配方施肥技术 …… 281
第七节　芒果配方施肥技术 …… 282
一、芒果需肥特性 …… 283
二、芒果配方施肥技术 …… 288

第八节　椰子配方施肥技术 ………………………… 291
一、椰子需肥特性 ………………………… 291
二、椰子配方施肥技术 ………………………… 296
第九节　橄榄配方施肥技术 ………………………… 298
一、橄榄需肥特性 ………………………… 299
二、橄榄配方施肥技术 ………………………… 299
第十节　杨梅配方施肥技术 ………………………… 300
一、杨梅需肥特性 ………………………… 301
二、杨梅配方施肥技术 ………………………… 301
第十一节　油梨配方施肥技术 ………………………… 303
一、油梨需肥特性 ………………………… 303
二、油梨对生态条件的要求 ………………………… 303
三、油梨配方施肥技术 ………………………… 304
第十二节　腰果配方施肥技术 ………………………… 305
一、腰果需肥特性 ………………………… 305
二、腰果配方施肥技术 ………………………… 307
第十三节　罗汉果配方施肥技术 ………………………… 308
一、罗汉果需肥特性 ………………………… 308
二、罗汉果配方施肥技术 ………………………… 310
第十四节　火龙果配方施肥技术 ………………………… 311
一、火龙果需肥特性 ………………………… 311
二、火龙果配方施肥技术 ………………………… 313
第十五节　番荔枝配方施肥技术 ………………………… 313
一、番荔枝需肥特性 ………………………… 314
二、番荔枝配方施肥技术 ………………………… 314
第十六节　番木瓜配方施肥技术 ………………………… 316
一、番木瓜需肥特性 ………………………… 316
二、番木瓜配方施肥技术 ………………………… 317
第十七节　杨桃配方施肥技术 ………………………… 318
一、杨桃需肥特性 ………………………… 319

二、建园种植 …… 319
三、杨桃配方施肥技术 …… 320
第十八节　菠萝蜜配方施肥技术 …… 321
一、菠萝蜜对生态环境的要求 …… 321
二、菠萝蜜配方施肥技术 …… 321
第十九节　沙梨配方施肥技术 …… 323
一、沙梨需肥特性 …… 323
二、沙梨配方施肥技术 …… 326
第二十节　猕猴桃配方施肥技术 …… 327
一、猕猴桃需肥特性 …… 327
二、猕猴桃配方施肥技术 …… 335
第二十一节　石榴配方施肥技术 …… 337
一、石榴需肥特性 …… 338
二、石榴配方施肥技术 …… 342
第二十二节　无花果配方施肥技术 …… 344
一、无花果需肥特性 …… 345
二、无花果配方施肥技术 …… 350
第二十三节　银杏配方施肥技术 …… 355
一、银杏需肥特性 …… 356
二、银杏配方施肥技术 …… 363

参考文献 …… 369

第一篇

南方果树施肥基础知识

第一章

南方果树主栽区生态环境与施肥

第一节 南方果树种植概况

一、南方果树种植面积、种类与品种概况

中国是世界果树种植大国，有悠久的栽培历史，同时也是水果生产与消费大国。从 1997 年以来，我国的果树种植面积和果品产量均居世界首位，发展速度为世界各国所惊叹。特别是改革开放近 30 多年以来，我国的果品产业有了突飞猛进的发展，已成为广大农村脱贫致富、发展多种经济的一项支柱产业。果树种植业迅速发展，种植面积也逐年递增，尤以北方的苹果和南方的柑橘增长最快。据统计，2007 年，我国果树种植面积为 847 万公顷，2009 年已达1 000万公顷，居世界之首。

南方果树以柑橘、香蕉、荔枝、龙眼、椰子等常绿树种为主，2005 年我国南方各主要树种栽培面积如下：

1. 柑橘 柑橘为我国南方各省区主栽树种，尤以甜橙、宽皮柑橘、柑橘、柚、枸橼类最为出名。主要分布在北纬 16°～37°，海拔最高达 2 600 米（四川巴塘）。南起海南省的三亚市，北至陕、甘、豫，东起台湾省，西到西藏的雅鲁藏布江河谷。我国的经济栽培区主要集中在北纬 20°～33°，海拔 1 000 米以下。全国（包括台湾省在内）生产柑橘有 19 个省（自治区、直辖市）。其中主产柑橘的有浙江、福建、湖南、四川、广西、湖北、广东、江西、重庆和台湾等 10 个省（自治区、直辖市），其次是上海、贵州、云南、江苏等省（直辖市），陕西、河南、海南、安徽和甘肃等省也有种植。

全国种植柑橘的县（市、区）有985个。

2005年湖南柑橘种植面积为296.2千公顷；江西215.1千公顷；四川206.9千公顷；广东195.5千公顷；福建170.3千公顷；湖北143.2千公顷；广西141.3千公顷；浙江123.0千公顷。

2008年我国的柑橘种植面积达到155.40万公顷，第一次超过巴西，成为世界第一大柑橘生产国。

2. 香蕉　2005年广东香蕉种植面积为128.4千公顷；广西54.7千公顷；海南37.3千公顷；福建29.3千公顷；云南22.4千公顷；贵州2.2千公顷；四川1.3千公顷；重庆0.2千公顷。

3. 荔枝　2005年广东荔枝种植面积为278.1千公顷；广西221.7千公顷；福建39.0千公顷；海南31.5千公顷；云南5.2千公顷；重庆2.7千公顷；四川2.0千公顷；贵州0.6千公顷。

4. 菠萝　2005年广东菠萝种植面积为27.1千公顷；海南11.8千公顷；广西5.2千公顷；福建4.0千公顷；云南3.4千公顷。

5. 猕猴桃　2005年湖南猕猴桃种植面积为7.2千公顷；四川6.7千公顷；贵州5.5千公顷；浙江3.0千公顷；江西2.4千公顷；湖北2.1千公顷。

6. 桃和梨　桃和梨为落叶果树。以山东、河北、河南三省桃的种植面积最大，而湖北、四川、福建等省，桃的种植面积远大于香蕉、菠萝、荔枝和猕猴桃。2005年湖北桃的种植面积为43.5千公顷；四川34.2千公顷；江苏32.8千公顷；福建25.4千公顷。梨的种植面积以河北与辽宁两省最大，分别为215.0千公顷和91.6千公顷，而四川为83.0千公顷；江苏47.3千公顷。

二、南方果树产量与经济效益概况

我国的水果种类主要有苹果、柑橘、香蕉、梨、葡萄、菠萝等，其产量约占水果总产量的80%。苹果是我国的第一大水果，其产量约占水果总产量的27%；柑橘为第二大水果，其产量约占水果总产量的18%；梨占13%；香蕉占8.0%；葡萄占7.0%；其他热带水果约占9.2%。据统计，我国南方主产区水果产量状况如下：

1. 柑橘类 我国的第二大水果种类是柑橘。2005 年福建柑橘类产量为 215.5 万吨；四川 213.7 万吨；湖南 212.2 万吨；广西 187.7 万吨；广东 182.7 万吨；浙江 148.1 万吨；重庆 90.9 万吨；云南 21.1 万吨。以上省（自治区、直辖市）合计总产量约为 1 271.3万吨。另据国家统计局的统计资料：2006 年全国柑橘产量达 2 107.80 万吨，2007 年 2 245.37 万吨，2008 年 2 330.98 万吨，2009 年 2 497.68 万吨，2010 年 2 531.37 万吨，2011 年 2 672.48 万吨，2012 年 2 782.42 万吨，2013 年 2 892.37 万吨，毫无疑问，我国柑橘类水果产量呈逐年递增趋势。

2. 热带、亚热带水果 2005 年广东热带、亚热带水果产量为 535.7 万吨；广西 233.2 万吨；福建 154.7 万吨；海南 142.5 万吨；云南 33.9 万吨；四川 4.3 万吨；贵州 1.0 万吨；重庆 0.4 万吨，以上省（自治区、直辖市）合计总产量约为 1 101.7 万吨。

3. 桃、梨和柿子 2005 年湖北桃的产量为 46.9 万吨；四川 31.9 万吨；江苏 31.9 万吨；浙江 28.6 万吨。梨的产量分别是：四川为 68.5 万吨；浙江 55.6 万吨。柿子的产量分别是：广西为 44.1 万吨；福建 16.1 万吨；江苏 12.1 万吨；广东 11.5 万吨。

第二节 南方生态环境对果树生长发育的影响

果树在其生长发育的过程中，与生态环境形成相互联系、相互制约的统一体。果树正常生长发育需要一定的生态环境，而一定的生态环境又影响着果树的生长发育，同时果树生长发育的变化状况也反映了生态环境变化的程度。在果树生长发育和生态环境相互作用过程中，生态环境起着主导作用，果树也有适应和变更生态环境的能力，但是生态环境的主导作用更改的难度相当大，在果树经济栽培中更为突出。因此，在生产上常可人为地创造一定的果树种类或品种选择与此特性相适应的生态环境，采取可能有效的措施去改善不利的生态因子，满足果树正常生长发育的需求，以取得较高的

经济栽培效益。

果树生长发育所需求的生态因子很多，可分为直接和间接两类，其中最基本的因素有温度、光照、水分、空气、土壤和养分等。在影响果树产量和质量的诸多因素中，养分是最有效和作用最快的变化因子。在果树年周期中改善某一养分的用量或养分的比例，可以改变果树的生理同化过程，促进蛋白质、糖分等有机物质的合成，从而提高果树的经济效益和生态效益。

一、温度对果树生长发育的影响

温度是果树生态因子和生长繁衍的条件之一。果树的发芽生长、开花结果以及树体内一系列的生理生化活动和变化，均需要在一定温度范围内进行，并且每一种生命活动及其外部表现特征的发生都有其最低、最高和最适 3 种不同的临界温度。温度对于果树的每一个生命活动的环节和过程都有其制约或促进的作用。温度变化愈大，其制约或促进作用愈明显。因此，在筹建果园或果品生产基地时，首先要考虑果树种类、品种特性和需要的热量，选择与之相适应的温度和区域。例如，柑橘北移，首要的限制因子是低温冻害。

1. 温度与果树的地理分布　温度周期性的日变化和年变化，形成了不同的自然地理区域和各类植物特有的物质积累、输导、分配和生长发育的适应规律，以及年周期中物候期的顺序等特点。因此，各种果树在生长周期中对温度热量的要求与其原产地温度条件有关，果树的自然分布随地区温度的变化而发生改变，即不同的果树只能分布在与之相适应的温度地区范围内（表 1-1）。

表 1-1　主要南方果树所需的最适宜温度

果树种类	年平均温度（℃）	果树种类	年平均温度（℃）
柑橘	16～23	菠萝	24～27
香蕉	24～32	梅	16～20
枣	6～14	葡萄	8～18
枇杷	16～17	荔枝	20～23

2. 果树生长发育对温度的要求 果树在一年周期中要求达到一定的温度总量才能完成其生命活动周期，通常把高于一定温度值以上的昼夜温度总和称为积温。一般果树萌发的生物学零度为3～10℃，生长季节的有效积温在2 500～3 000℃。从萌芽到开花都要求有一定的积温（表1-2），代表各种果树的平均趋势。不同种类的果树整个生长发育期中要求有不同的积温总量。积温是影响果树各个生长发育期的重要因素，能直接促进或推迟其物候期。这一特点既是果树的遗传特性，又是发展果品产业优势产区规划与建设的重要依据。

表1-2 主要果树开花和果实成熟时期的积温

（℃）

果树种类	开花	果实成熟
苹果	419	1 099
梨（洋梨）	435	867
桃	470	1 083
杏	357	649
西洋樱桃	404	446
葡萄	—	2 100～3 700
柑橘	—	3 000～3 500

温度对果树生长发育和同化异化的效果，有其最适点、最低点和最高点，即温度三基点。一般植株的光合作用最适温度为20～30℃，最高温度为45～50℃，最低温度为5～15℃；而呼吸作用的最适温度为30～40℃，最高温度为45～50℃，最低温度为0℃。在一定的温度范围内，温度每提高10℃，其生命活动强度增加1～2倍，但是超过最适温度，呼吸作用旺盛，消耗物质多，光合产物的积累会出现负值。相反，当温度从光合作用最适点下降至最低点5～15℃时，营养物质的生产和积累就会停止，但呼吸作用仍在进行，只有消耗树体内的养分，直到0℃才会停止生命活动。由此可见，温度过高或过低，对营养物质的生产和积累均有不利影响。

果树花芽分化与温度有直接或间接关系。一般果树花芽分化需高温、干燥和充足的日光，而有些果树，如柑橘则需要较低温度和适度干燥。

温度对果实的品质、色泽、成熟期均有较大影响。一般，若温度高，则果实含糖量高，成熟期提早，但色泽稍淡，含酸量低；若温度低，则含糖量低，含酸量高，色泽鲜艳，成熟期推迟。但温度过高或过低反而有害。昼夜温差对果实影响很大，温差大，糖分积累多，甜味更浓。在果实膨大期，若气温高，则横径生长大于纵径；若气温低，则纵径生长大于横径。

3. 高温或低温对果树生长的影响　在果树年周期内，温度呈规律性变化，由于果树在长期演化过程中产生了适应性的遗传特性，对其生长发育是有利的。但气温反常会打乱果树生长发育的常规，甚至导致减产或死亡。

（1）温度过高的危害。高温会破坏光合作用和呼吸作用的平衡关系，导致果树生长发育不良。如温度过高，气孔不关闭，蒸腾加剧，树体呈缺水和饥饿状态，可引发果实停止生长，果型变小，色香味俱差，成熟期推迟，耐贮性降低。在冬季温度过高，落叶果树不能顺利通过休眠或由于太阳直射，树体局部常发生日烧；夏季高温更会导致日烧的危害。研究表明，当生长期温度达到30～35℃时，一般落叶果树的生理过程受到抑制；达到50℃时，其生理过程则会受到严重伤害。

（2）温度过低的危害。低温或突然降温对果树的危害比高温更严重，往往会使果树的生理机能受到破坏，造成叶落枝枯乃至死树的后果。果树对冬季低温的忍受能力取决于不同树种、品种和各器官的遗传特性（表1-3），并且还与树势、地势有关。因越冬性不强而发生枝条脱水、皱缩、干枯的现象称之为“抽条”或“灼条”。冬季干旱、早春回暖早但又有倒春寒的年份或地区，旺长幼树均可造成生理干旱乃至抽条现象。抽条与树种、品种有关，也与枝条成熟度、营养状况、有无防护带、后期肥水供应有关。

表 1-3　各种果树冻害的温度

果树种类	枝梢受冻温度（℃）	冻死温度（℃）
香蕉、菠萝	0	－5～－3
荔枝、龙眼	－3～－2	－7～－5
橙、柚	－6～－5	－9～－8
桃、沙梨、李	－20～－18	－35～－23
杏、苹果	－30～－25	－45～－30

二、光照对果树生长发育的影响

光照是果树生存的重要因子之一，也是制造有机营养的能量来源。光照的多寡影响着果实的产量和质量。不同果树树种和不同的发育期对光照度、光照时间的要求各不相同。正因如此，果树才会正常地出现各种内部生理变化，并表现为外部的萌芽、抽枝、展叶、开花、结果等各种有规律的变化。

不同果树对光的需要程度与其原产地的地理位置和长期适应的自然条件有关。生长在我国南方低纬度、多雨地区的亚热带果树，对光的要求低于原生在我国北部高纬度的落叶果树。原生于森林边缘和空旷山地的果树多数都是喜光树种。不同树种之间喜光性差异仍很悬殊。例如，同是南方的常绿果树，椰子、香蕉比龙眼、荔枝更喜光；而杨梅、柑橘、枇杷则较耐阴；在落叶果树中，以桃、杏、枣等最喜光，而苹果、梨、葡萄、李等次之，核桃、山楂、猕猴桃等较耐阴。

同一树种不同品种或同一品种不同树龄，其喜光性和对光照度的反应也有差异。果树在同化过程中不仅利用直射光，也能利用土壤、水面、植被及其他物体上的反射光，这对果树高产和增质非常有益。

果树对光的利用率首先取决于光合面积、光合能力，即主要取决于叶面积和叶功能。在一定条件下，叶面积、叶功能及其光能利

用情况与树冠的形状有关。同化量与光照度有关。若果树叶幕层厚，叶面积指数高，由于叶片相互重叠遮阳，有效叶面积小，同化量降低。

光对果树的生长和形态结构也有明显的作用。光可以促进细胞的增大和分化，但也控制细胞的分裂与伸长。光照不足或阴雨连绵，会造成枝梢徒长，干物质累积量降低。由于根系生长所需的营养物质大部分来自地上部的同化物，因此对根系生长也有明显抑制作用。

光照与花芽的分化密切相关。光照充足能促进花芽的形成与发育。据报道，营养失调是导致果树早期生理落果的直接原因，光照不足使同化量减少是引起生理落果的间接诱因。果树通风透光良好，则果实色泽鲜艳，糖分和维生素含量高，硬度低，耐贮性强，品质好。

在果树栽培中利用矮化密植，使枝叶分布均匀，主侧枝较少，树形波浪起伏，扩大群体的叶面积指数以增大截获光能等，有利于提高光合效能。

三、水分对果树生长发育的影响

1. 水分的生理功能　水分是果树树体的重要组成部分，果树枝叶和根部的水分含量约占50%，果实的含水量大多在80%～90%。树体内各种物质的合成与转化、维持细胞的膨压和蒸腾作用、溶解土壤中矿物质营养、调节树体温度及树体内各种生理活动等均需有水分直接参与才能进行。

果树不同器官含水量各不相同，通常生长最活跃的组织和器官中含水量与需水量较多。结果树争夺水分最突出的器官是果实和叶片。在缺水条件下，水分优先供应叶片蒸腾，致使果实呈缺水状态。

2. 水分对果树生长发育的影响

（1）果树的需水量。果树在生长期间的蒸腾量与其所生成的干物质的重量比称为需水量，一般以形成干物质所需的水量表示。果树的需水量随树种、果园土壤类型、气候条件以及栽培管理措施等不同而有所不同。

（2）水分失调对果树生长的影响。在果树年生长周期中对水分的需要因季节而有所变化。春季供水不足时，常延迟萌芽期或萌芽不够整齐一致，影响新梢和叶片的生长；花期干旱或水分过多，常影响传粉受精，造成落花落果；新梢生长期温度急剧上升，枝叶生长旺盛，需水量较多，对缺水反应最敏感，此期称为需水临界期。春梢过短、秋梢过长是前期缺水、后期水分过多所致。花芽分化期需水相对较少，水分过多反而影响花芽分化；果实膨大期也需一定量的水分，在果实成熟前若有剧烈变化，则会引起后期落果或造成裂果或烂果。秋旱时枝条和根系提前停止生长，影响营养物质的转化与积累，抗旱性降低。冬季缺水会造成生理干旱，枝干易冻伤。

果树在其生命活动过程中，各器官的水分虽能保持着相对平衡，但是超出最大限度时，会出现各种生理病态，甚至导致植株死亡。当蒸腾量大于吸收量时，水分平衡被破坏，枝叶呈下垂、萎蔫状，时间过长就会永久凋萎，造成干旱伤害。由此看来，及时适量地供给果树水分是保证其生命活动、获得持续稳产优质的基本措施之一。

为保证果树各物候期对水分的需要，须因地制宜、开源节流、合理排灌，做到及时适量改良土壤，提高土壤蓄水和保水性能，中耕松土和覆盖，以减少地面蒸发。

四、土壤对果树生长发育的影响

土壤是果树生长的基地，也是树体必需营养元素和水分的主要来源。因此，土壤类型、土壤质地、土壤温度、土壤水分、土壤酸碱度、土壤清洁度等诸多因素影响着果树根系的生长和分布。

（一）土壤类型对果树生长发育的影响

土壤类型与根系分布、施肥效果等密切相关。

1. 南方主要果园土壤类型　我国南方果园土壤多是在湿热的亚热带或热带生物气候条件下形成的土壤，其主要土壤类型有：紫色土、红壤、黄壤、赤红壤、砖红壤及石灰土。栽培果树主要有柑橘、荔枝、香蕉、菠萝、椰子等常绿果树和部分落叶果树。

（1）紫色土。紫色土是由紫色砂页岩形成的一种岩性土壤。集中分布在四川盆地丘陵及低山区，在长江以南的省份也有零星分布。紫色土为四川省的主要果园土壤类型。该类土壤结构疏松、容易耕作、养分贮量丰富，尤其是磷、钾和某些微量元素含量高。但是一般有机质含量低，多在1.0%以下，缺乏氮素，坡地水土流失严重，易受干旱影响。依其酸碱度不同，又可分为碱性紫色土、中性紫色土和酸性紫色土。碱性紫色土呈碱性或强碱性反应，铁、锌、锰、硼等有效性微量元素含量低，立地在该类土壤上的果树均有不同程度的缺素黄化病。中性紫色土或酸性紫色土除氮素外，其他养分含量较高，为较好的果园土壤类型，其肥力水平一般高于黄壤。我国南方果园3种主要紫色土特征比较如表1-4所示。四川棕紫色土的机械组成与结构状况如表1-5所示。

表1-4　三种主要紫色土类型特征比较

类　型	特　征		
	胶体品质（SiO_2/R_2O_2）	热力学特性（温度由高至低时）	生产性能
暗紫色土（高硅土）	3.0～4.5	毛管水减少，吸湿水增加，升温不易	不择肥，耐旱力强，宜耕期长，前发型。轻微片蚀，轻度水热矛盾，宜适当稀植，梯面应外斜
棕紫色土（低硅性低硅土）	3.0左右	基本同上	不择肥，耐旱力强，宜耕期长，前发型。轻微片蚀，轻度水热矛盾，宜适当稀植，梯面水平
红紫色土（高硅性低硅土）	2.0～2.5	吸湿水减少，重力水增加，排水可提高土温	较择肥，抗旱力差，宜耕期短，多沟蚀，胶体品质差，引起水、热、气、肥矛盾，应多施有机肥，梯面内倾

表 1-5　棕紫色土的机械组成与结构状况

类型	俗名	沙粒（%）	粉沙（%）	黏粒（%）	质地	结构
棕紫色土	大土泥	56.4	9.6	34	沙质黏土	粒状
棕紫色土	豆瓣泥	13.8	33.2	53	黏土	小棱块状
棕紫色土	黄泥	29.6	17.4	53	黏土	块状
棕紫色土	石骨子土	—	—	—	砾质	碎屑状

（2）红壤。红壤为我国南方的主要果园土壤类型，广泛分布于长江以南的低山丘陵区，以江西、湖南分布面广而集中，在华南及西南各省区也有大面积分布。红壤所在地区气候条件优越，年均温度18～25℃，年降水量大，水资源极为丰富，果树生长期长。这类土壤风化程度高，一般黏粒多而品质差，有机质含量低，结构不良，黏重板结，透气排水性差，湿时耕作困难，干时坚硬，当地群众称之为“皮进水，肚不进水”“三晴抗旱、两雨防冲”的土壤。红壤呈酸性或强酸性反应，养分含量偏低（表1-6），尤其缺乏磷、钾、钙，微量元素中硼、钼、锌也很贫乏。土壤有益微生物数量很少，因此土壤有效磷、钾也偏低，而铁、铝的活性高，在果园中基本很少出现果树缺铁黄化病（表1-7）。

表 1-6　未开垦红壤的酸度与养分含量

类型	有机质（毫克/千克）	全氮（毫克/千克）	碱解氮（毫克/千克）	速效磷（毫克/千克）	速效钾（毫克/千克）	pH	盐基饱和度（%）
红壤	67.3	1.04	154.14	1.64	96.66	4.68	45.2
粗骨红壤	69.9	2.32	190.38	1.28	92.81	4.62	12.4
黄红壤	70.3	2.19	192.79	1.39	89.31	4.82	32.6
暗红壤	80.4	2.74	188.43	0.55	96.04	5.03	45.8

表 1-7　红壤龙眼园土壤化学性状

地名	土层（厘米）	pH	有机质（%）	全氮（%）	全磷（%）	碱解氮（毫克/千克）	速效磷（毫克/千克）	速效钾（毫克/千克）
晋江	0～20	4.46	0.41	0.015	0.032	25.8	2.5	47.2
洋尾	20～40	4.61	0.40	0.013	0.032	28.8	0.8	54.9
南安	0～20	4.48	0.44	0.013	0.021	27.2	1.8	76.5
岭兜	20～40	4.50	0.30	0.011	0.020	23.2	1.3	77.6
泉州	0～20	4.43	0.74	0.028	0.019	50.4	4.6	86.9
登峰	20～40	4.56	0.60	0.025	0.013	37.6	2.2	92.6

（3）黄壤。黄壤也是我国南方丘陵山区的主要果园土壤类型之一，以四川、贵州两省分布较广，南方其他各省也有相当面积分布。黄壤多分布在我国亚热带常绿林的生物气候带，年均温度为15～18℃，年降水量 1 000 毫米。土壤母质以花岗岩、砂岩为主，发育于这两种母岩上的黄壤，土层较厚，质地偏沙，渗透性较强。泥质页岩和第四纪页岩上形成的黄壤多为壤土，有较好的渗透性。这类土壤多分布于雨水充沛的丘陵山地，故土壤的淋溶作用较明显。土壤中氮、磷、钾含量偏低，尤其缺乏磷和铁，微量元素硼和钼的含量也较低，其他微量元素的有效性相应较高。熟化度低的黏重黄壤，土壤板结，养分含量低（表 1-8），为黄壤中的低产土壤。

表 1-8　不同熟化度黄壤养分变化动态

土壤名称	熟化度	层次	有机质（%）	全氮（%）	全磷（%）	速效氮（毫克/千克）	有效磷（毫克/千克）	pH	代换量（厘摩尔/千克）
红眼黄壤	低	耕作层 心土层	0.76 0.63	0.087 0.028	0.11 0.093	4	0.7	6.8	245.6 203.1
大眼黄壤	中	耕作层 心土层	0.92 0.10	0.143 0.070	0.105 0.094	14	12	7.4	244.0 209.1
黑泥夹砂	高	耕作层 心土层	1.11 0.95	0.238 0.128	0.165 0.107	18	15	7.1	269.0 242.6

（贵州农学院）

（4）赤红壤。赤红壤为南亚热带地区的代表性果园土壤类型，主要分布于广东沿海、广西西南部、福建、台湾南部及云南西南部的低山丘陵区。此类土壤既不同于中亚热带的红壤，也不同于热带的砖红壤，其土壤性质与气候特点介于两者之间。种植的果树除柑橘、荔枝、龙眼、杨桃等亚热带果树外，也栽培有香蕉、菠萝、芒果、番木瓜等热带果树。成土母质主要是花岗岩、玄武岩及砂岩等酸性岩，土壤质地较轻，呈酸性反应，磷、钾含量偏低，有效硼、有效钼也偏少。

（5）砖红壤。砖红壤为热带果园主要土壤类型，地处热带，具有高温多雨、干湿季明显的季风特点。主要分布在海南岛、雷州半岛和西双版纳等地。由玄武岩发育的砖红壤，土层深厚，质地黏重；由片麻岩、花岗岩及浅海沉积物发育的砖红壤，一般质地较轻，易受侵蚀与干旱的影响。由于强烈的淋溶作用，土壤呈酸性反应，土壤中氮、磷、钾、镁、硼等含量均较低。

（6）石灰土。石灰土是南方热带和亚热带地区较肥沃的果园主要土壤类型之一，多分布在广西、贵州、云南、四川等省（自治区）。是在热带、亚热带的湿润气候条件下，由石灰岩、白云岩等碳酸盐岩风化发育而成的土壤。这类土壤形成过程和特性与母岩的风化和碳酸盐的淋溶密切相关。因其风化过程缓慢以及地表径流的侵蚀，土层均很浅薄，一般厚度仅有20～50厘米，只有坡麓、槽谷洼地的土层较深厚。石灰土在形成过程中因碳酸盐的不断淋溶与补给，使土壤中始终保持少量碳酸盐，所以钙、镁含量丰富，土壤多呈微酸性至微碱性反应。石灰土的矿质养分含量丰富，自然肥力较高，磷、钾含量明显高于砖红壤，磷和锌的有效性也较高，而有效态硼和钼较低（表1-9）。

表 1-9　石灰土不同熟化阶段养分含量

采土地点	土壤名称	土层深度（厘米）	质地	pH	有机质（%）	全氮（毫克/千克）	水解氮（毫克/千克）	全磷（毫克/千克）	代换量（厘摩尔/千克）
广西宜山和平乡	僵黄泥	0～10	重壤	8.2	0.85	0.63	43	0.59	164.3
广西宜山火车站	黄泥畲	0～12	重壤	8.3	0.72	0.58	52	0.54	157.0
广西宜山庆运镇	老泥畲	0～20	重壤	7.6	2.20	1.25	109	0.92	223.6
广西罗城城厢	黑油土	0～20	重壤	7.3	5.60	2.74	248	2.71	265.2

（《中国农业土壤志》）

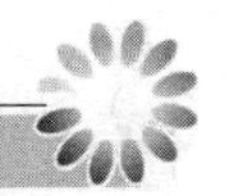

2. 南方主要果园土壤质地　土壤质地对果树的生长发育影响很大。土壤疏松，透气排水良好，适于果树生长，根系发达，地上部枝叶茂盛；黏重土壤，透气排水不良，果树根系伸展受阻，树体长势瘦弱。

土壤质地对果树的影响，通常是以心土层结构的影响极大。山地果树如土壤下层为半风化母岩，根系分布深而量少，对果树耐旱有促进作用；如下层为横生岩板，则根系被限制在表土层或耕翻松动的局部范围内，因此，地上部生长发育受阻；若是沙地土壤，下层有黏土层间隔时，不仅影响根系分布深度，而且还会引起地下积水涝根；沙地下层有白干土，即钙积层时，也会限制根系向下伸展，造成干旱时不能利用地下水，雨季时容易积水烂根。

山麓冲积平原、海滩沙地以及河道沙滩，表土下有砾石层时，同样对果树会造成不良影响。如果土层较厚，砾石层或砾砂层分布在1.5米以下时，不但有利于排涝排盐，而且对果树生长和结实具有良好作用。土层深厚，能加深根系分布层，既能增强抗逆性，又可利于果树生长和丰产。

一般果树对于土壤有较广泛的适应性，但不同树种仍有各自的最适丰产范围。如柑橘、苹果、梨等最适于土质疏松、孔隙度较大、容重较小、土层较厚的沙壤或轻壤土；枣、柿子、核桃等对土壤质地要求比较低；葡萄在山区、沙滩、盐碱地上有较强的适应能力。土壤质地等级及其粒组界限（国际标准）如表1-10所示。

表1-10　国际制土壤质地

质地名称		所含粒组百分数范围		
类别	名称	沙粒 （2～0.02厘米）	粉沙粒 （0.02～0.002厘米）	黏粒 （<0.002厘米）
沙土类	沙土及沙壤土	85～100	0～15	0～15
壤土类	沙壤土	55～85	0～45	0～15
	壤土	40～55	30～45	0～15
	粉沙质壤土	0～55	45～100	0～15
黏壤土类	沙质黏壤土	55～85	0～30	15～25
	黏壤土	30～55	20～45	15～25
	粉沙质黏壤土	0～40	45～85	15～25

（续）

质地名称		所含粒组百分数范围		
类别	名称	沙粒 （2～0.02厘米）	粉沙粒 （0.02～0.002厘米）	黏粒 （<0.002厘米）
黏土类	沙质黏土	55～75	0～20	25～45
	粉沙质黏土	0～30	45～75	25～45
	壤质黏土	10～55	0～45	25～45
	黏土	0～55	0～55	45～65
	重黏土	0～35	0～35	65～100

3. 南方主要果园土壤温度 土壤温度对果树生长的影响是多方面的，不仅直接影响根系的活动，还制约着各种生物化学过程，如微生物活动、有机质的分解、养分的转化及水分、空气的运动等。土壤温度的变化状况及稳定性能，依土壤质地而异。如沙土升温快，散热也快；而黏土增温和降温都比沙土慢。所以，黏土的稳温性强。同一类土壤，湿润土比干土的温度日较差小。表土温度的日差较大，35～100厘米土层日差逐渐消失而出现恒温。

（1）土温对根系生长的影响。土温与根系的生长极为相关，当土温过高或过低时，均会使根系受到伤害。多数常绿果树的根系耐寒性差，当土温低于－3℃时即发生冻害，低于－5℃时大根即受冻；多数落叶果树的根系较耐低温。

（2）土温对果树生理代谢的影响。土温的高低会促进或抑制果树的生理代谢过程。在一定温度范围内，根系对营养元素吸收的快慢随土温变化而变化。土温升高时吸收加快，土温降低时吸收减慢，具体范围因树种而异。

（3）土温对土壤肥力的影响。土温对土壤肥力的影响是多方面的。土温影响土壤中的各种化学反应。在一般情况下，化学反应的速度与温度呈正相关。我国南方果园矿物的化学风化作用明显强于北方果园。

①土温影响土壤中生物化学过程。土温对微生物活性的影响极其明显，大多数微生物的活动，要求温度为15～45℃，在此温度

范围内，微生物活动随温度升高而增强。土温过高、过低或超出这一温度范围，则微生物活动受抑制，从而影响到土壤中的腐殖化和矿质化过程，影响到各种养分的生物有效性，也就影响到果树根系对养分的吸收。

②土温影响土壤有机质和氮素的积累。土壤有机质的转化与温度的关系极为密切。我国南方热带地区的果园，因多雨高温，有机质分解快；寒温带果园，因干旱低温，有机质分解慢，其所含养分和碳的周转期远比南方要长。所以，在南方果园中，调节土壤有机质偏重于加强积累，而在寒冷的北方地区果园中，则更多地侧重于加速有机质的分解以释放有效养分。

③土温影响水、气运动。土温的高低影响土壤气体的交换、土壤水溶液的移动以及土壤水分存在的形态。在一定土温范围内，果树根系对水分和养分的吸收与土温呈正相关。

4. 南方主要果园土壤水分　土壤水分是果树根系吸水的重要来源，也是土壤中许多化学、物理和生物化学过程的必要条件，有时还直接参与这些过程。因此，土壤水分的变化和运动，势必影响果树的生长发育。一般土壤水分保持在田间持水量的60%～80%时，果树根系可正常生长、吸收、运转和输导，不宜过高或过低。当土壤水分过多时，土壤通气不良，易产生硫化氢等有害物质，抑制根系的呼吸，根系生长受阻。当土壤含水量低到接近萎蔫系数时，根系停止呼吸，光合作用开始受到抑制。通常落叶果树在土壤含水量为5%～10%时，叶片开始凋萎。土壤干旱时，土壤溶液浓度升高，不仅影响果树根系吸收，甚至发生外渗现象。

土壤水分还影响果实的大小和品质。在坐果前期，土壤水分过多或过少主要影响幼果细胞分化的数目和体积的增长。在果实膨大期至成熟前20～30天，则会造成减产或品质降低。

5. 南方主要果园土壤酸碱度　土壤酸碱度对果树的生长、微生物的活动、土壤中发生的各种反应、养分的有效转化及土壤的物理性质等方面都有很大影响。不同的树种对土壤酸碱度有不同的要求。几种主要果树酸碱度的适应范围如表1-11所示。

表 1-11 几种主要果树的酸碱度（pH）适应范围

果树种类	可耐 pH 范围	最适 pH 范围
苹果	5.3～8.2	5.4～6.8
梨	5.4～8.5	5.6～7.2
桃	5.0～8.2	5.2～6.8
葡萄	6.5～8.3	5.8～7.5
栗	4.6～7.5	5.5～6.8
枣	5.0～8.5	5.2～8.0
柑橘	5.5～8.5	6.0～6.5

表 1-11 中的可耐范围的上限和下限常需具备一定的条件才有可能适应。例如，柑橘、苹果等的 pH 在 8.0 左右，特别是超过 8.0 时，叶片常易患黄化病。柑橘用枸头橙、苹果用海棠果作砧木时，则耐碱性增强。因此，在选地建园时，一般宜选择可耐范围的最适值。

6. 南方主要果园土壤通气 土壤通气性主要影响根系的生长。若氧气不足将阻碍果树根系的再生，甚至可引起烂根。不同果树根系对氧气的需求各异，一般在土壤空气中含氧量 12%～15%时，苹果根系才能正常生长；梨和桃的根系要求在 10%以上；甜橙实生苗在 2.5%时仍可继续伸长。

不同树种对缺氧的忍耐力也不相同。生长在低地及沼泽地的越橘，忍耐力最强；柑橘、柿子对缺氧反应不甚敏感，可以栽植在南方水田垄地上；桃树反应最敏感，在水涝缺氧时极易死亡；苹果、梨反应中等，但在缺氧条件下难以获得果实。

土壤通气性对果实根系吸收水肥的功能也有很大影响，并因树种而异。根系对水肥的吸收受呼吸作用的制约，而根系呼吸作用要求有效地供给氧气，缺氧时根系呼吸作用受阻。以氮、镁而言，当氧不足时，以桃吸收最多，柑橘、柿、葡萄吸收最少；而对磷、钙的吸收，则以葡萄最多，桃和柿则较少；对钾的吸收，则以柿为最多，柑橘、桃和葡萄较少。

土壤通气性除对果树生长有显著影响外，对土壤微生物的活动以及土壤中一系列化学与生物过程均有很大影响，因此对土壤中养分的有效转化、有害物质的积累等都有重大影响。通常在长期淹水的果园土壤中，易形成一些对根系有毒害作用的还原态物质，如硫化氢、铁、锰及各种有机酸等。因此，在果园管理中，改善果园土壤通气性、调节土壤空气状况是获得果实优质高产的重要措施之一。

7. 南方主要果园土壤有害盐类　土壤中有害盐类含量是影响和限制果树生长结果的障碍因素。盐碱土的主要盐类是碳酸钠、硫酸钠和氯化钠，尤以碳酸钠的危害最大。一般果树根系能进行硝化作用的极限浓度为：硫酸盐 0.3%，碳酸盐 0.03%，氯化盐 0.01%。根据土壤测试结果：3 米以下地下水含盐量超过 10 克/升，就会使桃、苹果、李、杏等果树迅速死亡，特别是核桃、榛子最为敏感。不同果树的耐盐能力差异很大，其中以沙枣、枣、葡萄、石榴等较强；苹果、梨、桃、杏、板栗、山楂、核桃等较弱。几种果树的耐盐情况如表 1-12 所示。

表 1-12　几种主要果树的耐盐情况

果树种类	土壤中总盐量（%）	
	正常生长	受害极限
苹果	0.13～0.16	0.28
梨	0.14～0.20	0.30
桃	0.08～0.10	0.40
杏	0.10～0.20	0.24
葡萄	0.14～0.29	0.32
枣	0.14～0.23	0.35
栗	0.12～0.14	0.20

有些果树的根系能分泌出有毒物质，这些物质能抑制同种或异种果树根系的生长。如桃树根系能分泌苦杏仁苷，苹果根系分泌根式苷，核桃根系分泌核桃酮等。苹果的后作不仅对苹果，而且对柑橘、桃、梨等也有影响。无花果的后作对无花果、柑橘、梨、葡萄

等都有显著的抑制作用，即在树种间存在忌地连作问题，可以用忌地系数衡量。公式如下：

$$忌地系数=\frac{连作时后作的生长量}{各种后作的平均生长量}\times 100$$

忌地系数小，说明连作生长不良。无花果和枇杷忌地现象明显，其忌地系数分别为 48 和 53；苹果、梨、葡萄分别为 77、28、74；柑橘（86）和核桃（87）忌地现象较轻。

8. 南方主要果园土壤污染物 果园土壤污染主要来自工矿排出的废水、废渣和生产中应用的农药、化肥等。被污染的果园土壤土质变坏，酸化或盐渍化，板结，通透性差，导致根系发育不良，甚至死亡或绝产。

第三节 南方果树主栽区土壤理化性状与施肥

我国热带和亚热带地区，广泛分布着各种红色或黄色酸性土壤，总面积大约有 117 万千米^2，占全国总面积的 12%。这一地区由于气温高、雨量充沛、自然条件优越，是我国热带和亚热带林木和果树的生产基地。

一、红壤的理化性状

（1）红壤的区域分布状况。红壤是我国分布面积最大的土壤类型之一，总面积为 5 690 万公顷，主要分布在长江以南的广阔低山丘陵地区，包括江西、湖南的大部分地区。除此之外，在云南、广西、广东、福建、台湾的北部以及浙江、四川、安徽、贵州的南部以及西藏南部等地也有红壤的分布。

（2）红壤的理化性状。红壤全剖面呈酸性至强酸性反应，pH 5.0～5.5。有机质含量很低，土质黏重，黏土矿物主要为高岭石、赤铁矿，黏粒硅铝率为 2.0～2.2。土壤有较多的游离态铁、铝，而磷易被固定。一般交换量低，速效氮、磷、钾普遍亏缺，有效态钙、镁、硫等极易流失，硼、钼等微量元素也很贫乏。红壤是种植柑橘的良好土壤，但因绝大部分红壤的理化性状欠佳，土壤肥力偏低，有不同树种果园普遍发生多种养分缺素症。因此，在增施有机肥的前提下，必须实施果园营养诊断配方施肥、生草栽培等配套高新技术，注意水土保持，为果树生长发育创造良好土壤生态环境。

二、砖红壤的理化性状

（1）砖红壤的区域分布状况。砖红壤是我国最南端热带雨林或季雨林地区的地带性土壤，主要分布在海南岛和雷州半岛海康、钦州湾北岸、遂溪、廉江、徐闻以及湛江市郊、云南南部低丘谷地（如西双版纳纯热带区）和台湾省最南部的热带雨林和季雨林地区。

（2）砖红壤的理化性状。砖红壤的富铁铝化作用比红壤更加强烈，营养物质周转利用较快。全剖面呈酸性，pH 4.5～5.5；土层深厚，质地偏沙，可耕性强，宜种性广，但灌溉水源缺乏，常遭干旱威胁。土壤盐基强烈淋失，交换量低；土壤中有大量的游离态铁、铝，而磷易被固定。土壤肥力很低，普遍缺磷、缺钾。砖红壤地区的主栽果树是亚热带的荔枝、香蕉、芒果等。一般果树因缺肥而生长欠佳，产量偏低。在深翻改土、增施有机肥料的前提下，还要多次配施磷、钾肥及微量元素肥料，改良土壤理化性状，提高土壤肥力。

三、赤红壤的理化性状

（1）赤红壤的区域分布状况。我国的赤红壤主要分布在南亚热带的南岭以南至雷州半岛北段，即福建、台湾、广东、广西和云南南部，是红壤和赤红壤的过渡地区。

（2）赤红壤的理化性状。赤红壤黏粒含量很高，质地黏重，土壤侵蚀严重，土体薄，耕性差，呈较强酸性反应，pH 5.0 左右。有机质含量很低，土壤肥力普遍较低，尤其是矿质养分极为匮乏，一般果树立地条件偏差，生物积累量较红壤、砖红壤少。应根据不同生态环境和土壤肥力，以重点发展热带和亚热带水果为主。局部土体深厚的地段，可建立优质水果商品基地，宜发展菠萝、龙眼、荔枝、杨梅、阳桃、香蕉、芒果等热带水果。加强果园水土保持和土壤改良工程建设，增施有机肥料，配施多种速效肥料，协调土壤养分平衡供应。

四、黄壤的理化性状

（1）黄壤的区域分布状况。黄壤地区的热量条件较同纬度红壤地区略低，但湿度大，降水量充沛，自然植被为亚热带常绿阔叶林和常绿落叶阔叶林或混交林，是我国南方山区的主要土壤类型之一，主要分布在中亚热带山地，在南亚热带和热带的山地也有分布，以四川、贵州两省为主，重庆、云南、广东、广西、福建、湖南、湖北、浙江、安徽、台湾等地也有分布。

（2）黄壤的理化性状。黄壤富铁铝化作用较红壤微弱，呈酸性到强酸性反应，pH 4.0～5.0。黏土矿物主要为高岭石、拜来石和埃洛石，黏粒硅铝率为2.5左右。土壤盐基较红壤高，常因排水不良、空气湿度大，土壤长期呈湿润状态，其中的氧化铁受到强烈的水化作用，形成多水氧化铁，使土壤呈黄色。

黄壤的有机质含量因植被类型而异。在自然土体中，由于腐殖质层的存在，因而有机质含量可高达5%以上，氮、钾含量中等，但属于典型缺磷土壤之一，绝大部分黄壤速效磷低于10毫克/千克。对于分布在高原丘陵地区的黄壤，可在丘陵中、上部种植多种南方果树，注意多施有机肥料和种植绿肥，适量施用石灰和磷肥。

五、黄棕壤的理化性状

（1）黄棕壤的区域分布状况。黄棕壤主要分布在北亚热带常绿阔叶林或落叶林地区，即江苏、安徽、湖北的北部、陕西南部及浙江北部的丘陵地带，总面积约1 803万公顷。

（2）黄棕壤的理化性状。黄棕壤地区的自然肥力较高，适宜南方果树的生长发育。在黄棕壤立地的果园，每年结合深翻改土，重施有机肥料，增施磷、钾肥，促使土壤逐年熟化或经常施用炉灰、煤渣、草炭等，提高土壤透气排水能力和可耕性。

第二章

南方果树生物学特性与施肥

第一节　南方果树栽培学特性与施肥

果树栽培，与其他农作物相比较具有其独特的栽培学特征，即果树树体高大，根系深广，是多年生、多次结果的有机体。在果树生产中，一般均以无性繁殖来保持优良品种固有性状，扩大品种栽培范围，以促进果树生长发育，早产、优质、高产、稳产，使果树产业成为持续农业的一大支柱产业。

一、果树具有多年生、多次结果的特性

果树为多年生，寿命长，少则二三十年、长则数百年的大树尚能结果。例如，山东平邑百年以上的梨树；湖北秭归百年的甜橙树；广东增城500年的荔枝；湖北五峰500年的猕猴桃，尚能大量结果。果树一生中长期固定在同一生长地点，使之生命活动适应自然环境条件的变化，甚至各种灾害的侵袭，因此在栽培管理上，确实比1～2年生作物难度大。同时，多数果树的系统生长发育，是在相对稳定的森林群体环境中发展的，如温度、湿度、土、肥、水及人为改良环境等，从野生到人为栽培，其抗逆性逐渐减弱。

果树营养体高大，根系深扎入心土层。在我国果品生产中，主要利用山地丘陵和滩涂沙荒地，存在土层瘠薄、有机质含量少、保水性能差、海涂盐碱含量高等生产障碍因子。因此，栽培果树时都必须深翻改土，增施有机肥料，改善土壤理化性状，提高土壤肥

力，为果树根系生长发育提供良好的水、肥、气、热等条件，以便使果树根系自由伸展深入心土层。

果树生命周期长，要经历从幼年、成年到衰老等一系列漫长的年龄时期。实生果树一般幼年时期长，结果晚，始果期少则三四年，多至七八年以上。而多数果树结果后，当年的产量，主要靠上一年甚至上几年的管理好坏、树体的营养状况和上一年花芽分化的数量与质量情况而定。当年的树体生育状况和结果多少，又直接影响翌年甚至下几年的生长结果。上述特性，除与其遗传特性有关外，在很大程度上取决于栽培管理。在良好的栽培管理条件下，可以促进幼树的生长发育，提早结果和丰产，还可以调节果树的生长发育，增进树体营养积累和合理分配，以保证各部位的器官势均、质优，使之每年花芽分化良好、丰产、稳产、优质、结果寿命延长。

二、果树具有无性繁殖的特性

果树繁衍后代，一般采取无性繁殖。无性繁殖的苗木具有以下特点。

①无性繁殖的苗木是阶段性成熟的个体，没有童期性状，遗传基因与母体基本一样，能保持母树品种固有的优良遗传性状，品种易于保存。

②无性繁殖苗木与实生苗相比，直根浅，平行根多，吸收能力强，树体发育速度快，结果早，并能繁殖无核品种的果树。

利用嫁接繁殖时，可以因地制宜选择适应性广、抗逆性强或有矮化作用而又亲和力强的砧木来增强品种的适应性和抗逆能力，促进早结果、早丰产并提高品质。例如，柑橘用枳作砧木，可显著提高其抗寒性、耐瘠耐涝性，同时也较耐线虫病、裙腐病和速衰病。枸头橙是我国南方海涂土壤碱化地区发展起来的较好砧木。苹果用圆叶海棠和栽培品种君柚作砧木，能抗根绵蚜；用湖北海棠作砧木，可抗白绢病。桃用甘肃野桃作砧木，能抗线虫病等。

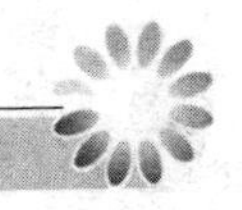

第二节　南方果树生命周期中养分变化动态与施肥

果树无论是实生树从种子萌芽起，还是营养繁殖树从开始繁殖起，直到死亡，在其一生的生命活动中，都要经历着生长、结果、衰老、更新和死亡的过程，称为果树的生命周期，也称为果树年龄时期。

一、实生树年龄时期的营养积累特征

果树实生繁殖，多用于培育砧木和杂种新品种，而在果树生产中则多采用营养繁殖。

实生树在其发育过程中经历 3 个阶段：童期、过渡期和成熟期。童期与成熟期之间的差异，通常是以形态特征为标志，在营养物质含量上也有明显差别。Kobel 指出成熟枝条中还原糖、淀粉、纯蛋白、果胶类物质以及矿物质含量高，而童期枝条以纤维素、半纤维素、木质素含量高；W. Wuttle（1968）从同一株实生苗的童期和成熟期的枝条发现：童期枝条的呼吸强度高，苹果酸和可溶性糖含量均较多，但总氮和不可溶性氮含量则较低；Kessler 和 Monselise（1961）、N. A. Li（1966）等报道了苹果、梨、柑橘成熟叶片中 RNA 含量高，而童期和成熟期叶片中 DNA 的浓度则低。这些资料充分说明了童期 RNA 与 DNA 的浓度比率低，RNA 酶活性低，实生苗在苗期不能成花，与缺少负责合成蛋白质特定的 mRNA 这一中间合成的物质有关。R. H. Zimmerman（1972）认为在转化点上，有一个顶端分生组织代谢活动的根本变化，可能反映在特殊核酸、酶以及内源生长激素和抑制剂在数量上及其平衡上的变化。近半个世纪来，人们对于阶段性转化的机理进行了大量的研究，并日益深刻地认识到要缩短果树实生苗的童期，提早结果，最主要的措施是加强营养积累和合理分配，提供良好的生长环境条件，提高管理水平，这就是加速植株生长发育、促进细胞分化、调整树体内源激素的转变和平衡，促进性成熟过程等的关键所在。

二、营养繁殖树年龄时期的营养积累动态

营养繁殖树，已具备了开花能力，只要条件适当，仍能开花结果。其一生只经过生长、结果、衰老、更新和死亡的过程。但从开始繁殖起也要经过一段只进行生长而不结果的幼年时期，但在生理上与童期不同，称为营养生长期，在起止时间上差别很大。

营养繁殖树年龄时期大致可分为5个时期，即营养生长期、生长结果期（结果初期）、结果盛期、结果后期和衰老期。

1. 营养生长期 营养生长期的特征为树体迅速扩大，开始形成骨架。枝条长势强，新梢生长量大，节间较长，叶较大，具有二次或多次生长，组织不够充实。

果树营养生长期的长短因树种、品种和砧木不同而不同。果树能否提早结果，取决于生态条件和管理水平。应用矮化砧和中间砧，是提早结果的有效措施。此外也可用其他技术来促进幼树提早结果。营养繁殖树，虽已具备开花结果的能力，但在定植初期还没有形成性器官的物质基础，所以不能开花，需要经过一定时期营养生长，为形成花芽奠定良好的物质基础。因此，凡是在幼树期，如能加强植株生长发育，促进营养积累，则在整株营养状况良好的基础上，有些局部同化、积累能力强的枝条，在其生长活跃的状态下，必然加强有机物质（糖、激素、氨基酸等）和矿质营养（磷、钾、钙等）的积累。并在温度、水分、光照等外界条件下协调促进质变，尽早进入结果年龄。

总之，幼树生长期主要是扩大树冠、搭好骨架、预备结果部位，并在树体中积累各种有机和无机营养，为开花结果打好基础。因此，应采取的施肥措施是以氮肥为主，最重要的是迅速扩大营养面积，增进营养物质的合成和积累，并促进其合理输导与分配，使幼树从营养生长向生殖生长迅速转化。实践证明，因地制宜地正确选择最佳施肥方案，培植营养生长健壮的幼树，可以做到生长和结果两不误，既可提早结果，又能持续丰产。

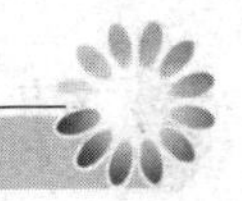

2. 生长结果期　生长结果期，即从开始结果到大量结果（盛果期）前具有一定经济产量的这段时期。此期仍生长旺盛，离心生长强，分枝大量增加，树冠继续形成骨架，扩大快。根系也继续扩展，须根大量生长，果实多着生在树冠外围枝梢上部。随着年龄的增加，产量不断增加，骨干枝的离心生长缓慢，营养生长放慢，苹果、梨的中、短果枝逐渐增多，柑橘的春梢和外围较强的秋梢均能结果。

生长结果期仍以长树为主，树体结构已基本建成，营养生长从占绝对优势逐步过渡到与生殖生长趋于平衡状态。这一时期栽培管理的主要措施是：轻剪，重肥即重氮肥、轻磷、钾肥，继续深翻改土，建成树冠骨架，着重培养枝组，防止树冠无效分化，壮大根系，同时要创造良好的花芽分化条件，使果树尽早开始开花结果，并迅速地过渡到盛果期。

3. 盛果期　盛果期，即果树大量结果时期。此期，果树的骨架和树冠已经形成。无论树冠或根系均已扩大到最大限度，骨干枝离心生长逐渐减慢，枝叶生长量逐渐降低，发育枝减少，结果枝大量增加，产量达到高峰。苹果、梨、桃尤以中、短果枝结果为主，逐渐转移到以短枝结果为主；柑橘以春、秋梢为主。新梢尖端和根尖距离日愈增加，离心生长停止，向心生长开始。一般果树的树冠内部，向心更新后，枝叶与根端的距离也就自然地缩短，从而有利于养分的吸收转运、合成和代谢的进行。

盛果期的长短，因树种、品种、自然条件和管理水平不同而异。

盛果期的农业管理技术要点是既要调节花芽形成合理负载，又要防止树体早衰，防止大小年，保证单株内部和群体的通风透光条件，改善树体的营养贮备水平，使之优质丰产，延长结果年龄。因此，加强肥力管理十分重要，对盛果期果树施用氮肥，会增加果枝的生长势，有利于花芽分化；对生长势弱的老龄树施用较多氮肥，不仅能增强果枝生长促进花芽分化，而且还可以形成较多的新枝，增加结果部位。一般情况下，施用磷、钾肥既能增强花芽分化，又能促进枝条成熟，增加抗性。所以，盛果期要特别注重氮、磷、钾肥配合施用，使果树的氮、磷、钾营养水平达到平衡，为生长与结实保持平衡创造条件。

4. 结果后期 结果后期，即盛果期的延续时期，从产量开始持续下降，直到不能恢复经济效益为止。此期新生的枝梢表现衰老状态，生长量小。苹果、梨、桃等多为缩短弱小枝或短果枝群，结果枝逐渐加速死亡，向心生长加速，骨干枝下部光秃。主枝先端开始衰枯，骨干根的生长逐渐衰退，并相继死亡，根系分布的范围逐渐缩小。

离心生长停止是果树生长有限性的反映，其原因如下：

①随年龄的增长，原生质和细胞液中生命活动的副产物大量积累，死亡细胞的数量在枝条与根系中不断增加，由于根系选择吸收，造成根系分布范围内有害盐类的积累，影响生长。

②进入生长点的营养物质，随着年龄的增加，其中有机物和矿物质的交换恶化，这是主要的原因所在。

此期初显时，应采取的施肥措施是深翻、扩穴、增施有机肥，为根系生长创造良好环境，改善根系，缩短外围，复壮内膛，控制产量，提高树体营养，进行强度更新，延长寿命。

5. 衰老期 衰老期，即树体生命进一步衰老的时期。树冠表现衰老状态，向心生长强，树冠外围几乎不能发生新梢。树体外围枝组逐渐枯死，果实小，质量差，产量低，抗逆性差。除某些复壮力很强的树种外，即使采取更新复壮措施也不能持久，经济价值不大，应及时砍伐清园，重新建园。

果树的生长和花芽分化在很大程度上取决于施肥情况，但正确地选择和实施最佳平衡施肥措施远非易事。实践证明，果树树体的营养状况，不仅取决于当年吸收营养的多寡，而且也受树体中贮藏营养多少的影响。所以在研究果树施肥时，要根据树体中贮存营养的状况，准确计算施肥的种类和数量，并合理确定有效施用时期。在果树计量施肥中认为，树体贮存营养状况是基础，而施肥则是调节树体营养的一种手段。因此，果树施肥与大田作物施肥不同，不

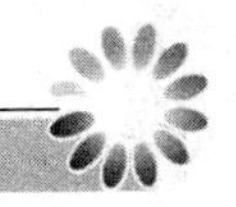

能照搬“测土施肥”的方法。到目前为止，土壤肥力各因素的测定结果中，只有pH、盐渍化程度和毒害因子（钠、氯、硼等）3项指标对果树施肥有直接的指导作用，而其他肥力指标，则只是间接地说明果树的营养状况。

综上所述，正确认识果树各个时期形态变化特征及养分积累动态，就可以针对其生长发育特点及对养分的需求规律，制订合理的农业管理措施，使之早结果，早丰产，延长盛果期，推迟衰老期。

第三节　南方果树年周期中养分变化动态与施肥

果树每年中的生命活动都随外界环境条件的变化而发生相应的形态和生理机能的规律性的变化，这种变化称为果树的年生长周期，简称年周期。果树年周期中的变化规律，是以生命周期变化为基础的，而生命周期的变化又是通过年周期的变化来实现的。果树的每一个年周期变化，并不是简单的机械重演，而是其生长发育完成生命周期的一个阶段性的环节。为了有效地协调其有规律地生长发育，以达到高产优质的目的，合理施肥，既要了解果树一生中养分变化规律，又要掌握年周期的养分变化动态。

一、果树的生长与休眠

为适应一年中气候条件周期性的变化，果树的各种生命活动也相应地呈现周期性的变化，即随着季节气候的变化，有规律地进行萌芽、抽梢、开花、结实及根、茎、叶、果等一系列的生长发育活动。果树的年周期可大致分为营养生长期和相对休眠期。这两个截然不同的生命活动现象，以落叶果树表现更为明显。热带、亚热带常绿果树无集中落叶休眠表现，但由于低温和冷旱等胁迫，也可使其被迫进入休眠期。

果树的生长期与休眠期的长短与隐显，与果树种类、品种、树龄、树势、地质生态条件及管理措施相关。同一种果树在北方高纬度地区比在南方低纬度地区生长期短，休眠期长。同一地区的不同种类乃至不同品种的果树，其生长期与休眠期也各不相同。肥水过多、生长势旺的果树常比肥水不足的果树生长期长、休眠期短。深入了解果树自身年周期变化规律与环境条件的相关性，是进行果树品种区域化种植和制订相应有效的管理措施的重要依据。

二、果树各物候期中养分变化动态

果树随着四季气候条件的变化，有节奏地表现出萌芽、发根、开花、长枝、果实发育、落叶和休眠等一系列的外部形态和内部生理变化，这种生命活动的过程称为生物气候学时期，简称物候期。

果树物候期的特性是每一种果树长期在一定环境条件下形成的，是品种特性适应栽培环境条件的反映。每一个物候期的进行都具有一定的顺序性。但不同树种、不同品种的物候期顺序有所差异。

所有物候期的变化，都是受一定外界条件综合影响的结果。果树对外界条件变化的适应性，首先表现在生理机能的改变，从而导致与其物候期相吻合的性状变异，而使其形态、解剖上出现相应的特征。因此，物候期的正常进行，既要具备必需的综合外界环境，又要具备必要的物质基础。它可以表现为量的增长，也可以形成质的转变。因此，只有正确地了解和掌握果树各物候期养分变化动态，才能制订和实施合理施肥的有效措施，为丰产优质提供物质基础。

多年生果树的年周期中，首先是新梢生长，然后开花结果。在果实继续发育期间，又开始进行花芽分化与发育，为翌年开花结果打基础。在不同物候期施肥，常对生长产生影响，也会影响花芽分化和开花结果，所以，确定一种果树的最佳施肥期，要以连年优质丰产为前提，综合考虑诸多因素，观察施肥效果，而当年的结果只作参考。

以下分别介绍果树在一年周期各物候期中养分变化动态和采取的相应农业技术措施。

（一）根的生长与养分转运动态

果树根系是吸收营养的主要器官，其生长状况及吸收与合成功

能对整株果树的正常生长结果至关重要。根系年周期中的生长及养分转运动态，在综合因素的影响下有其规律和特点。

1. 年周期中根的生长及养分转运特点　果树根系没有自然休眠现象，只要条件适宜，即可以周年生长。但由于土温、水分等自然条件的变化，有时条件不适，就被迫休眠，暂时停止生长，若条件变为适宜，则立即恢复生长。

①果树根系生长及养分转运动态，在一年中常表现出周期性变化。各种果树在一年中多有2～3次发根高峰（图2-1）。而许多落叶果树的根系，会出现3次生长高峰。根系生长的高峰与枝梢生长交替进行，其主要是树体营养物质的自身调节与平衡的结果。当枝梢进入旺盛生长时，需要大量营养，而根系因缺少营养则受到抑制。当枝梢生长趋于缓慢，并能合成营养时，为根系旺盛生长创造了物质条件。

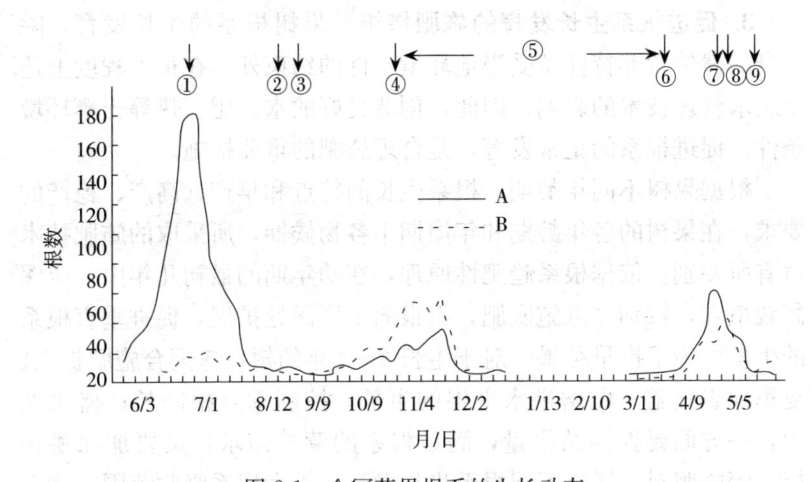

图2-1　金冠苹果根系的生长动态

A. 土深0～50厘米新根生长　B. 土深50～100厘米新根生长

①秋梢开始生长，花芽分化　②长枝停止生长　③果实采收　④落叶

⑤休眠期　⑥萌芽　⑦初花　⑧枝条开始生长　⑨果实发育

②在年周期中果树根系的生长与养分吸收、运转、物质的合成、累积与消耗伴随进行。当根系生长旺盛时，也是对营养元素吸

收和有机物质合成的旺盛期。在休眠期，根系贮藏大量营养物质，而春季开始生长时，其营养大量消耗，至秋冬落叶之前又开始积累，达到高峰，这一变化规律是进行果园土、肥、水管理的依据。

2. 根系在一昼夜内的生长动态及养分转运特点 根据对葡萄和李树的观察资料，夜间根的生长量和发根数均高于白天，而且根系在一天中也在不断地进行物质的暂时贮藏和转化作用。如地上部光合作用合成的糖，很快被转运到根部，在根内与根外土壤中吸收的二氧化碳发生反应，转化为各种氨基酸的混合物，很快被运到地上部的生长点和幼叶内。氨基酸用来形成新细胞的蛋白质，而原来与二氧化碳结合的有机酸，在酶的作用下，将一部分糖和二氧化碳重新释放出来，再参与光合作用。以这样方式产生的部分糖也能转运至根部再转化成有机酸，之后与根吸收的二氧化碳结合，再重新被运到叶部。该循环在一天中是连续进行的。

3. 促进根系生长发育的施肥措施 果树根系的生长发育，除自身的遗传营养特性及受当地环境条件的约束外，在很大程度上还受肥水管理技术的影响。因此，创造良好的水、肥、热等土壤环境条件，促进根系的正常发育，是合理施肥的重要措施。

根据果树不同年龄期、根系生长的特点和早产、高产、稳产的要求，在果树的各年龄期和年周期中各物候期，所采取的施肥技术也有所差别。依据根系趋肥性原理，在幼年期的最初几年中，应深翻栽植穴，特别注意施底肥，引根向土层深处扩展，促进垂直根系的生长。为了提早结果，对于生长2～3年的树，应配合施肥扩穴，夏季地表覆盖，以增进水平根的生长，控制垂直根旺长；盛果期中，一方面要控制结果量，满足根系的营养需求，又要加深耕作层，深施肥料，增进下层根系生长发育，扩大根系吸收范围；衰老期应注意深耕，配合增施有机肥，促进骨干根的更新，以延迟树体老化。

在年周期中，早春气温低，养分转化慢，应注意排水、松土，以利于提高地温，并施有机肥和适量速效化肥，以促根早发、多发；夏季气温高，蒸发量大，根系吸肥力强，要注意灌水、松土、

施肥和覆盖，以保证根系旺盛生长；秋季和冬初，根系发生量大，吸收力强，并将吸收物质同化为贮藏物质，以利于防寒和供翌年早春地上部的生长、开花、抽梢所需。因此，冬季宜适当耕作、合理施肥。严寒地区应注意培土保温、护根防冻。

（二）萌芽期养分转运动态

萌芽物候期标志着果树相对休眠期的结束和生长的开始。此期由芽苞开始膨大起，至花蕾伸出或幼叶分离时止。

果树有一年一次萌芽和一年多次萌芽之别。原产于温带的落叶果树一般一年仅有一次萌芽。原产于亚热带、热带，其芽具有早熟性的果树，如柑橘、枇杷、桃树等，则一年有周期性的多次萌芽。萌芽的早迟与温度、水分和树体的营养有密切关系。早春的萌芽由于有秋季贮藏的营养充足和适宜的温度，故萌发整齐一致。后期芽的萌发不整齐是因为受树体营养和水分条件影响所致。由于所发枝的类型、习性不同（即有结果枝、营养枝和徒长枝之分），其发枝和停长的时期也不同，一般早发早停，迟发迟停。早停长枝有利于养分积累，形成花芽多；迟停长枝，一般营养积累少，形成花芽少，或不能成花。

一般树体的营养状况与萌芽之间的相关规律是：树势强健、养分充足的成年树萌芽比弱树和幼树早；树冠外围和顶部生长健壮的枝较内膛和下部生长的枝早萌发；土壤黏重、通透性不良或缺少肥料的树，根系生长与吸收不良，常迟萌发。

应当注意，早春萌发，并不是越早越好，因为在萌芽过程中，树体内大量营养物质水解，向生长点输送，树体抗寒力减弱，易受晚霜和寒潮的冻害。因此，北方地区早春易受寒害的果园，应采取灌水、涂白等措施，以降低树体温度，推迟萌发开花，从而躲过冻害。

（三）开花期养分转化动态

开花期是特别重要的物候期，是指一棵树由极少量的花开放到所开的花全部凋谢为止。在开花过程中需要授粉受精的果树种类及品种，其授粉受精良好与否，直接影响产量。生产上常采取有效措施，为顺利授粉受精创造条件。

在影响果树开花及授粉受精的诸多因素中，树体营养状况是重要因素之一。所有的果树，在结果期一年至少有一次开花，且大多发生在春季，但也有一些果树一年多次开花。少数果树多次开花是正常现象，如金橘、柠檬等。但有一些果树第二次开花是反常现象，即开“反花”，不但不能收到果实，反而消耗营养，从而削弱树势。是由于病虫害引起早迟落叶或营养生长期过于干旱、骤然下雨所致。如苹果和柑橘的“反花”，采取保叶和灌溉措施就可以避免，但对于葡萄，可采取摘心促进二次开花结果。

树体营养积累水平高，花粉发育良好，花粉管生长快，胚囊发育好，寿命长，柱头接受花粉的时间长，有效授粉期延长。若氮素缺乏，生长素不足，花粉管生长慢，胚囊寿命短，当花粉管达到珠心时，胚囊已失去生理功能而不能受精。因此，衰弱树常因开花多、花质差，而不能顺利进行授粉受精，产量很低。故生产上常在花期对衰弱树喷施氮肥和硼肥，以促进授粉受精作用，达到增产的目的。

一般果树花前追施氮肥，花期喷施尿素均可弥补氮素不足而提高坐果率。硼能促进花粉萌发、花粉管伸长，增强受精作用。花前喷施1%～2%或花期喷0.1%～0.5%的硼砂，以提高坐果率。钙和钴等元素可促进枇杷、柿等未成熟花粉的萌发，钙有利于花粉管生长的最适浓度可高达1毫摩尔。

(四) 枝梢生长期

枝梢生长期是果树营养生长的重要时期，只有枝梢旺盛生长，才有树冠的迅速扩大，枝量的增多以及叶面积和结果体积的增大。因此，新梢的抽生和长势与树体结构产量的高低和果树寿命密切相关。

枝梢的加长生长和加粗生长互相依赖、互相促进。加长生长是通过新梢顶端分生细胞分裂和快速伸长实现的；加粗生长是次生分生组织形成层细胞分裂、分化、增大的结果。加粗生长较加长生长迟，其停止较晚。在新梢生长过程中，如果叶片早落，新梢生长的营养不足，形成层细胞分裂就会受抑制，枝条的增粗生长也受影响。如果落叶发生在早期，而且比较严重，所形成的枝梢就成为纤弱枝。因此，枝梢的粗壮和纤细是判断植株营养生长期间管理好坏和营养水平的重要标志。

由于果树营养供应的相对集中习性（即营养中心学说），即“源”和“库”的有序转移规律，形成层细胞的活动也有顺序性。枝干年龄越大，形成层细胞开始活动越晚，其停止活动也越迟，营养的供应也随之发生转移。所以，树干的加粗生长最迟，停止最晚，其所需的营养，主要是秋季光合作用所积累的养分。由此可知，每年树干的加粗生长，也是该树贮藏营养水平和一年中营养消耗与积累相互关系的一个重要标志。

新梢的加长生长要依赖一些特殊物质，一是依赖成熟叶片合成的碳水化合物、蛋白质和生长素促进叶和节的分化；二是要依赖展开的幼叶产生的类似生长素和赤霉素等物质促进节间的生长。

总之，新梢生长受多种因素影响，树体营养和环境条件对枝梢生长的影响，都与结果有关。树体营养是枝梢生长的物质基础。一般地，树体营养充足，枝梢抽发量大，长势强，生长时间长，较粗长；反之，新梢抽发量少，生长势弱，早停，且细短。

各种环境因素中以水分和温度影响最大。由于枝梢生长与根系活动关系极为密切，采取不同的农业技术措施，对果树枝梢生长所起的作用也不相同。凡是影响根系旺盛活动的农业技术措施，均能促进枝梢生长。相反，凡是阻碍根系生长与吸收的技术措施，就能缓和或抑制枝梢生长。因此，生产上常采取果树深翻断根来抑制枝梢生长，施肥灌水可促进枝梢的生长。特别是氮肥的作用更为明显。氮肥不足则枝梢生长极弱，而氮肥过多则枝梢易徒长。合理施钾肥也有利于促枝梢生长健壮结实，但钾肥过多有抑制作用。由于肥水和土壤管理对调节枝梢生长有突出的作用，因此，土肥水管理是果树生产的非常重要的农业技术措施。

（五）叶的生长发育和叶幕的形成

1. 叶的生长发育　叶是进行光合作用、制造有机养分的主要器官，果树体内90%左右的干物质来自叶片。叶除了进行光合作用外，还进行呼吸作用和蒸腾作用。还可通过气孔及外壁胞质连丝吸收养分，因而常利用叶的这种机能进行根外追肥。常绿果树的叶，还有贮藏养分的功能。

每一种果树的叶，自叶原基出现后都经过叶片、叶枝和托叶的分化，一直到叶片展开和停止增大为止为叶片发育全过程。每一叶片自展叶起至停止增大所经历的时间长短因树种、品种、枝梢而异。单叶面积的大小，取决于其生长发育的时间长短。如叶生长期长，快速生长期天数多，其叶片就大；反之，则小。

由于叶片出现的时间不同，因而一株树上具有各种不同叶龄的叶。春梢处于开始生长阶段，基部叶的生理活动较为活跃。随着枝梢的伸长，活跃中心便不断上移，而下部叶逐渐趋于衰老，叶色也由淡变浓。叶的光合效能，从幼到大依次增强，开始衰老时，便又降低。

2. 叶幕的形成　树冠着生叶片的总体称为叶幕。幼树枝梢少，叶片少，叶幕薄，结构简单。随着树体的生长，枝梢增多，叶片量增大，叶幕变厚，叶幕结构也趋复杂。常绿果树叶片寿命长，没有集中落叶更换期，年周期中叶幕变化较小。落叶果树叶片春发秋落，年周期中叶幕变化较大。

叶幕形成的速度与强度受树种、品种、环境条件和栽培管理水平等的影响。凡生长势强的品种，幼年树以及以长枝为主的桃树等，叶幕形成的时间较长、叶片形成的高峰出现晚；反之，生长势弱，枝短型或势弱品种，老年植株，以短枝结果为主的品种等，其叶幕形成早，高峰出现也早。叶面积增大最快的时期出现在短枝停长期。常绿果树在年周期中叶幕相对较稳定。

果树的光合面积和光合产量密切相关。叶幕的光合作用面积、

光合作用强度和光合作用时间是决定果树产量的三要素。其次，叶幕的形成还与光合产物的合理分配与利用有关。因此，叶幕的厚薄与结构是否合理也与产量关系密切。

叶面积系数（总叶面积/土地面积）与叶面积指数（单株叶面积/营养面积）都能较正确的说明单位叶面积或单株叶面积数，其数值高则说明叶片多；反之，则少。

叶幕的结构又与单叶的大小，枝梢节间长短，长、中、短枝梢的比例，萌芽力和成枝力等综合因素有关。一般规律是，在一定范围内，单位面积产量与叶面积系数呈正相关。一般果树叶面积系数在 5～8 时是其最高指标，耐阴果树还可以稍高。叶面积系数低于 3 就是低产指标。但叶面积指数也只是表示光合面积和光合产量的一般指标，常因叶的分布状况不同光合效能差异很大，这与品种、环境条件、栽培技术都有密切关系。树冠开张，波浪起伏，有利于通风透光，提高冠内枝叶量，增大光合面积。因此，要使果树优质、高产、稳产，还要在提高光合面积的同时，注意提高叶质，增进光合功能。

（六）花芽分化

果树花芽分化，是结果树特别重要的物候期。果树通过一定的营养期，分化花芽，开始一系列的生殖生长，开花结果，形成经济产量。果树花芽的分化与形成的质量、树上花芽与叶芽的比例，是树体营养状况、环境条件和栽培管理技术的综合反映，是决定果实高产、稳产、优质的关键。因此，掌握花芽分化的营养规律非常重要。

由叶芽状态开始转化为花芽状态的过程称为花芽分化。果树花芽分化是一个由生理分化到形态形成的漫长过程。

花芽的生理分化也是代谢方向的转变过程。在此期间，生长点原生质处于最不稳定状态，对内外因素的影响极为敏感，是芽内生长点决定发展方向的关键时期。生理分化是许多结构物质、调节物质、遗传物质和内源物质共同作用的过程和结果，而且是量变到质变的复杂过程。因此，促进花芽分化的有关措施，宜着重在花芽生理分化期进行，效果更好。

花芽通过生理分化后，即进入形态分化期。目前研究认为，生长点分化组织在未分化花芽前，是同质的细胞群，在内外因素的综合作用下，一些促进花芽分化的物质在生理活动中起主导作用，而另一些促进营养生长的物质的活性被抑制，从而花芽的各部分开始逐渐形成。

近一个世纪以来，诸多科学工作者对果树花芽分化作了大量的研究工作，以揭示其生理生化机制。综观现有研究资料，花芽成因的论点，基本上可归纳为营养学说、激素平衡学说和遗传基因控制学说。随着研究手段日益先进，目前一致认为，在营养物质的基础上，激素参与调节，导致花芽的分化形成。不论是营养繁殖还是实生繁殖的果树，也不论是幼年树还是成年树，花芽的形成，必须有健壮的营养生长和足够的营养物质积累为基础。因此，凡是形成花芽结果的树，只要有了较大的叶面积，有了相当多的光合产物，且树势生长缓和，枝梢能及时停长，就能进行花芽分化。当枝梢停长后，树体代谢方向倾向营养积累，而部分处于易形成花芽的枝及芽开始积累更多的营养，在不同的时间内开始花芽分化。能否分化，取决于代谢方向的转化。许多研究结果表明，凡能影响枝梢淀粉的积累和含氮物质增加的因素，都能影响花芽分化的进程和数量（表2-1）。

表 2-1　果树花芽分化的生理生化指标项目

指标项目	处于分化初期的花芽	叶　芽
碳水化合物总量	高（苹果28%以上）	低（25%以下）
淀粉	很高（苹果3.16%以上）	低或甚低(3.16%以下)
全糖	较高（苹果1.14%以上）	低（1.14%以下）
全氮	较高（苹果0.50%～0.87%）	很高或很低（1.2%以上或0.5%以下）
蛋白质态氮（占全氮%）	高（苹果70%以上）	低（70%以下）

（续）

指标项目	处于分化初期的花芽	叶　芽
与花芽分化有关的氨基酸种类	苹果：精氨酸、天门冬氨酸、谷氨酸等较多 柑橘：天门冬酰胺、丙氨酸、丝氨酸、γ氨基丁酸等	其他氨基酸较多
氧化酶类的活性	强	弱
呼吸强度	大	小
RNA 含量	高（油橄榄 4.0%以上）	低（4.0%以下）
RNA/DNA	高（油橄榄 4.1%以上）	低（4.1%以下）
tRNA 含量	高	低
RNAse 活性	低	高
生长素含量	较低	较高、很高或很低
赤霉素含量	较低	高、很高或很低
乙烯含量	较高或中等	较低
脱落酸含量	较高或中等	很低或很高
根皮苷（素）含量	较高或中等	低
细胞激动素含量	高或较高	低
磷酸含量	较高（苹果叶 0.25%以上）	低（0.15%以下）
钾含量	较高	低
锌含量	较高	低
细胞液浓度	较高（苹果 0.6 摩尔浓度以上）	低（0.6 以下）

花芽分化形成的研究表明，在花芽分化代谢方式的质变过程中，水分代谢、糖类代谢、蛋白质代谢以及酶类、维生素的种类都相应发生变化，而这些变化都是以光合产物和贮藏营养物质作代谢活动的能源基础和形成花芽细胞的组成物质的，故加强营养、增加光合产物的积累是形成花芽的前提。把营养生长和生殖生长对立统一关系分割开来，单纯用抑制营养生长和使用促花物质来促进成花

结果，是不全面的，也不会收到好的效果。在生产实践中，外界条件和栽培技术措施，在很大程度上能左右花芽分化时期和花芽数量与质量。

矿质营养是影响花芽形成的重要物质之一。除氮、磷、钾以外，微量元素硼、锌和钼等对花芽分化和花器的形成均有影响，因此，花芽分化期喷施上述元素，均有明显的促花效果。

栽培实践证明，只有加强果树的土、肥、水管理，促使正常的营养生长，加速叶幕的形成，提高光合效能，积累足够的营养物质，才能创造成花结果的物质基础，为早产、高产、稳产创造条件。近百年来，我国果农在生产实践中创造了许多促果树成花结果的经验，如新建果园，采用大窝大苗，重施底肥，栽后勤施追肥，前期重施氮肥，促进幼树生长健旺，快速长根，增加水平根的数量，同时促使树冠扩大叶幕形成，进而采取控水，增施磷、钾肥，控施氮肥，断根，枝梢加大角度，铁丝扎干等措施以缓和树势，充实新梢，改善树体营养状况，促进年年成花，达到高产稳产的目的；对结果过多、花芽不易形成的果树，采用疏花疏果，减少树体消耗，保持树体有一定的营养水平，促进花芽分化，达到年年丰收。此外，还可利用矮化砧，或喷施生长抑制剂，以减缓营养生长，避免树体营养大量消耗，从而达到成花结果的目的；对于幼年树、弱树，为了增强树势和扩大树冠，也常采用有效抑制花芽形成的方法，因而采取氮肥、灌水和喷施赤霉素等措施，以及加强修剪，以促进旺长，降低形成花芽的树体营养物质，从而促进营养生长，恢复树势。

总之，诱导花芽的形成，是互相联系、互相制约、甚至互为因果的诸多因素综合作用的结果。在果树生产上应因地制宜地采取措施，来促进或抑制成花结果，达到生长结果矛盾统一，使树体保持长期高产稳产优质。

（七）果实的发育和成熟

果实发育物候期，是指从授粉受精后，子房开始膨大起到果实完全成熟止。

各种果树果实从开花到成熟所需的时间长短，因树种、品种而异。如梨需 100～180 天；柑橘需 150～240 天；桃需 70～180 天；葡萄需 76～118 天；而夏橙所需时间长达 392～427 天。但栽培措施和环境条件也能支配果实发育期的长短。一般地，干旱、强日照和高温等条件都能缩短发育期；反之，则延长。如成熟期灌水，增施氮肥，也会延长发育期。喷施激素也可以改变固有的生育期。

在开花期中经授粉受精的花，子房即开始膨大，继续发育成幼果，生产上称为坐果。果实体积的增长，树种间相差悬殊。在果实发育过程中，首先是果实纵径加长快，横径慢。一般认为同一品种在开花后果实纵径大的，具有形成大果的基础。据此即可以作为早期预测将来果实大小的指标，决定疏果的参数，又可以此评价树体的营养状况，以便制订相应的有效管理措施。

果实的大小、重量，取决于细胞数量和细胞体积的大小。果实细胞分裂，主要是原生质增长过程，常称之为蛋白质营养时期。这个时期除了要有足够的氮、磷、钾外，还可由人工施肥补充。而碳水化合物，只能由树体内贮藏营养来供应。

果实进入果肉细胞体积增大期，碳水化合物的绝对数量也直线上升，故常称为碳水化合物营养期。果实重量的增加主要也是在此期。此时要有适宜的叶果比，并为叶片进行光合作用创造良好外界环境。在一定限度内，叶越多，果越大。但枝叶过分徒长，亦会抑制果实的增大。因为枝叶过分徒长，发生在前期消耗贮藏营养，影响果实细胞分裂；发生在中后期，消耗养分影响营养分配，限制细胞体积的增长。只有叶果比适当，才有利于果实的生长和发育。

据分析，矿质元素在果实中含量很少，不到 1％，除一部分构成果实躯体外，主要是影响有机物质的运转和代谢，因有机营养向果实运输和转化有赖于酶的活动，酶的活性与矿质元素有关。缺磷果肉细胞减少，对细胞增大也有影响；钾对果实的增大和果肉重量的增加有明显作用；尤以在氮素营养水平高时，钾多则效果更为明显。因为钾可提高原生质活性，促进糖的转运，增加果实干重。据分析各种肉质果实中氮、磷、钾的比例是10.0：（0.6～3.1）：（12.1～32.8）；钙与果实细胞结构的稳定和降低呼吸强度有关。因此，缺钙会引起果实各种生理病害。

果实细胞的大小除与果实大小、外形有关外，还影响果实品质及贮藏力。一般果实细胞体积大、内含物质丰富，则肉脆、汁多品质趋优。

从全面观点看，果实的生长发育从花芽分化前至果实成熟整个过程都与树体营养、水分和果实中的种子激素和外界温、光等条件相关。

从果实正常发育长大的内因看，果实的发育决定于细胞数目、细胞体积和细胞间隙的增大，以前两种最为重要。细胞的数目和分裂能力在花芽分化形成期就开始受到影响，常说花大果也大，花质好坐果高，就是这个道理。细胞的多少与分裂能力、花芽分化至果实发育过程中树体营养（包括有机营养和矿质元素）水平有关。因此，从花芽分化前至果实成熟这一阶段树体营养充足，是多坐果、果实大、质量高的基础。

树体营养状况与水分适宜与否，除与合理施肥灌水有关外，主要是受自然温、光的影响。温、光主要是通过对无机营养和水分的吸收、有机营养的合成、水分的蒸腾、有机营养的呼吸消耗和积累等的影响，从而影响到花芽的分化和果实的生长发育。

果实发育与栽培管理的关系密切，坐果多少和果实的大小与产量和品质直接相关。为了提高产量和品质，应在上一年秋季注意防治病虫、保护叶片；增施氮肥、磷肥、钾肥和微量元素肥料，喷施必要的激素，提高植株光合效率；适当修剪，增强光照，增加树体营养积累，促进花芽分化充实。

在果实发育过程中，随着幼果的加速生长，需要更多的碳水化合物和含氮物质，上述物质主要由当年叶片光合产物供给，枝叶过多过少、生长过弱过旺均会影响到果实营养和水分的平衡，导致落花落果或果实畸形。因此，此期一定要合理施肥灌水。如坐果较少、枝叶茂密、有徒长趋势的果树，应适当控肥控水，防止落果加剧和果实品质变劣。果实发育到成熟阶段后，肥水供应状况，各种栽培管理措施等对果实品质也有很大影响。如氮肥过多，则风味变淡，着色不良，成熟推迟，耐贮性差。多施有机肥，合理修剪，增强光照和适当疏果，是提高产量和品质的有效农业技术措施。

（八）果树的落叶休眠期养分变化动态

1. 落叶期 落叶是落叶果树进入休眠的标志。落叶果树秋季枝梢停长到冬季落叶休眠，其组织内发生一系列生理变化，这种变化，称为休眠生理准备或组织成熟过程。此过程包括前期的养分积累和后期的养分转化两个阶段。

所谓养分积累，即新梢停止生长后，逐渐木质化，并随气温下降，光合产物消耗减少，积累增多，枝干的组织开始积累大量的淀粉和可溶性糖分及含氮化合物。其养分积累的时间一直延续到落叶前。其积累高峰期是采果后。因此，过早修剪对果树不利。

所谓养分转化，是指当秋末冬初，气温进一步降低，树体组织和细胞内积累的淀粉进一步转化为糖，细胞内的脂肪和单宁物质增加，细胞液浓度和原生质的黏稠性提高，同时根系也大量贮藏养分，而吸水能力减弱，树体内的自由水减少，细胞膜透性减弱。

落叶果树在完成养分积累和转化阶段，其叶片也发生一系列的变化。叶片中的叶绿素逐渐分解，光合作用、呼吸作用、蒸腾作用逐渐减弱，叶片中的营养物质及所含氮、钾大部分转移到枝梢和芽中，最后叶柄基形成离层而自动脱落，进入休眠。

常绿果树无明显的休眠期，只有叶片的新老更替，却无固定的集中落叶期，其叶片秋冬仍然能贮藏大量养分，以供给冬季花芽分化和提高抗寒性能。果树的正常落叶，是果树生长发育的正常现象，特别是落叶果树适时的落叶进入休眠，对果树越冬，翌年生长和结果都会有良好的作用。若果园管理不善，提前落叶，将会降低树体营养积累，降低抗寒能力；同时，芽苞不充实，翌年生长弱，坐果率低，果实品质差，有时出现当年秋季再次开花发芽的现象，更进一步消耗树体营养，以致易遭冻害。反之，若肥水过多，氮肥过剩，或施肥过迟，则新梢贪长，推迟落叶，树体组织不能及早成熟，不仅影响休眠，还会导致翌年萌芽不整齐、坐果率下降。

对于常绿果树，若管理不善，或遭冷害，冬季落叶过多，也会严重损失营养，削弱树势，则影响翌年生产和产量。

为了使果树正常落叶，增加营养积累，在果树生产上要特别注意，在秋季枝梢停长或采果之后及早进行松土、重施秋肥、防治病虫，以保护叶片不过早脱落，提高光合效率，增加营养积累量。同时还要注意控制施氮肥过多、过迟，适当控水，以防枝梢贪长，延迟落叶，以及营养的消耗和未成熟组织遭受冻害。

2. 休眠期养分变化动态　落叶果树的休眠，不仅能使果树适应不良气候，避免冬季低温对幼嫩器官或旺盛生命活动组织的冻害，而且也是生命周期和年周期中的各物候期顺利通过及继续生长发育的必要环节。如没有足够的休眠条件和休眠时间，就会影响其生长发育和开花结果。因此，休眠是落叶果树正常生长发育的必要过程。

及时进入休眠和控制过早解除休眠是使果树正常生长发育、提高产量和质量的一项重要农业技术措施。如为了促进落叶果树及时落叶进入休眠，常在秋季防止施肥过迟和氮肥过多及大量灌水，以免枝梢贪长，迟迟不落叶休眠。在我国南方冬季温暖地区，常采取旱控水、断根、树干涂白等办法，以降低树体温度，防止过早萌芽，避免冻害。北方地区可采用适当浓度的萘乙酸溶液喷洒梨、桃、苹果等果树来延迟其萌芽，延长结果期。

第四节　南方果树营养物质的生产与分配规律

果树树体内营养物质的产生、利用与各器官的建造、功能等有密切的关系。原则上讲，树体各器官生命活性的强弱、果实产量和品质的高低，完全取决于树体营养状况。因此，研究果树营养物质的生产、运输、分配、消耗和积累，并掌握其规律是果树栽培的重要任务之一。

一、年周期和不同年龄时期的代谢特点

果树在年周期中有两种代谢类型，即氮素代谢和碳素代谢。在营养生长前期是以氮素代谢为主的消耗型代谢。这种代谢过程，树体表现为生理特别活跃，营养生长特别旺盛。此期对氮素吸收、同化十分强烈，枝叶迅速生长，有机营养消耗多而积累少，因而对肥水，特别是氮素的要求特别高。在前期营养生长的基础上，枝梢生长基本停止，树体主要转入根系生长，树干加粗，果实增大和花芽分化，光合作用强烈，营养物质积累大于消耗。此期是以碳素代谢为主的贮藏型代谢。在这种代谢过程中所进行的花芽分化和贮藏物质的积累，即为当年的优质高产提供了保证，又为翌年的生长结果奠定物质基础。

树体的这两种代谢是互为基础，互相促进的。只有具备了前期的旺盛氮素代谢和相应的营养生长，才会有后期旺盛的碳素代谢和相应的营养物质的积累。同时也只有上一年进行了旺盛的碳素代谢和积累了丰富的营养物质，才会促进翌年旺盛的营养生长和开花结果。所以，春季的氮素代谢主要是以上一年后期贮藏代谢的营养贮备为基础的。如果树体营养贮备充足，能满足早春萌芽、枝叶生长、开花和结实对营养的大量需要，这样既促进早春枝叶的迅速生长，加速形成叶幕，增强光合作用，促进氮素代谢，又有利于性器官的发育、授粉、受精以及胚和胚乳细胞的迅速分裂和果实肥大。如果留果过多，当年营养消耗过量、贮备营养不足，会使这两类代谢之间失去平衡，从而影响翌年的营养生长，进而加剧生长与结果的矛盾，导致大小年结果和树势衰弱。若果园管理不善，造成营养生长过旺，则会导致花少、果少、枝叶徒长、虽积累多但经济效益低。因此，为使果树早产、高产、稳产，其关键是前期必须满足肥水，特别是果树对氮肥的需求，以促进枝叶迅速生长成熟。在停长后期，特别是采果期，也应大量施肥，尤其是重施磷、钾肥，以加强树体光合作用，增加营养积累，促进翌年的正常生长和结果。

不同年龄期的果树其代谢也有差别。一般成年果树，枝梢停长早，其氮素代谢的时间短，碳素代谢时间长，因此营养开始积累早而多，能连年开花结果。也有部分树因开花结果过多，营养生长太差而氮素代谢和碳素代谢均较弱，不能结果，或发生大小年现象。而一般幼旺树常常贪长，其氮素代谢时间长，消耗多，碳素代谢时间短，营养积累少，故常不成花结果。

果树的两种不同代谢的平衡关系，与树体的营养生长、树冠的扩大、树势强弱和早产、稳产、高产关系密切。故生产上常采取有效农业措施，调节两种代谢的转化，来提高产量。为了使幼树迅速扩大树冠和成年树恢复树势，常采取多施氮肥，延长其生长时间。为使幼树早投产，使旺树高产，则需采取早控氮肥，多施磷、钾肥，环割环剥等措施以促进碳素代谢，迫使枝梢早停长，增加营养积累，促进花芽分化和果实增大。

二、营养物质的生产

果树的营养物质，以及生物产量90%～95%是自身绿色部分进行光合作用的产物，10%～15%为根系从土壤中吸收的矿质营养。如果绿色部分及根系生长差、功能弱，就会影响到果树营养物质的生产，特别是对绿色叶片的光合作用影响更大。果树的绿色部分特别是绿色叶片是进行物质生产的主体，而叶片光合产物的多少，与光照的强弱，叶片的面积大小和质量以及所供给的二氧化碳、水分及温度等条件密切相关。研究表明，目前果树生长上平均光能利用率不到1%，这充分说明通过进一步提高光能利用率来提高果树的物质生产水平，其潜力相当大。影响光能利用率的因素有以下几点。

1. 光能的截获量　光能的截获量与叶片大小、数量、分布直接相关。如单叶大，数量多，总面积又着生均匀，互不重叠，则接受光量就多，光能利用率就高，有机营养生产就多。但是，若过高地要求叶面积大，则又会导致叶面生长过密、互相荫蔽严重，反而降低光合效率。异化作用的叶面积增加，同化产物下降。因此，任

何果树的果园叶面积系数，只能允许在某一适当范围。生产上常用整形修剪的方法，以合理安排树冠结构，使之获得更多的光能，增强营养物质的生产力。

2. 肥水和二氧化碳　树体在光合作用过程中所产生的有机营养物质的多少，与肥水的供应和二氧化碳充足与否关系密切。若施肥浇水及时，光合作用过程中各种矿质营养元素及水分充足，而且各种有效矿质元素比例适当，同时果园空气流通舒畅，保持二氧化碳浓度适当，则光能利用率高，生产的有机营养物质就相应增多。反之，如肥水缺乏，果园通透性差，必会缺乏进行光合作用所需的各种营养元素、水分和二氧化碳，则导致光合效率下降，光合产物减少。

3. 叶片高光能时间长短的影响　正在旺盛生长的幼叶，特别是在叶色尚未变绿以前，其叶绿体很少，光合能力极弱，同化力差，异化力强，生产的有机物质往往少于呼吸消耗的有机物质，一般少有营养物质积累。因此，前期幼叶生长发育很慢，成熟过程太长，相应缩短了高光合作用成熟叶片的高光合效应的时间，也相应地减少了后期营养物质生产和积累的时间，不利于营养物质的积累。所以，生产上必须在萌发前追施速效肥，加速幼叶生长成熟，及早停长，以减少树体营养的消耗和增长高光合作用，促进营养物质的生产和积累。

4. 温度的影响　每一种果树进行光合作用最适宜的温度在20～30℃范围内。温度过低、过高，其光合效率都会随之降低。在我国大部分果产区的4～6月和9～10月，其温度正保持在20～30℃的范围内，因此，此期应加强管理，施足肥，浇足水，合理修剪，保护好叶片，保证高光合速率时期的各种营养元素及水分供应，使果园通气，光照良好，加强树体营养物质的生产积累。此外，7～8月高温季节，采取地下灌水、树冠喷水、地面覆盖等措施，不仅有防旱作用，而且有降低土温和树体温度、增强根系吸收力和增强光合作用及降低呼吸作用、促进营养物质生产和积累的效果，也是一种提高产量和质量的有效措施。

三、果树营养物质的运转和分配规律

果树体内的营养物质一经合成，一部分被呼吸消耗，一部分用于建造各器官而向需要的器官转运。在转运的过程中也存在着转化与再次合成的问题。这一过程又与环境条件紧密相连。果树营养物质的运转和分配有其局限性、异质性和养分分配中心等规律。

1. 养分分配不均衡性 由于各器官对营养物质的竞争力不同，所以运至各器官的营养物质是不均衡的。一般规律是代谢旺盛的器官获得的营养最多。就枝条而言，以位置最高而处于顶端部位的枝条代谢最旺，所获得的营养最多，生长较强；方位低代谢机能弱的枝条，得到的营养较少，生长较弱，这就造成了树冠不同部位的生长发育进程和功能强度上的差别。

果树对营养物质分配的不均衡性，在不同发育时期各有其特点。例如，在萌芽开花期，主要是花与叶片的竞争。芽或花代谢最旺盛，获得的营养物质最多。在幼果发育时期，主要是新梢与幼果的竞争；此期新梢和幼果同时进入旺盛生长期后，营养物质分配的器官便集中于新梢和幼果。因梢和果代谢均强，导致争夺营养的现象。在营养水平低的条件下，矛盾常常激化，因而造成落花落果。为了保果，生产上常采取调整枝条角度、变换枝条方位、调节负载量等方法，可以有效地调节营养分配，促进营养生长和生殖生长相互协调、平衡发展。

2. 营养分配的局限性 由于果树各部位枝条类型不同，叶量分布不均，营养物质运输到各部位、各器官的距离有差异。因此，营养物质在运输和分配上存在着局限性。一般情况下，营养枝运出营养物质的量随其运输距离的增加而减少。营养枝由于有较大的光合能力，其同化产物除自身消耗外，还可输送到同一母枝上的其他营养枝和果枝中。短枝和果枝中的运输量，全年中均较稳定。中、长果枝的同化产物，在花芽分化期中主要供给花芽分化，以后便贮藏在母枝中或运往附近的短枝中，所以中、短枝在树冠中有季节性的调节作用。短枝的营养物质，一般留于本枝中而没有外运的可能，但在果实迅速生长期也有部分运入果实中。果实生长发育初期也有一定的同化作用，但主要是靠枝梢的营养供应。营养枝间基本没有营养物质相互输送供应调节的作用。因此，营养枝在树冠内的均匀分布，对调节营养、均衡树势，保证各器官的形成和果实产量均具有重要意义。徒长枝在生长过程中，生长量大，营养物质消耗多。因此，会胁迫附近枝梢的营养物质向徒长枝运输。因为一般正常主枝之间没有营养运输的相互关系，所以常出现部分主枝营养积累多，花多果多，而另一部分大枝因生长过旺或过弱，营养积累少，花少、果少或果实小。由于果树营养物质运输分配带有某些局限性，生产上常通过整形修剪来合理调整树冠各部位营养枝的分布、结果枝与营养枝的比例，以达到内外、立体均匀结果的目的。

3. 营养分配的异质性　营养物质的分配，由于器官及其发育时期不同，而有质的差别。根对各种元素的吸收具有选择性，对所吸收营养物质的分配，受顶端优势和细胞渗透压梯度的影响很大，并且与蒸腾面积和输导组织的数量呈正相关；而同化产物的分配，除受代谢强度的制约外，还受器官类型和不同生长阶段营养中心的影响。运输的局限性造成树体不同部位、不同时期两类营养物质的运输方向、运输形式和分配比例上的差异。这些差异会影响器官的类型和形成速度，也是造成结果早晚和产量的重要因素。

营养物质运输分配的异质性和同一树各器官生长发育进程差异性的相互作用，使果树表现出集中运输与分散需要、营养生长过盛与分化需要不足的矛盾，从而直接影响到花芽分化和结果。为解决此矛盾，除了从施肥时期和种类上进行调节之外，还可通过根外追肥、增加有机营养的生产和抑制过旺生长、疏花疏果、减少养分消耗等措施来调节。

4. 营养分配的集中性　营养物质在树体内的运输分配随物候期的变化调节方向、部位和数量，即在不同的物候期，营养物质分配运输的重点器官不同。通常是在某一物候期内生长发育最快和代谢作用最旺盛的器官，所获得的营养物质最多，而其他器官则较少。这种集中运送分配营养的现象，常与这一时期生理活性最旺盛的中心相一致，所以称之为营养分配中心。

营养物质分配运输的集中性，是果树自身调节功能的一种特性，也是保证重点器官形成的必要条件。从物候期的变化看，一般落叶果树二年内营养集中分配中心可分为4个时期。

(1) 萌芽和开花。这一物候期是果树年周期中出现的第一次生理活动旺期，其养分分配中心集中在萌芽和开花。此期主要利用上一年的贮藏养分，处于消耗阶段，以开花消耗最多。如果花量过多，消耗大量营养物质，必然影响新梢和根系生长，进而影响当年的养分积累和翌年产量。在生产上常采取早春施肥、灌水和早期疏花疏果等措施以补充营养，调节花量，促进营养生长，提高坐果率。

(2) 新梢生长和果实发育。新梢生长和幼果发育二者在时间上几乎是一致的，而且二者生理活动又特别旺盛，需要营养极多，营养竞争很激烈，所以此期是一年中营养分配的紧张阶段。此时营养分配集中供应在果实和枝叶上。如果营养生长过旺，势必影响果实发育，甚至因营养不足而造成大量生理落果；反之，结果过多，消耗了大量养分，则会明显抑制新梢生长。

章文才（1962）等用^{32}P在华农1号苹果上的示踪试验结果表明，当芽刚萌发时，^{32}P运转到短果枝中多于运到顶梢中。在5月6日第一次生理落果后测定修剪树顶梢含量多，完全不剪或不剪疏花树顶梢含量少。5月30日新梢生长缓时又出现运转到顶梢的营养物质少于短果枝。强树上输入延长枝的^{32}P超过结果枝，而在弱树上差异则不大。脱落果含量小于坐果，而且树越弱，输入果实中的^{32}P越少（表2-2）。由此可见，留果量越多则枝梢的延长生长和结果间的矛盾越大，营养生长与生殖生长对于营养物质的竞争越激烈。缺肥水可以使枝梢生长所需的肥水和营养物的供应占优越地位，造成生理落果增多。

表 2-2　华农 1 号苹果树^{32}P 运转的趋向

树势		强树		弱树	
新梢总生长量（厘米）		19 969	26 637	19 969	19 539
每米平均花簇数		1.78	0.92	2.13	4.31
延长营养枝（净脉冲/分钟）	第一次落果期	316.5	1 058.0	365.5	287.0
	第二次落果期	215.5	169.5	105.0	149.0
结果枝（净脉冲/分钟）	第一次落果期	181.0	484.0	138.0	194.5
	第二次落果期	77.0	88.0	68.0	98.5
留着果（净脉冲/分钟）	第一次落果期	272.5	544.5	188.5	288.5
	第二次落果期	135.0	119.0	69.5	86.5
脱落果（净脉冲/分钟）	第一次落果期	118.0	—	—	66.0
	第二次落果期	70.0	65.5	95.5	96.0

（3）幼果发育和花芽分化。这一时期形态上新梢生长的高峰已过，大部分短枝已停止生长，开始进入花芽分化期，果实则正在加速生长，养分的分配中心已由新梢生长转到花芽分化和果实发育。在养分竞争上，主要表现为花芽分化和果实发育的矛盾。营养的主要来源是由当年形成的营养器官制造和供应。如果新梢后期继续旺长，对花芽分化和果实发育的影响尤其严重。所以，控制枝梢的后期旺长，合理施用磷、钾肥，既有利于花芽分化，又有利于果实发育。

（4）果实成熟和根系生长。在营养生长逐渐停止，果实迅速增长，其内含物的生物化学变化速度加快时，当年的同化营养物质，除大部分继续向果实输送外，小部分则向树干、骨干枝和根系等贮藏器官运转。当果实采收后，绝大部分回流集中于果树体内，同时根系转入冬前的旺长期。这一时期的关键是加强后期管理，保护好叶片，促进其同化功能，尽量提高叶面的光合强度和积累力度，提高树体营养贮藏容量，为根系生长、花芽分化、翌年的生长发育创造物质条件。

总之，营养物质是果树生长发育和整个生命活动的基础。只有充分了解营养物质的分配和运转规律，采取有效的综合栽培技术措施，以增强营养物质的合成和积累，使其适时适量的用于营养生长和生殖生长，及时解决各个发育阶段所发生的营养物质分配与竞争的矛盾，以便取得高产、稳产优质的果品。

四、营养物质的积累与消耗

果树依靠自身绿色部分的同化作用不断地进营养物质的生产和积累，同时各部分又在不断进行呼吸作用，消耗所产生和积累的营养物质，放出能量，维持其正常生命活动。特别是在根和枝叶生长旺季、盛花和盛果期，其呼吸作用越强消耗越多，而被转化运输、构建新的组织和器官的营养数量亦越多。就落叶果树而言，生长季节的前期主要是消耗，没有物质的积累，当新梢停止生长且叶片发育成熟时，光合能力强，生产又大于消耗，开始了营养物质的积累，而积累的多少又直接关系到产量的高低。

为了提高产量和质量，前期的消耗是必要的，后期的合理消耗也是必不可少的。但是消耗必须适度，建立消耗与积累的平衡关系。若前期用于生长消耗过大，就会造成枝叶徒长而不利于坐果；若后期的树势过旺，消耗过大，则果实发育不良，产量低，品质差，树体营养积累少，不易形成花芽，花质差，树体抗性低，冬季易遭冻害。

果树不同的年龄时期和年周期中的不同物候期，其树体营养物质的积累和消耗情况也有很大差异。一般幼年树贪长，营养生长期长，高效率光合叶片比例小，枝叶常旺长，营养消耗多，积累少，故树体内营养物质积累水平低，不易成花结果；成年树大多树梢停长早，大型高功能叶片比例大，营养物质生产时间长，故树体内营养积累水平高，易成花结果；老年树和衰弱树营养生长时间过短，生长量又小，叶片小而少，吸收和生产的营养物质少，但消耗也少，故易坐果，但树体营养水平低，后期不能成花，常导致大小年结果现象。

在一年中，果树前期营养消耗占优势，难于积累；中期果实生

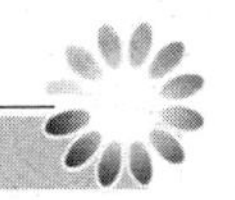

长发育也需消耗营养，故积累也很少；采果后枝叶停止生长，而叶片已成熟，光合功能强，此时气温适宜，呼吸作用大大减弱，消耗少，是树体营养积累的重要时期。生产实践证明，秋季进行保叶，合理施足各类必需的矿质元素肥料，并注意抑制后期枝梢抽发，是恢复树势、提高花芽质量、增强树体抗性、克服大小年、达到高产稳产的有效措施。

果树积累贮存的营养物质主要是以淀粉为主的碳水化合物、蛋白质和脂肪等，这些物质主要贮存于皮层、韧皮部、薄壁细胞及髓部和根中，其中以地下根部贮存最多。落叶果树叶片中的营养物质，如氮和钾等，在落叶前绝大部分回流到枝干，而常绿果树的叶片也是营养物质的贮存器官。故不正常的落叶是一种养分损失，不恰当的修剪同样也是一种损失。

果树营养物质的贮存，又分为底质贮藏和季节性贮藏。底质贮藏是贮存于木质部和髓部，因此，果树的分化水平、适应能力及树势状况等都取决于底质贮藏的水平；季节性贮藏是调节不同季节供应物质水平的一种贮藏，它能加快各器官建造节奏和功能，保持一定的稳定性，保证底质贮藏水平每年有所增长，并使季节性贮藏及时消长稳定平衡，是制订栽培措施和确定结果量的可靠依据。

除了果树各器官生长发育进行呼吸作用需消耗大量的营养物质以外，不利的气候条件和不适宜的农业管理措施也会增加营养物质的消耗，如干旱、高温、过强的光照、病虫危害、二氧化碳供应不足、施肥浇水不当和采果不适时等均会增加营养物质的消耗，减少生产和积累。

贮藏营养是多年生果树区别于 1 年生作物的重要特征，它为果树一年的生长发育奠定了物质基础，而且也对生殖生长的重复进行和因两类器官同时生长发育而造成营养竞争进行调节和缓冲，同时对不适应的环境条件或施肥不及时，起到暂时的调控作用，从而减缓或避免生理失调病害的发生。因此，生产上采取均衡树势、提高树体营养水平的农业措施，是增强果树抗逆性和持续高产优质的关键。

第三章

南方果树需肥特性与施肥

对于多年生长在同一地点的果树，每年都要从土壤中吸收大量营养物质，同时也排出一些废物，不断改变土壤环境。合理施肥，就是及时适量地供给果树生长发育所需要的营养元素，并不断地改善根际土壤的理化性状，为果树健壮生长创造良好的环境条件，以提高果实产量和品质，提高肥料利用率，降低生产成本，减少或防止肥料污染。因此，在制订果园施肥制度时，必须注意果树的营养特点。由于果树一般都是在结果上一年就形成花芽，因此，果树的产量不仅取决于当年树体的营养水平，同时又与上一年树体的营养积累有关。施肥既要保证当年高产，也要为连年丰产打下基础，以促进花芽分化，积累贮备养分。此外，还要注意不同树种、品种、砧木以及树龄的需肥规律，经常保持树体适宜的营养平衡，增强树体活性，提高其抗逆能力，延长结果年限。

第一节　果树根系的营养特性与施肥

根系是果树的重要组成部分，它既是果树的主要吸收器官，又是果树的主要贮藏器官。果树根系可以从土壤中吸收水分和养分，供地上部生长发育所需，同时还能贮藏水分和养分，并能将无机养分合成为有机物质。近年来研究证明，果树的根还能合成某些特殊物质，如细胞激动素、赤霉素、生长素等激素以及其他生理活性物质，对地上部的生长与结果起着调节作用。根在代谢过程中分泌的酸性物质，溶解土壤养分，使之转化为易于吸收的有效养分。同时

有些根系分泌物还能活化根系微生物，促进微生物活化根际土壤养分的作用。果树根系与地上部、根系与根际微生物是相互作用、相辅相成的。果树根系吸收水分和养分的容量与根的数量、内吸速度等诸多因素有关。因此，研究根系的结构与分布、根的生长习性是合理施肥的重要理论依据。

一、根系的结构与分布

果树根系分布的深度和广度，根系密集层的位置，年周期中根系生长的动态变化，以及随着树龄的增长，根系生长发育的进程，根系吸收和输送，贮藏水分、养分的能力等，均与土壤环境、施肥技术等密切相关。

1. 根系的结构　果树的根系，通常是由主根、侧根和须根组成的。生长粗大的主根和各级侧根构成根系的主要骨架，统称为骨干根。

（1）主根和侧根。主根由种子的胚根发育而成。只有实生繁殖的树体才有主根和真正的根颈。营养繁殖的树体，其根系或来源于母体茎上的不定芽，如葡萄、无花果扦插繁殖，苹果矮砧压条繁殖，荔枝、龙眼高压繁殖，草莓的匍匐茎等；或来源于母体根上的不定芽，如枣、石榴、樱桃等的分株繁殖的个体。它们均无真正的主根，也无真正的根颈，因此，果树根系根据其发生来源，可分为实生根系、茎源根系和根蘖根系3种。实生根系一般主根发达，根系较深，年龄阶段较幼，生活力强，适应能力强；茎源根系和根蘖根系，其主根都不明显，根系较浅，年龄阶段较老，生活力和适应力都较弱。

主根具有向地性、避光性、趋肥性、垂直向下延伸的特点。

果树主根上分生的侧根，根据其在土壤中分布的状况而分为垂直根和水平根两种。

垂直根是与土表大体呈垂直方向向下生长的根系，大多是沿着土壤中的缝隙、蚯蚓及其他动物的通道向前伸展。果树根系的深浅依树种、品种、砧木、土层厚度及其理化性状等不同而异。如核桃、山核桃、银杏、香榧、柿的根系最深；梨、苹果、枣、葡萄、甜橙次之；桃、李、石榴、香蕉、菠萝较浅，垂直根不发达；果树砧木，通常乔化砧的垂直根远超过矮化砧；山地生长的果树根系生长受土层深浅和岩基分化程度的影响很大，山地土层薄，多数根系分布比平地的浅，地上部与地下部的比例（T/R 值）一般比平地生长相对较小，但抗旱能力却较强；在土质疏松、通气良好、水分和养分充足的土壤中，根系发育良好；在地下水位高或土壤下层有黏盘层、砾石层的条件下，根系下扎明显受阻。据浙江农业大学（1964）对徐州果园调查结果表明，在地下水位高的一级阶地的苹果，其根系分布于 1.0 米土层内；在土层深厚、地下水位低的二级阶地，根系可深达 3.6 米以上。一般入土深度常比树高小。例如，苹果根系，在一般平原土壤中分布深度为树高的 40%～70%，而在瘠薄的山地仅为树高的 10%～20%，但却常能见到有较少量的骨干根可以深扎入心土岩石的裂缝中。

水平根大体沿着土体水平方向生长，它在土中的深度和范围依土壤、树种、品种、砧木不同而各异。就分布深度而言，一般与上述垂直根入土的深浅基本一致，即垂直根入土深的树种、品种、砧木、土质，水平根分布也较深。如香蕉、菠萝等宿根草本果树，大多数分布在土壤表层；温州蜜柑、桃、李等分布较浅，多在 40 厘米左右的土层内；苹果、梨则更深些；柿、核桃、银杏等分布深。就水平分布的范围而言，也与树种、品种、砧木、土壤环境等密切相关。如矮化砧较乔化砧的水平根发达；土壤深厚肥沃、管理水平高的果园，根系水平根的分布范围比较小，而分布区域内的须根特别多；在干燥瘠薄的山地土壤中，根系则能伸展到很远的地方，但须根稀少。

（2）吸收根。在各级骨干根上分生着许多较细的根称为根基，也称为须根。须根的先端发生的初生根即根毛称为吸收根。吸收根的分枝性极强，构成吸收根群，为吸收水分和养分的主要器官。吸收根的寿命很短，一般只有几天或几个星期，随着吸收根和新根的木栓化而死亡。但有个别树种，如伏令夏橙的根毛，能木栓化生存几个月，甚至几年。有些亚热带、热带的果树，如大多数的柑橘、

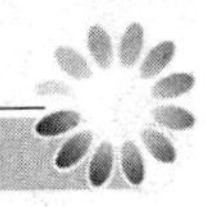

荔枝、龙眼、杨梅、板栗、芒果、番木瓜以及长山核桃等具有菌根，一般不具根毛，菌根的菌丝体在土壤水分低于凋萎系数时，能从土壤中吸收水分，同时也能吸收养分，而且还能分解吸收土壤中磷素，供应果树生长所需的营养，与果树有共存共荣的关系。

某些果树的根系，为了适应特殊的生态环境而发生特异的进化，因而形成某些变态根以进行着特殊的生理功能。如香蕉的根，基部粗壮肥大，称之为肉质根，可以贮藏大量的水分和养分；还有些果树，如面包果、无花果、葡萄、樱桃、椰子以及某些苹果品种如凤凰卵、君柚、黄魁等，在其主干、主枝上附生有气根，这些气根可以吸收空气中的水分。

2. 根系在土壤中的分布　根系在土壤中的分布情况受砧木种类、品种、树龄、土壤条件、地下水位、地势、栽培管理技术的影响很大。

果树根系的横向分布范围的直径，总是大于树冠的冠幅，一般从第二年起，即超出树冠范围，为树冠冠幅的1.5～3.0倍。土壤愈瘠薄，则根系分布愈广，这有利于扩大根系养分的吸收面积。据中国农业大学观察，赤阳苹果的根系分布可达树冠冠幅的4.7倍。河北农业大学观察，8年生的麻枣根系可超过树冠6倍。根系在树冠内外的比重，一般情况下都分布在树冠冠幅范围之下，尤其是树姿开张的树种，更是如此。距主干越近处，根的密度越大，水平根越浅；远离主干处水平根越深。而树姿直立、树冠紧抱的树种，虽然大部分根系集中于树冠下部，但有较多部分的根超出冠幅范围。因此，在深施基肥时，施肥沟的适宜位置可根据树姿开张或直立程度作相应的判断。

果树根系在土壤中的分布，有时还表现有明显的层性，各层的生长习性因树种、品种、砧木、土壤条件等不同而各异。最上层分根性强，角度大，分布范围较广，因为距地表较近，易受环境条件变化的影响；下层根分根性弱，角度小，分布范围也较小，因为距地表较远，地下部受环境条件变化的影响较小，在周年中的生长活动延续时间较长，甚至可以不停止生长。根系层性表现愈明显，便越较广深地分布于上下土层中，有利于广泛地摄取土壤中的水分和养分，而增进地上部的水分和养分供应能力，增强抗旱、抗寒、抗热、抗风的能力。

二、根系的生长习性

研究根系生长习性的方法主要有以下几种。

1. 总根量 总根量是最常用的表示根系生长状况的指标。它可以表示出根系的吸收量，也可以在树种或品种间进行总根量的比较，还可以了解各树种或品种根系的特点；而在品种内进行比较，则可表示出有关单株根系发育的优劣。通常总根量是用干重克数表示，有时也用根系总长度或总表面积来表示。

2. 吸收面积 测定根系的吸收表面积也有助于求得吸收容量。估计吸收根的总表面积，一般是把根系浸入稀酸溶液里，然后排除酸液，再把根上吸附的酸洗下来进行滴定（Wilde 和 Voigf, 1949）。

Williams（1962）设计了一种快速阴离子吸收比色法，用吸附在根系上阴离子染料的数量来估计根系的表面积。用这种方法比较各处理间根系的发育状况，可以获得较理想的结果。

3. 根系的垂直分布 调查土壤剖面不同层次各级根的数量，可以了解根系的分布深度，及根系在不同土层中的密度。在同一生态条件下，果树单株间根系数量的绝对值可能有所差异，但不同层次中根系的比例都是相似的。这样就可以用来比较不同生态条件下根系生长的差异。果树根系垂直分布的差异，还可以反映不同土壤类型中各个层次养分和水分的供应状况，也能反映果树的抗旱能力。

4. 根系的水平分布 通过调查果树根系的水平分布状况，可以了解吸收根的密集分布范围，以此决定行间耕作或施肥位置，同时也可为果树栽植密度提供重要依据。

5. 侧根的数目及其直径 直径大小相同的细根愈多，表示根系生长愈好。

6. 根系的发育过程 主要观察根系的生长速度、分布范围、根的颜色、粗细和构造等。例如，在富含铝的酸性土壤中，根系会变粗，分叉能力减弱，根尖失色；在缺钙的土壤中，原生根会呈半透明状，停止延伸，根尖变褐，甚至死亡；在高 pH 的土层中，根系皮层变粗糙，迅速老化，白色根减少，根尖锈死。当根系向下伸展遇到紧实土层时，根尖变得钝而粗，继而停止向下伸展，沿着紧实层的界面横向伸展。在电子显微镜下观察，紧实界面上的根尖细胞亦呈短粗状。

第二节 果树营养特性与施肥

果树是多年生木本植物，其营养特性与大田作物不同，在其生命过程中需要多种营养元素，每一种元素都有其特定的生理功能，且不可互相替代。在果树生命周期中需要量较多的营养元素称为大量元素，如碳、氢、氧、氮、磷、钾、钙、镁、硫等；需要较少的称为微量营养元素，如铁、锰、锌、铜、硼、钼、氯等。从果树营养与施肥的角度出发，主要考虑氮、磷、钾、钙、镁、硼、铁、锌、锰、铜等十几种营养元素的适量供应及其在树体中的转化与积累等问题。

一、果树的营养生理特性

矿质元素是调节树体、根、枝、叶和果实的生长及其机能的。它们在树体内和土壤中及其矿质元素之间的关系是非常复杂的，既有协助作用又有拮抗作用，这两种作用又因树种和元素间的相对浓度以及环境条件的改变等而有变化。为了更合理地调控果树的营养平衡，提高果实的产量与品质，掌握各矿质元素对果树生长发育的生理作用以及元素间的相互关系是非常必要的。

1. 果树氮素营养生理 果树根系吸收氮素后，即开始进行有机合成作用。首先，根系吸收的硝酸盐在细胞质中经硝酸还原酶的作用，还原成亚硝酸盐，亚硝酸盐在叶绿体中经亚硝酸还原酶的作用再还原成氨。在硝酸盐还原的部位能影响附近的 pH。如苹果吸收的硝酸盐在根部还原时，可提高根际的 pH。研究表明，根际高 pH 容易导致缺锌。

根系吸收的氮，立即与从叶子运送下来的光合产物进行化合形成氨基酸，在根中主要的合成产物是天门冬氨酸和谷氨酸，然后以氨基酸的形式向果树地上部转运，再合成蛋白质和核酸等高分子化合物。如果树体发生生理障碍时，会使铵积累在根中而产生毒害作用，并会阻碍根系进一步从土壤中吸收铵离子和其他阳离子，并阻止硝态氮还原成铵态氮。

氮能促进光合作用。树体氮素营养正常时，可促进幼嫩枝叶的生长，叶面积增大，叶绿素含量高，叶片光合强度增大，光合产物增多，同时也利于促进根系的生长和对养分、水分的吸收。

氮素在树体内可被再利用。输入叶中的氮合成蛋白质后，还可水解成氨基酸，再从老叶运输到新叶中去，供新叶生长。因此，树体缺氮可先从老叶中表现出来。

在正常情况下，果树进入休眠之前，叶中氮会转移到贮藏器官中去，一部分进入树皮，而另一部分回到根系。根和树皮中贮存的氮非常重要，是翌年春枝叶开始生长所需的氮素来源。

在果树生长发育的周期里，需要大量的氮素营养。春天，落叶果树中贮存态蛋白质水解，转化为氨基酸，表示果树休眠期的结束。先是树皮中贮存的氮，接着是根系中贮存的氮素，并转运到生长最旺盛的组织或器官中去。随后，当年新梢生长较旺时，所需氮素大部分就要靠当年根系从土壤中吸收的氮素来供应。由此可知，在果实采收后及时追施氮肥和适当灌溉，有利于根和树皮贮藏较多的氮素，有助于翌年春季开花、坐果和枝叶生长。在果树营养枝梢旺长期及时追施氮肥，有利于营养体健壮生长发育，为果实生长贮备氮源。

2. 果树磷素营养生理　一般而言，果树根系对磷素的吸收利用能力较强。根系是以主动吸收的方式，吸收土液中的正磷酸盐，由于果树根系的分泌物溶磷能力较强，所以水溶性、柠檬酸溶性甚

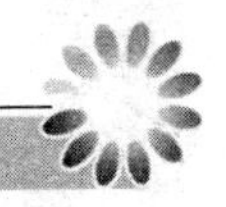

至部分难溶性磷酸盐，根系都能很好地吸收利用。根系吸收正磷酸盐，直接参与各种新陈代谢作用，迅速转化为有机磷化合物，在树体中可以向各个方向运转，既可向上，又可向下，可以从老叶向新叶，又可以从幼叶向老叶转运。

树体中重要的有机磷化合物有磷脂、核酸、三磷酸腺苷和植素等。磷脂是生物膜的主要成分；三磷酸腺苷是用来贮存叶绿素等色素所吸收的光能，以及呼吸作用所产生的化学能，为养分的吸收及各种有机物质的合成提供能量；植素作为磷的一种贮存形式，主要存在于种子中，当种子萌发时可迅速地运输到幼嫩而旺盛生长的组织中去，为幼苗生长提供磷素营养。

在果树年周期中，磷素营养对氮素营养的调节作用非常重要。早春，如果树体磷素丰富，可促进根系的生长和提高其吸收能力，可促进根系吸收更多的氮素。在果树施肥中，应特别注意树体的磷素水平，找出氮、磷肥的最佳配比。

3. 果树钾素营养生理　钾也是果树的重要营养元素之一。根系吸收土壤溶液中的钾离子，也是主动吸收的过程。钾离子在树体中的移动性很大，可以经常进行再分配，从老叶转运到新叶，钾的运输方向趋于新的中柱组织，这与蛋白质的合成、生长速度以及激动素的供应密切相关。在韧皮部的汁液里含有高浓度的钾离子，而且可以向上向下作长距离的运输，幼叶和果实都是从形成层中获得钾素的，因而这些器官中含钾量也较高。

钾在木质部中积累，可降低木质部的渗透势，因而可提高水分的摄取能力和根压。钾也能降低叶肉的渗透势，提高其保持水分的能力。

钾是60多种酶的激活剂，如合成酶、脱氢酶、运转酶等，它参与蛋白质、淀粉、糖等各种物质的合成与转运过程。因此，与氮素循环关系密切。当氮素供应充足时，可以刺激细胞分裂，促进蛋白质的合成，加速果树的生长，增强根系吸钾能力。

树体中钾离子过多时，可与其他阳离子产生拮抗作用，影响其他阳离子的吸收。如钾过多，可抑制根系对钙的吸收，因此在缺钙

（苹果水心病、苦痘病等）多发区，重施钾肥会加重缺钙病；反之，树体中氢、钙和钠离子过多时，也会影响钾的吸收。

4. 果树钙素营养生理 钙是果树营养不可缺少的元素之一。现代果树钙营养研究中的重点，已从果树整体转移到靶子器官的营养盈亏的新阶段。近期许多研究表明，有时果树整体营养不缺钙，但由于树体内各器官中钙的分配不平衡，从而诱发果实缺钙病。钙在树体内不能再利用，初期供应的钙，大部分保存在下部老叶中，向幼嫩组织器官移动很少，所以果树体内钙的含量，在较老器官中含量较多，并随树龄的增长而增加。果树各器官中的含钙量是不均匀的，叶片中含量最高，根中含量次之，果实中含量最少。

果树根系主要吸收土壤胶体吸附的钙离子和部分土液中的钙离子。树体内钙是以果胶酸钙、草酸钙、碳酸钙结晶等形态存在的。适量的钙，可减轻 H^{+}、K^{+}、Na^{+}、Mg^{2+}、Al^{3+}、Fe^{3+} 等离子的毒害作用，有利于果树对铵态氮的吸收。钙量过高，由于离子间的竞争作用，首先影响铁的吸收，易诱发果树缺铁失绿病。高氮、高钾均会诱发果树缺钙病的发生。

土壤施石灰，这不仅有中和土壤酸性的效果，而且主要可以降低铝的溶解度，减轻铝的毒害。同时施用石灰可改善土壤的理化性状，促进有益微生物的活性，加速土壤有机质的分解，提高养分的生物有效性，为根系吸收养分创造良好根际环境。

5. 果树镁素营养生理 镁是叶绿素的主要成分之一，也是许多酶的活化剂。果树根系能吸收土壤胶体所吸附的镁离子和土壤溶液中的镁离子。镁在树体内一部分形成有机化合物，一部分以离子状态存在。镁主要是通过质流在树体内转运的，镁在树体中可再分配利用。镁主要分布在果树的幼嫩部分，在生长器官里，特别是在开放的花里存有大量的镁。在苹果新梢上，除了最基部的 3 片叶子外，叶片中镁的含量从基部到顶部是逐渐递增的。

镁和钙的化学性质相似，但在生理上却有不同。若钙是正常水平时，镁不能代替钙；若钙很低时，镁可代替部分钙的作用。镁在液胞膜上可以代替钙，但活性有差异，而钙不能代替镁，缺镁会减

少钙的吸收，对缺镁果树施镁肥时，会增加钙的吸收，因此镁可促进根系的健康生长。但镁过量也会减少钙的吸收。有机质缺乏的酸性土壤或施钾肥过多的土壤，容易诱发缺镁病。因为在吸收阳离子的过程中，镁常与其他阳离子发生拮抗作用。

6. 果树铁素营养生理　早在1844年，Criss从葡萄上就证实了铁在果树生产上的重要性。铁虽不是叶绿素的组成成分，但为合成叶绿素所必需的元素。许多科学工作者研究指出：铁是很多酶的活化剂，树体中有许多含铁酶，如细胞色素酶、细胞色素氧化酶、过氧化氢酶、过氧化物酶、硝酸还原酶等，都是以铁卟啉酶为成分构成的。铁在树体内具有高价铁和低价铁互相转化的作用。树体内的铁多以活性较差的高分子化合物形态存在，不能再利用。故缺铁时，幼叶先受害失绿黄化，而老叶仍保持绿色。Oertlu（1960）曾提出，叶片内在叶绿素开始形成以前需铁的基数20毫克/千克，以后随铁量的增加叶绿素含量上升，上升数值与树种、品种无关，而与根系吸收与转运性能有关。低价铁和螯合态铁可为果树根系所吸收。果树吸收铁主要受其代谢作用所控制，亦即主动吸收。

铁与锰、铜、锌、钾、钙、镁等金属阳离子都能发生拮抗作用，其中，铜和锌还可以置换螯合物中的铁，所以，在土液中含有较多的重金属离子时，易诱发果树缺铁失绿病。土壤高pH、重碳酸盐（HCO_3^-）和高磷也会阻碍铁的吸收。高pH会使Fe^{2+}氧化成Fe^{3+}，把有效铁沉淀下来而失去活性，同时抑制根系释放出H^+，而对根中积累的铁起活化作用；高重碳酸盐可使土壤pH增高，间接地起到降低铁的有效性，并且HCO_3^-对根有直接毒害作用；磷与铁可生成磷酸盐而降低铁的可溶性，这种化合作用既可在土壤溶液中进行，又可在树体传导系统中进行；土壤中的钙和锰也可降低铁的活性。因此，增加土壤有机质含量，提高土壤阳离子交换量，有利于促进果树根系对铁的吸收。

7. 果树硼素营养生理　硼对果树的作用是多方面的。果树需硼量因树种、品种而异。葡萄、苹果需硼量最大（要求土液中有效硼含量＞0.5毫克/千克），桃、梨、核桃、山楂等，需硼量中等

(0.1～0.5毫克/千克)，柑橘、杨梅等需硼较少（<0.1毫克/千克）。叶片分析诊断树体硼营养水平时，柑橘类果树叶片硼低于15毫克/千克即为缺硼，50～200毫克/千克为适量，高于250毫克/千克则为过剩。苹果叶片硼1.2～5.1毫克/千克即为不足，40～50毫克/千克为适量。桃叶片硼低于20毫克/千克出现缺乏症状，28～43毫克/千克为适量，高于90毫克/千克则会发生中毒症状。

硼主要是随根系吸收的水流以未分解的硼酸形态进入植物体内，然后在木质部随蒸腾水流向上移动，从基部到顶端，硼含量逐渐增加。与钙相似，在韧皮部汁液中没有硼。

硼在树体内属于活动性弱的元素，不能再利用。Smith等认为硼在柑橘树体内移动性较差，但部分与糖类等多元醇的羟基相结合的硼，在树体内移动性较强。

硼的生理功能与磷相似的是，硼酸离子与糖、醇和有机酸上的OH^-结合形成带负电的络合物，从而增加糖类的移动性，增强细胞壁的稳定性。硼对果树很重要的生理作用是能促进花粉的萌发、花粉管的伸长，有利于花粉受精和果实成熟，提高果实维生素和糖含量，增进品质。硼还能改善氧对根系的供应，增强吸收能力，促进根系发育。硼还能提高原生质的黏滞性，增强抗病力。

果园土壤中可给态硼含量与土壤有机质含量呈正相关。钙质过多的土壤，硼不易被根系吸收。土壤pH 4.7～6.7，硼的有效性最高，水溶性硼与pH呈正相关；pH 7.1～8.1时，硼的有效性降低。一般是轻质土壤含硼量低于重质土壤。土壤过湿过干也会影响硼的有效性。

果树一般在花期需硼量最大，此期及时供给适量硼素，可防止落花落果，提高产量和品质。

8. 果树锌素营养生理 锌也是果树不可缺少的微量元素之一。Hoagland、Chandler和Hibbard（1936）等最先发现桃树小叶病由缺锌引起，但对锌营养的研究进展缓慢，是因为果树缺锌症状不太一致。例如，苹果缺锌为小叶病，柑橘为斑叶病，葡萄为萎黄病，核桃为黄叶病等。

果树对锌的吸收是主动吸收，锌在树体内与蛋白质相结合的形式，主要分布在根、幼叶和茎尖中。据 Wood、Sibly（1950）和 Milikan、Hanger（1965）报道，锌一旦在组织里稳定下来，实际上移动性不大。老叶中的锌不会流动，幼叶中的锌流动也不畅。叶片含锌量可判断树体锌素营养水平。例如，柑橘类果树叶片锌在4～15 毫克/千克呈现缺锌症状，20～100 毫克/千克为适量，高于200 毫克/千克即为过剩；无核白葡萄叶片锌低于 15 毫克/千克为不足，25～50 毫克/千克为适量；桃叶片锌 17～30 毫克/千克为适量。

温度对根系吸收锌的影响很大。当温度低时，果树根系对锌的吸收减少，所以早春易发生缺锌。因为低温时根系生长不良，离子扩散速度慢，微生物活动减弱而使有机质中锌的释放减少。早春果树未发芽前喷施适宜浓度的锌液，能有效地控制缺锌病的发生。

土壤溶液中钙、镁、钾、钠、氢等离子的存在会减少根系对锌的吸收；钴、铁、锰对锌的影响较少；HCO_3^- 可能促使锌固定在根部，可使运至地上部锌的数量大大减少；在土壤中重施磷肥也会诱发果树缺锌，因为磷肥会增加土壤中铁铝氧化物和氢氧化物对锌的吸附，从而降低根系中锌的有效性。

在沙地、盐碱地以及瘠薄的山地果园，缺锌现象特别严重。因为，沙地含锌盐少，且易流失；碱性土壤锌盐易转化为无效态，不利于果树吸收利用；果园或苗圃的缺锌与重茬、灌水频繁、伤根多、修剪重等有关系。可见，加强土壤管理、调节各元素间的平衡以及改进其他管理技术是解决果园缺锌的有效措施。

9. 果树锰素营养生理　锰也是果树生长发育不可缺少的微量元素之一。锰是以 Mn^{2+} 的形态被果树所吸收，被吸收的速度较其他两价的阳离子为低。

锰在树体中不活跃，可以锰离子的形态进行运输，一般趋向于中柱组织，故在幼叶中含锰较多，种子中含锰很少，叶绿体中含锰较高。锰一旦输送到某一部位，就不可能再转运到新的部位或输送的速度很慢。

锰是各种代谢作用的催化剂，在叶绿素的形成、糖分的积累、运输及淀粉水解等过程中起作用。锰能加强光合作用，并与许多酶的活性有关，从而影响同化物质的合成与分解以及呼吸作用的正常进行等。锰有助于种子萌发和幼苗早期生长，促进花粉管生长、受精过程、结实作用和提高果实的含糖量，锰还促进氧化—还原过程，促进氮素代谢。适量的锰可提高维生素的含量，使果树生理作用正常进行，并能显著地加强有氧呼吸过程中有关的异柠檬酸、去氢酶和苹果酸酶的作用。

叶片含锰量可判断锰营养水平。例如，柑橘类果树叶片锰在5～20毫克/千克表现缺锰，25～100毫克/千克为适量，300～1 000毫克/千克则过剩。本多（1955）曾研究过果树种类与叶片锰的相关性（表3-1）。果树种类不同，叶片锰含量差异较大。

表3-1 果树种类和叶内锰含量

果树种类	锰含量（%）	果树种类	锰含量（%）
栗	0.358	油橄榄	0.018
柿	0.160	梅	0.016
长山核桃	0.121	桃	0.012
枇杷	0.025	无花果	0.009
核桃	0.024	葡萄	0.003～0.009
梨	0.022	夏橙	0.002

缺锰时，碳水化合物和蛋白质的合成减少，叶绿素含量降低，从而出现缺锰症状。锰过剩时，由于根系过多地吸收锰致毒，而发生机能障碍。果园土壤长期排水不良，重施硫酸铵肥料，土壤pH降低到3.5～4.0，铁、铝、锰的溶解度增加，则根系吸收锰量过剩而引起严重落叶多锰症。

10. 果树铜素营养生理 铜是果树必需的微量营养元素之一，果树对铜吸收量很小，与土液中有效铜含量以及与其他离子间的拮抗作用有关。铜与锌有拮抗作用。

铜在树体中移动性不大，其移动性与铜浓度有关。在叶绿体中铜的浓度相对较高，铜可能在合成和稳定叶绿素以及其他色素上起

一定作用，它是叶绿体蛋白质塑性花青素的组分之一。

铜还存在于一些氧化酶中，参与许多代谢过程，如蛋白质和碳水化合物的合成。铜还能影响核酸（RNA 与 DNA）的合成。

二、果树施肥的特点

果树为多年生木本植物，果树施肥的目的是及时补充果树生育各阶段中营养的需要，并调节各种营养元素间的平衡，生产优质果实。由于大部分营养元素是通过施入土壤来供给果树根系吸收的，因而果树施肥就存在着 3 种动态变化过程：养分在土壤中的迁移与转化，根系对营养元素的吸收利用和养分在树体的运转分配与同化过程。施肥的同时，不仅营养根系促进树体的成长，而且也培肥土壤为果树生长创造良好的生态环境。因此，在果树施肥上要突出表现出以下几个特点。

1. 果树生命周期中的施肥特点　果树的施肥与大田作物有很大差别，大多数果树是多年生的。在果树整个生命周期中既要保证树体的正常生长与结果，又要贮藏营养物质有利于翌年的新梢生长和开花坐果，同时还要维持树体连年持续健壮，才能实现年年优质丰产。

果树的生命周期，即年龄时期通常可划分为营养生长期、生长结果期、盛果期、结果后期和衰老期。处于营养生长期的幼树，以长树为主，对贮藏营养的要求是促进地下部和地上部生长旺盛，即扩大树冠、长好骨架大枝、准备结果部位和促进根系发育扩大吸收面积。因此，在施肥与营养上，须以速效氮肥为主，并配施一定量的磷、钾肥，按勤施少施的原则，充分积累更多的贮藏营养物质，及时满足幼树树体健壮生长和新梢抽发的需求，使其尽快形成树冠骨架，为以后的开花结果奠定良好的物质基础。进入结果期以后，从营养生长占优势，逐渐转为生殖生长与营养生长趋于平衡。在结果初期，仍然生长旺盛，树冠内的骨干枝继续形成，树冠逐渐扩大，产量逐年提高。苹果和梨以腋花芽较多，着生在枝梢上部，以长、中果枝结果为主。柑橘以早秋梢及春梢为主要结果枝，果实多着生在树冠外围生长中等的枝梢上，此时夏梢生长也很旺盛，造成营养消耗大于积累，致使果实生长时养分供不应求，加剧落花落果。因此，在施肥与营养上，既要促进树体贮备养分、健壮生长、提高坐果率，又要控制无效新梢的抽发和徒长，此期既要注重氮、磷、钾肥的合理配比，又要控制氮肥的用量，以协调树体营养生长和生殖生长之间的平衡关系。随着树龄的增长，营养生长减弱、树冠的扩大已基本稳定，枝叶生长量也逐渐减少，而结果枝却大量增加，逐渐进入盛果期，产量也达到高峰。苹果、梨、桃由以中短果枝结果为主逐渐转变为以短果枝结果为主，长果枝逐年减少，结果部位也逐渐外移。此期常因结果量过大，树体营养物质的消耗过多，营养生长受到抑制而造成大小结果年，树势变弱，过早进入衰老期。所以处在盛果期的果树，对营养元素需求量很大，并且要以适宜比例适时供应。根据土壤中速效养分供应强度，因地制宜配制和施用果树专用肥，特别注重磷、钾和微量元素以及有益元素肥料的施用，是成年树施肥的主要目标。

2. 果树年周期中各物候期的施肥特点 果树在一年中随季节的变化要经历抽梢、长叶、开花、果实生长与成熟以及花芽分化等生长发育阶段（即物候期）。果树的年周期大致可分为营养生长期和相对休眠期两个时期。在不同的物候期中，果树需肥特性也大不相同，表现出明显的营养阶段性。多年生果树在一年中各生育期的相继与交替，因树种、品种及气候等差异，但各生育期的进行是具有一定的顺序性，并且在一年中，在一定条件下尚具有重演性。

果树是在上一年进行花芽分化，翌年春季开花结果。落叶果树于秋季果实成熟，而常绿果树则要到冬季果实才能成熟，挂果时间长，对养分需求量大。同时在果实的生长发育过程中，还要进行多次抽梢、长叶、长根等，因而易出现树体内营养物质分配失调或缺乏的现象，影响生长与结果。

针对果树年周期中各物候期的需肥特性，特别注意调节营养生长与生殖生长、营养生长与果实发育之间的养分平衡。一般在新梢抽发期，注意以施氮肥为主，在花期、幼果期和花芽分化期以施

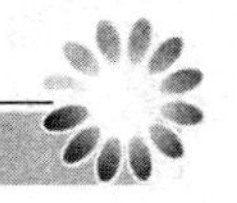

氮、磷肥为主，果实膨大期应配施较多的钾肥。

果树各物候期，对各种营养元素的缺乏与过剩的敏感性表现不一。在我国石灰性土壤中，苹果、山楂、柑橘缺铁失绿症、缺锌小叶病等多在春梢、夏梢抽发期大面积发生。缺氮和硼多发生在开花期和生理落果期。有时还见到大面积并发几种缺素症，如氮、磷、钾、钙、硼、铁等。所以，考虑果树各物候期施肥时，要同时注意几种营养元素的供求状况，进行合理搭配。

3. 果树不同砧穗组合的施肥特点 果树通常以嫁接繁殖为主，即以优良品种的枝或芽（称为接穗）嫁接到其他植株（称为砧木）的枝或干等适宜部位上，生长成新的树体。接穗是采自性状稳定的成熟阶段的植株，所以能保持接穗品种的优良遗传性状，生长快，结果早。因嫁接树是由砧木与接穗组成的，它既发挥二者的特点，又存在着相互密切的影响，并以砧木对地上部的影响最为明显。由于砧木对树体生长、结果能力与果实品质，对干旱、寒冷、盐碱、酸害及病虫等的抵抗力均有很大影响。因此，不同砧穗组合对养分的吸收、运转和分配的差异甚大，相同品种嫁接在不同砧木上，植株的营养状况差异也很明显。对柑橘类果树的观察表明，接穗的养分含量受砧木的影响要比接穗自身的影响大。砧木对接穗营养状况起着重要的作用。

重庆市农业科学院果树研究所周学伍等研究表明，先锋橙不同砧木间氮、锌、铜元素含量无显著差异，而其他元素均有显著或极显著性差异，其中微量元素的变幅大于大量元素。宜昌橙类（除钾）、枳类（除铁）和橘类砧木植株的养分含量较高；果实含酸量高的砧木植株养分含量偏低。不耐盐碱的东北山定子砧木，主要是叶片铁含量低，易发生严重的黄叶病，较耐碱的八楞海棠的砧木含铁量丰富，钾、铜及锰含量低。山东对不同砧木红星苹果的观察表明，矮化砧根系中硝态氮含量高于乔化砧，在花芽分化期碳水化合物与铵态氮含量高而比例协调，促进了花芽分化，但是乔砧红星苹果碳、氮两类物质往往比例失调，树势旺长而不结果。湖北通过对矮化中间砧的试验指出，金帅和矮生苹果的氮、磷、钾含量均是

M_9＞M_7＞M_4 砧（基砧是河北海棠），祝光苹果叶钾量也呈现这一趋势。

不同类型的砧穗组合有不同的营养特性，它们对于生态条件的适应能力也不同。因此，根据区域条件要因地制宜，选择当地适宜的砧木和接穗组合。并在此基础上，合理施肥，协调嫁接苗的营养平衡，充分发挥其优良遗传特性，提高其丰产性能。

4. 果树营养物质的贮藏与施肥关系　多年生果树入秋后，随气温降低，树体内营养物质的积累大于消耗，这时落叶果树地上部已停止生长，常绿果树的生长也已大为减弱，进入养分贮备时期，这是多年生果树不同于一年生作物的重要营养特性。贮备营养是果树安全越冬、翌年前期生长发育的物质基础，直接影响叶、花原基分化、萌芽抽梢、开花坐果及果实生长。

周学伍等通过甜橙树体贮藏营养与翌年新生器官形成关系的研究结果表明，10～12 月为养分的贮备时期，增施秋肥明显地提高植株的氮、碳营养水平，促进了翌年新生器官形成的数量与质量，对花器官发育和坐果率的影响大于春梢的生长，叶、花、枝比例高于对照 24.10%～39.4%，坐果率较对照高 59.7%～184.5%。国内许多研究资料表明，苹果幼树秋季的碳素营养物质运向枝、干、根，贮藏营养对翌年新生器官形成的影响以旺盛生长的前期为主。秋施基肥（9～10 月）的贮藏养分是明显高于 2 月施肥。国外研究也表明，苹果在落叶以前，叶片中的蛋白质水解氨基酸类物质，主要运输到枝和树干的皮层，部分运转到根系，主要供给花芽分化的需要和转化成蛋白质成为树体的氮素贮藏营养。翌年春季，贮藏的氮素再水解，供给初期新梢的旺盛生长。这时苹果树体生长的优劣主要依赖于贮藏营养水平。

综上所述，果树所具有的贮藏营养的特性和贮藏营养水平的高低，直接影响着翌年果树的生长和结果。因此，在果树生产上，适时施足秋肥，维持健壮树势，提高树体贮藏营养的总体水平，为保证果树持续丰产奠定丰富的物质基础。

5. 常绿果树与落叶果树的施肥特点　常绿果树和落叶果树都

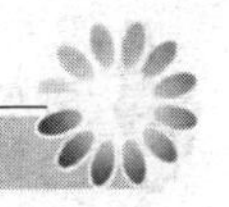

是多年生深根性作物，生命周期长，对养分需求量大，同时，年周期中的生长发育过程基本是一致的。但由于常绿果树树体各部位器官在适宜的生态条件下，周年均可以进行正常的生理活动，只是某些器官如枝梢、根系在一定时期内的生长表现非常缓慢，但无集中落叶期，也无明显的休眠期。如美国在佛罗里达和加利福尼亚对甜橙试验证明，甜橙周年均可吸收氮素。对尤力克柠檬观察也表明，根系在9℃时，也能吸收一定量的养分。而落叶果树一般在秋季（11月后）叶片全部枯黄脱落，地下部的根系也暂时停止生长，树体进入休眠期，仅在树体内部进行着一些生理活动。

由于常绿果树和落叶果树年生长期的生理活动差异很大，因此它们在不同的生长物候期对养分吸收的种类、数量和比例均有所不同，表现出不同的需肥特性。如常绿果树柑橘，对氮素的需要量大而敏感，落叶果树苹果对钙的需求敏感，苹果常发生钙素营养失调症，如水心病、苦痘病等。在果树施肥中，应针对常绿果树和落叶果树不同物候期各自需肥特性，有的放矢地合理施肥，才能收到良好的肥效。

第三节　果树对养分的吸收利用

果树对养分的吸收是果树与生态环境进行物质交换的过程，也是复杂的生理学和生物化学交换过程。果树生长与结实所必需的养分，主要是靠根系从土壤中吸收大量的矿质营养，但是枝、叶、果实也有一定的吸收能力，只是不同的器官吸收程度各异而已。深刻了解果树不同器官对各种养分的吸收、运输、循环及其再利用的生理机制，对调控树体养分平衡，采取相应有效的农艺措施是非常重要的。

一、果树根系对养分的吸收利用

果树根系对养分的吸收必须具备以下3个条件：第一，营养环境中要有足够数量的可供吸收的养分和水分介质；第二，进行吸收作用的根尖表面细胞要有透性，其中的生物膜要有足够的活性以使养分通过；第三，作物体内要有使养分进入根细胞并输送至地上部的能力。

1. 根系吸收养分的形态 虽然土壤中各种营养元素含量丰富，但其中的绝大部分对果树却是无效的，只有很少部分在短期内能被根系吸收。根据现代养分的概念，短时间内能被果树根系直接吸收利用并能起到真正有效作用的养分，称为生物有效性养分（图 3-1）。土壤的生物有效养分具有两个基本特点：一是以矿质态养分为主；二是位置接近根表或短期内可以迁移到根表的有效养分。在土壤养分生物有效性的动态研究中，以根际养分的有效性最受关注。研究表明，果树对有效养分的吸收与合理施肥关系密切。

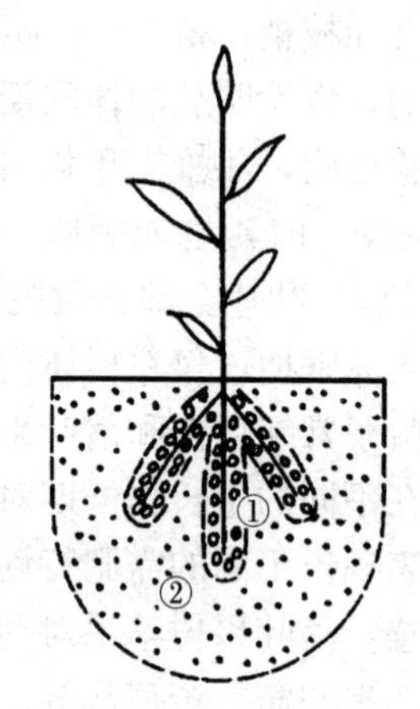

图 3-1　土壤有效养分示意图
①生物有效成分　②化学有效成分

果树根系主要是能吸收土壤溶液中分子量较小的矿质态养分，如铵态氮（NH_4^+-N）、硝态氮（NO_3^--N）、水溶态磷（HPO_4^-）、K^+等，也能吸收少量的分子量较大的有机态养分，如氨基酸、酰胺、植素等，还能吸收气态养分，如二氧化碳、氧气等。果树能吸收利用的营养元素的形态如表 3-2 所示。

表 3-2　果树必需营养元素的可利用形态

大量营养元素									微量营养元素					
碳	氧 O_2	氢	氮	钾	钙	镁	磷	硫	铁	锰	硼	锌	铜	钼
CO_2	H_2O	H_2O	NO_3^- NH_4^+	K^+	Ca^{2+}	Mg^{2+}	$H_2PO_4^-$ HPO_4^{2-}	SO_4^{2-}	Fe^{2+} Fe^{3+}	Mn^{2+}	$H_2BO_3^-$ $B_4O_7^-$	Zn^{2+}	Cu^{2+}	MoO_4^{2-}

2. 土壤中养分向根表的迁移 果树根系吸收的有效养分主要

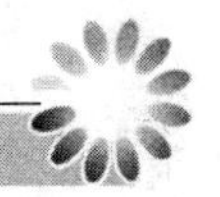

是从土壤颗粒和土壤溶液中获得。实际上土壤中相当部分的化学有效养分可以通过不同的途径和方式迁移到达根表，而成为果树的有效养分。因此，养分的迁移对于提高土壤养分的空间有效性是十分重要的。

土壤中养分到达根表有3种途径，即截获、质流和扩散（图3-2）。根据现有研究结果，一般来说，根系截获可以供应全部钙及部分镁和硫的需要，质流可以供应大部分钠、锌、铜、铁和硝态氮，扩散可供应磷和钾。

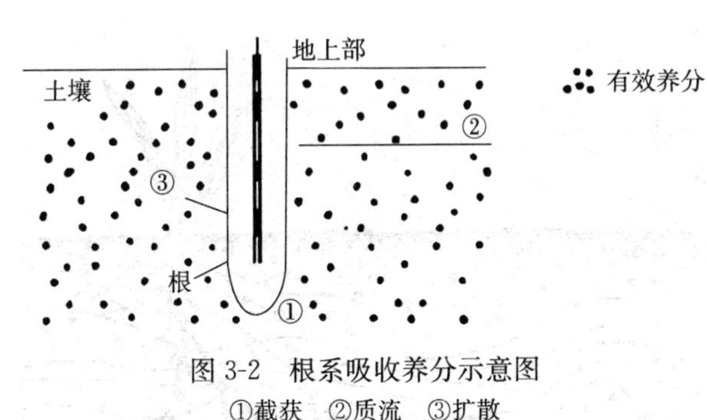

图 3-2　根系吸收养分示意图

①截获　②质流　③扩散

（引自《高等植物的矿质营养》，1991）

（1）根系截获。在果树整个生命周期中，根系有不断地直接从土壤中获取养分的生理功能。截获是指根不通过运输而直接从所接触的土壤中获取养分。根系截获的养分，可通过根区皮层细胞的多水胞垒，扩散到中柱细胞的细胞壁内，之后再流入木质部的导管，流向叶片和树体的其他部位。

截获所得养分量实际是根系所占据的土壤容积中的养分，主要决定于根系容积（或根表面积）大小和土壤中有效养分的浓度。由于根系直接接触的土体小于1%，根系截获所能供应的养分量也只能占土体中有效养分量的1%左右。对氮、磷、钾三要素而言，根系截获供应量只占总养分吸收量的百分之几。但对于钙来说，可能全部由截获量来供应。

（2）质流。由于果树的蒸腾作用和根系吸水造成根表土壤与土体之间出现明显的水势差，土壤溶液中的养分随着水流向根表迁移，称为质流（图 3-3）。在果树生命周期中由于蒸腾量比较大，因此，通过质流方式运输到根表的养分量也比较多。养分通过质流的方式迁移的距离比扩散的距离长。由质流所供应的养分量取决于果树需水量（或蒸腾系数）和土壤溶液中养分的浓度及根系所接触水分的有效体积。当质流养分的速度大于根系的吸收速度时，养分可在根表面积累；反之，则根表面会形成养分的亏缺区；而当二者速度相等时，根表面的养分浓度可以保持不变。

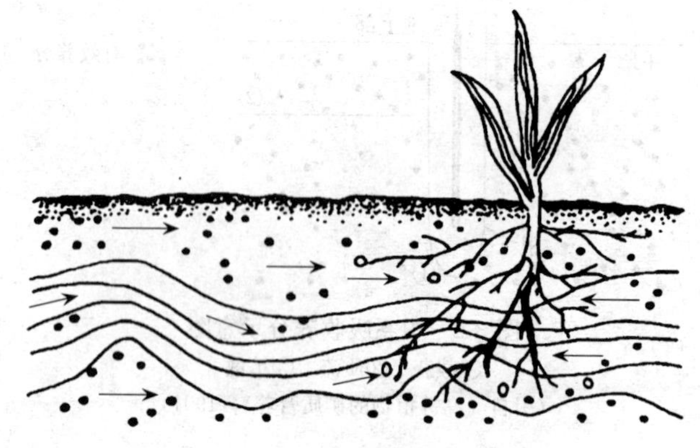

图 3-3　养分的扩散、质流与截获示意图
○表示被作物直接截获的养分
●表示扩散和质流的养分

果树的蒸腾系数受树种、品种、气候和土壤含水量的影响。而且蒸腾作用只在白天发生，太阳能为其提供能源。

对果树根系通过质流供应的养分量的估算，有两种方法：一是根据果树吸水速率与土壤溶液中该养分浓度的乘积来估算；二是根据果树的蒸腾系数来估算。对钾来说，假如某一种果树的蒸腾系数为 400，这种果树每克干物质中含钾为 4%，则要求土壤溶液中钾的浓度应该不小于 0.04/400＝0.01%。而一般土壤中大多低于此值，因此，在这种情况下，钾必须通过扩散等其他途径来供应。对于磷而言，情况更是如此，土液中磷的浓度低得多。果树根系通过

质流可以得到氮（NO_3^--N）、钙、镁、锌、硼和铁。

（3）扩散　当根系截获和质流供应的养分量不能满足果树需要时，就会在根表面附近的土体中造成该养分的亏缺区，形成了根际土壤和整个土体间的养分浓度差，从而引起土体养分顺浓度梯度向根表运输，这种养分的迁移方式称为养分的扩散作用。一般来讲，只要出现养分的浓度差，就会发生养分从高浓度区向低浓度区的扩散转移。这种迁移具有速度慢距离短的特点。不同营养元素之间扩散所达到的距离有明显的差异，一般在0.1～15毫米。

土壤中养分的扩散过程比较复杂。养分扩散速率与扩散系数有关。而养分的扩散系数又与养分离子的特性（包括半径大小、电荷数目等）和介质的性状密切相关（表3-3）。

表3-3　主要养分的扩散系数

（厘米^2/秒）

养分	在水中	在土壤中
NO_3^-	1.9×10^{-5}	$10^{-7}\sim10^{-6}$
$H_2PO_4^-$	0.89×10^{-5}	$10^{-11}\sim10^{-8}$
K^+	1.98×10^{-5}	$10^{-8}\sim10^{-7}$
Ca^{2+}	0.78×10^{-5}	—
Mg^{2+}	0.70×10^{-5}	—

（引自Barber，S. A.，1984）

果树根系靠养分扩散得到磷和钾以及氮（NH_4^+-N）。

土壤中养分迁移的方式，一定程度上取决于土壤溶液中各种养分的浓度。它通常指原状土壤饱和水溶液的离子浓度，以单位容积中的养分量来表示，有关土壤中主要养分的浓度如表3-4所示。

表3-4　土壤饱和水溶液中几种养分的浓度

养分种类	NO_3^-	NH_4^+	$H_2PO_4^-$ + HPO_4^{2-}	K^+	Ca^{2+}	Mg^{2+}	SO_4^{2-}
养分浓度（毫摩尔/升）	0.1～2.0	0.1～2.0	0.001～0.02	0.1～1.0	0.1～5.0	0.1～5.0	0.1～10.0

3. 根系吸收养分的部位 果树与外界环境进行物质交换，主要是通过根系来完成的。幼嫩根系的根尖从下至上可以分为4个区域，即分生区（又称为伸长区）、根毛区、脱毛区和老熟区（图3-4）。研究证实，近根尖部分虽积累的离子最多，但所吸收的离子不能及时转运到其他部位，真正吸收离子最活跃的区域是在根尖后面的根毛区。根毛区内离子积累量虽不多，但吸收量很大。由于这一区域木质部已充分分化形成，吸收的离子可以快速转运到地上部，而且根毛的存在增加了根系与土壤的接触面，增强了根的吸收能力。

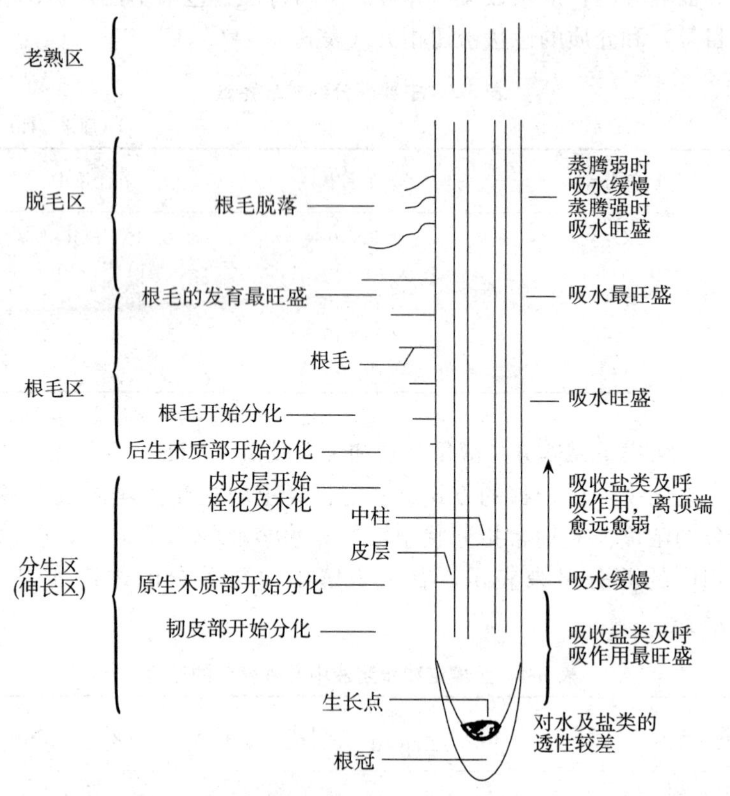

图3-4 根幼嫩部分的结构与水分及无机盐类吸收的关系

随着果树根系的成熟，表皮与根毛常被木栓形成层的活动所破坏，根的表面形成一层栓化层，水分和盐类的吸收必须通过这一栓化层。研究表明，有相当多的水分和矿质养分是通过根的栓化区域吸收的。在果树生长期间，未栓化的根面积不足总面积的5%，在冬季的比例可能更小。因此，栓化根对果树吸收水分和矿质养分具有非常重要的作用。

4. 根系对养分吸收的途径和机理

（1）根系吸收养分的途径。养分通过质流和扩散作用被送到根表面，这只是为根系吸收养分准备了有利条件，而养分进入根内是一个十分复杂的过程。根系对外界环境中的各种养分有明显的选择吸收能力，这是由根系自身的生物学特性所决定的。同时，根系还具有逆浓度从外界吸收和积累养分的能力。这种逆浓度吸收的现象是生物活体所特有的。

根系吸收养分的机制涉及矿质养分进入根内的途径问题。根系吸收养分有两条途径，即质外体（A）和共质体（B）通道（图3-5）。

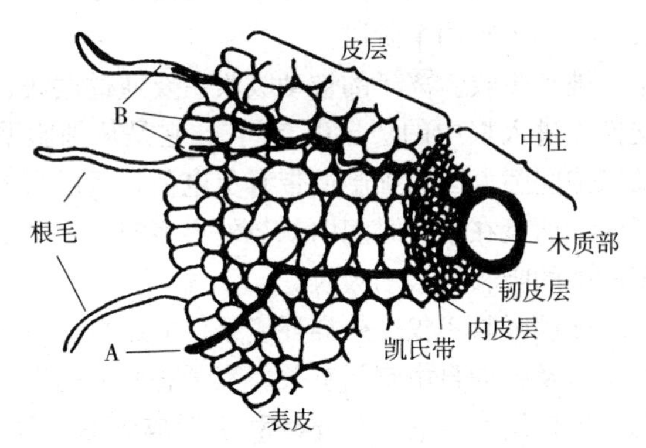

图 3-5　根系吸收养分途径的示意图

A. 质外体通道　B. 共质体通道

（《高等植物的矿质营养》，1991）

质外体是指细胞原生质以外所有空间，即细胞壁、细胞间隙和中柱内的组织。质外体与外部介质相通，是水分和养分自由进出的地方。外部介质中的离子在细胞间，通过细胞壁转运到内皮层，因遇凯氏带而受阻，不能直接进入中柱。一般，根据果树对各种养分需求的状况，受阻的离子有选择性地被迫改道，靠主动运输穿过生物膜而进入共质体通道。共质体是由细胞的原生质组成，细胞原生质之间是由穿过细胞壁的胞间连丝，使细胞与细胞构成一个连续的整体。借助原生质的环流，可带动养分流入其他细胞，并向中柱转运。在共质体运输中，胞间连丝起到沟通相邻细胞间养分运输通道的作用。

离子在质外体和共质体中运输各有其特点。细胞壁具有很多比离子大得多的充水孔隙，大多数离子可以顺利通过细胞壁。质外体运输不需要能量，吸收速度快，对离子无选择性，受代谢作用影响较小，属于养分的被动吸收。而共质体运输有原生质膜作屏障，选择性强，并且明显受代谢作用的影响，是需要能量的，属于主动吸收。

（2）根系吸收养分的机理。关于养分如何进入根细胞，有多种解释和假说。目前，普遍被人们所接受的是离子进入根细胞可划分为主动吸收和被动吸收两个阶段。

①离子的被动吸收。离子的被动吸收主要通过截获、扩散、质流或离子交换先进入根中的“自由空间”。它是从细胞壁到原生质膜，还包括细胞间隙。因为细胞壁带有负电荷，所以阳离子进入根中较阴离子多，而且在很短时间内就与外界溶液达到平衡。在最初阶段阴、阳离子的吸收属被动吸收。

果树根系被动吸收不仅受外界环境条件的影响，而且与根系的阳离子代换量以及根的自由空间有关。离子态养分的来源除了土壤外，根系的呼吸作用产生的二氧化碳和水形成碳酸（H_2CO_3），碳酸解离成 H^+ 和 HCO_3^-，然后分别与土壤溶液中的阴、阳离子进行交换而被吸收（图 3-6、图 3-7）。

②离子的主动吸收。许多研究资料证明，果树体内离子态养分的浓度常比外界土壤溶液浓度高，有时竟高达数十倍甚至数百倍，

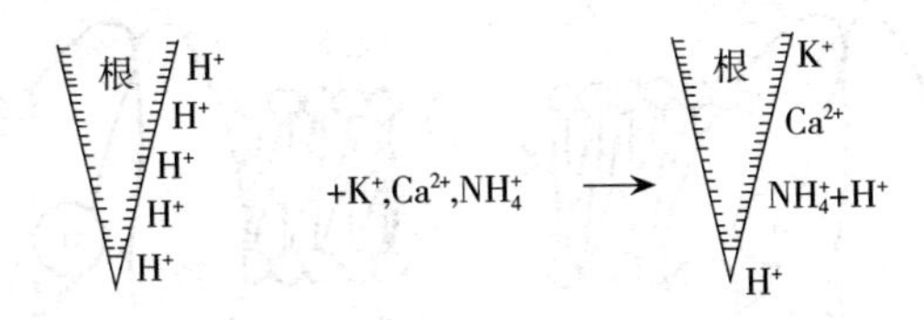

图 3-6　根外 H^+ 和土壤溶液中阳离子的离子交换

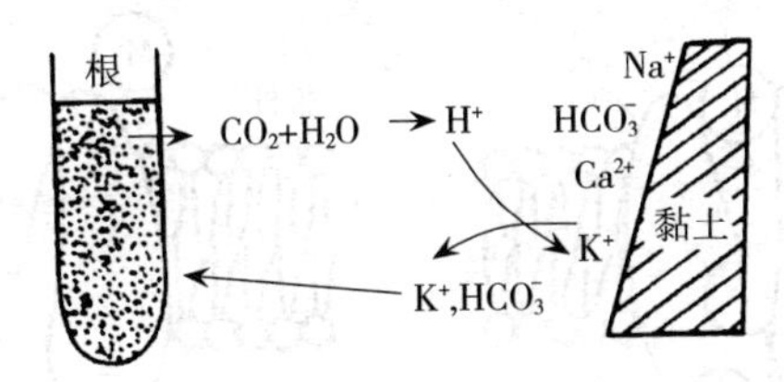

图 3-7　根分泌的碳酸与黏土所吸附的离子进行离子交换

而仍能逆浓度吸收，且吸收养分还有选择性。这种现象很难从被动吸收来解释。所以，离子的扩散、质流以及离子的交换只能说明离子态养分吸收的一个现象，而不能说明其原因与机理。目前，相关研究人员从能量的观点和酶动力学原理来研究主动吸收离子态养分，并提出载体解说和离子泵解说。

载体是生物膜上能携带离子穿过膜的蛋白质或其他物质。载体学说的理论依据是酶动力学。它能够较圆满地从理论上解释关于离子吸收中的 3 个基本问题，即：离子的选择性吸收、离子通过质膜以及在质膜上的转移、离子吸收与代谢的关系。

载体运输的机理有几种不同模型，即：载体载着离子在膜内扩散的扩散模型、载体蛋白变构使载体与底物的亲和力改变而将离子释放到膜内的变构模型、载体带着离子在质膜上旋转将离子“甩”进质膜内的旋转模型。在这些作用机理中，常用扩散模型和变构模型来解释离子的主动吸收（图 3-8、图 3-9）。

离子载体的作用有两种：一是离子载体和被运载的离子形成配合物，以促进离子在膜的脂相部分扩散，使离子扩散到细胞内，或者使离子扩散到载体中；另一种是离子载体能在膜内形成临时性的

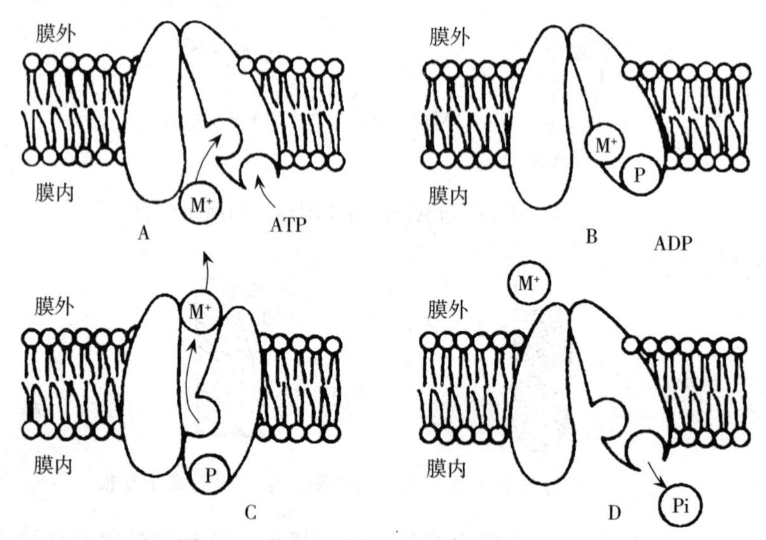

图 3-8 离子经载体蛋白的变构运转模型

M^+ 为阳离子 P 为结合态磷 Pi 为无机态磷

充水孔，离子通过充水孔透过质膜。由于离子载体对各种离子有选择性，所以根系就会有选择性地吸收养分。

离子泵是存在于细胞膜上的一种蛋白质，它在有能量供应时可使离子在细胞膜上逆电化学势梯度主动地吸收。离子泵能够在介质中离子浓度非常低的情况下，吸收和富集离子，致使细胞内离子的浓度与外界环境中相差很大（图 3-9）。通过细胞化学技术和电子显微镜技术证实，在根细胞原生质膜上有 ATP 酶，它不均匀地分布在细胞膜、内质网和线粒体膜系统上。ATP 酶可被 K^+、Rb^+、Na^+、NH_4^+、Cs^+ 等阳离子活化，促进 ATP 酶水解，产生质子泵，将质子（H^+）泵出膜外，进入外界溶液，同时一价阳离子则可进入细胞质。由于膜内外产生质子梯度，又促使 $2H^+$ 与阴离子一起运入细胞质中。

总之对养分的跨膜运输来说，尤其是离子态养分，运输的主要驱动力是引起跨膜电位梯度的 H^+-ATP 酶。离子吸收与 ATP 酶活性之间有很好的相关性。阴阳离子的运输速率与电位和化学位的梯

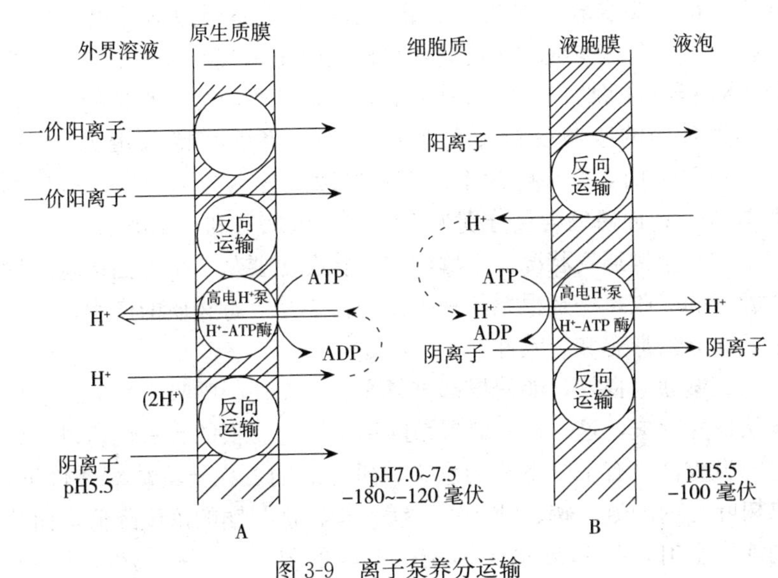

图 3-9　离子泵养分运输

度、离子的理化性质等有关。

5. 影响果树根系吸收养分的环境因素　果树主要通过根系从土壤中吸收矿质养分。因此，除了果树本身的遗传特性外，土壤和其他环境因子对养分的吸收以及地上部的运移都有显著的影响。

影响果树对矿质营养吸收的环境因素主要有 4 个方面。

（1）土壤温度。根系生长和吸收养分都对土壤温度有一定的要求。土壤温度在 15～25℃较适宜各种果树根系的生长，而吸收养分较适宜的温度范围为 0～30℃，在此温度范围内，根系吸收养分的速度随温度的升高而增加。温度过高（超过 40℃），不仅会使果树根系老化，引起体内酶活性降低，而且也会降低根系吸收养分的能力；温度过低，不仅使根系吸水能力显著下降，阻碍树体的正常生长发育，从而降低根系吸收养分的活性。一般而言，温度影响磷、钾的吸收程度明显大于氮。

（2）土壤水分。水分是果树正常生长发育和开花结果的必要条件。土壤中有机态养分的矿质化、无机养分的溶解以及向根表面的迁移等都需要水分。因此，土壤含水量对根系吸收养分的影响很大。土壤水分过少或过多均会使果树遭受旱害或涝害，不利于果树根系对养分的吸收。例如，苹果对磷、钾的吸收受降水量的影响较大，而对镁的吸收受降水量影响较小。当田间持水量为10%、40%和70%时，苹果叶片中的钾相对浓度分别为1.11%、1.31%和1.60%；而磷的含量分别为0.07%、0.09%和0.13%。

（3）土壤通气状况。土壤的通气状况主要从3个方面影响果树对养分的吸收，一是根系的呼吸作用；二是有毒物质的产生；三是土壤养分的形态和有效性。

土壤通气良好，能使根部供氧充足，能使根呼吸产生的二氧化碳从根际散失，这一过程对根系的正常发育、根的有氧代谢以及离子的吸收都具有十分重要的意义。研究表明，在土壤缺氧条件下，果树叶片内的氮、磷、钾、钙、镁、锌、锰与铜的浓度降低，而铁的浓度上升，钠和氯不受影响；根内的氮、钾、镁减少，而钠、氯、锌增多；茎内钾、锰与铜减少的幅度很大，而钠和氯则增多。

（4）土壤pH。土壤的酸碱度是影响根系吸收养分的重要环境因素之一。土壤pH不仅影响根系的生长发育，而且还影响土壤中养分的有效性。pH对离子吸收的影响主要是通过根表面，特别是细胞壁上的电荷变化及其与K^+、Ca^{2+}、Mg^{2+}等阳离子的竞争作用表现出来的。pH改变了介质中H^+和OH^-的比例，并对根系养分的吸收有很明显的影响。例如，在pH大于8.0的石灰性土壤中，常因铁、锌、硼等微量元素的有效性低而诱发果树失绿黄化症及小叶病等；在酸性土壤中，由于H^+浓度高而抑制了果树对Ca^{2+}、Mg^{2+}等阳离子的吸收，从而表现出典型的生理缺素症。

果树根系吸收养分除了受上述外界环境条件的影响外，还与果树树种、品种、砧木关系极大。不同的树种、品种、砧穗组合等对矿质养分吸收的影响也很大。

二、叶部对养分的吸收利用

果树不仅可通过根系吸收养分，而且还可以通过茎、叶、果实

（尤其是叶）吸收养分。在果树年周期内各物候期，采用叶面喷洒的方式施肥，即称为根外营养（或叶部营养），也称为根外追肥。叶部营养是果树生产中必不可少的管理措施。

1. 根外营养的特点　根外追肥是将可溶性强的肥料配成一定浓度的溶液，直接喷洒在果树的枝、叶、果实上，可使营养物质进入树体直接参与新陈代谢及有机物质的合成，因此，具有以下特点。

（1）直接供给果树养分，防止养分的固定。根外喷施的肥料，直接与树体的枝、叶、果实接触，养分无需通过土壤，可使树体及时迅速地获得养分，避免水溶液中的有效养分被土壤固定，提高养分的利用率。如磷、铁、锌等养分，施入土壤后常因土壤pH的影响而降低其有效性，而采用根外追肥的方法，不受土壤条件的限制，可获得良好效果。此外，还有一些生理活性物质，如生长调节剂、赤霉素等施入土壤后也会有类似的现象，会使效果降低。

（2）养分转运快、肥效高。果树一类深根性作物，传统施肥方法难以施到根系吸收部位，而叶面喷施可以取得较好效果，且喷施用肥量少，见效快，肥效高。

（3）促进根系活力，与根系吸收相互补救。当土壤环境如土壤过酸或过碱时，水分过多或干旱等造成根系养分吸收受阻，或生长后期根系衰老时，叶面吸收养分可以弥补根系吸收的不足，有利于增强树体内各项代谢过程，从而促进根系的活力，提高其吸收能力。

（4）节省肥料，提高经济效益。叶面喷施磷、钾及微量元素肥料的用量，往往只需土壤施肥量的10%～20%，投肥成本低，肥料用量小，经济效益高。

（5）根外营养具有一定的局限性。叶面喷施不仅费时，而且还受树种、气候、肥料性质等条件的影响较大，只能作为土壤施肥的一种补救措施而不能代替。叶面积大，气孔多，角质层薄的树种，叶面喷施效果好；阴天喷施效果好；溶解度大的肥料，如尿素、磷酸二氢钾等叶面喷施效果好。

2. 根外营养吸收养分的机理 叶面吸收养分的主要器官是以新梢嫩叶为主，其次为成熟老叶，再次是果实的幼果，甚至粗枝、侧枝、主干也能吸收养分。叶部可以吸收多种无机态养分，如硝酸铵、硝酸钾、硼砂、硫酸铁等，也可以吸收部分有机态养分，如尿素、氨基酸、酰胺及各种金属态络合物等。

一般认为叶片吸收的养分是从气孔和角质层进入叶细胞的。但是，因气孔很小，水的表面张力很大，会阻碍养分进入；角质层无结构，不易透水，还有角膜阻碍，养分透过难度也较大。进一步研究表明，在表皮细胞的外壁上，有许多微细结构，如孔道细胞中，叶毛基部和周围以及叶脉的上下表皮细胞上都有微细结构，这些不含原生质的纤维细孔，使细胞原生质与外界直接联系起来。这种微细结构，也称为外壁胞质连丝，是一条从角质膜到达表皮细胞原生质的主要通道。喷洒在叶片上的养分，主要就是由这一条通道进入表皮细胞的。由表皮细胞进入叶肉细胞是主动吸收过程，但其详细机理还不很清楚。

3. 影响根外营养的因素 根外营养吸收养分的效果，不仅取决于果树本身的代谢活动和叶片类型等内在因素，而且还与环境因素，如温度、养分浓度、喷施时间等关系密切。

（1）矿质养分的种类。果树叶片对不同类型矿质养分的吸收速率是不同的。叶面对钾的吸收速率依次为：氯化钾＞硝酸钾＞磷酸二氢钾；对氮的吸收速率依次为：尿素＞硝酸盐＞铵盐。因此，在果树喷施微量元素肥料时，加入适量的尿素可提高其吸收速率，防治果树叶片失绿黄化效果较好。

（2）溶液的浓度。同位素试验证明，不论是矿质养分还是有机态养分，在一定浓度范围内养分进入叶片的速率和数量随浓度的提高而增加。因此，在叶片不受害的前提下，可适当提高溶液浓度，以便获得较高肥效。但若浓度过高，会使叶片组织养分失去平衡，叶片受损伤，出现灼伤症状。

（3）溶液的反应。适当调节溶液的反应，也有助于提高叶面施肥的效果。根据所喷洒肥料的成分和性质，正确调节其酸碱反应。

如喷施以提供阳离子为主的溶液，如 NH_4^+、K^+ 等，应调至微碱性反应。因微碱性有利于蛋白质、氨基酸分子上的羧基解离，促使 H^+ 与阳离子进行交换。反之，喷施以提供阴离子为主要养分时，如 $H_2PO_4^-$、NO_3^- 等，应将溶液调至微酸性反应，可有利于阴离子的吸收。

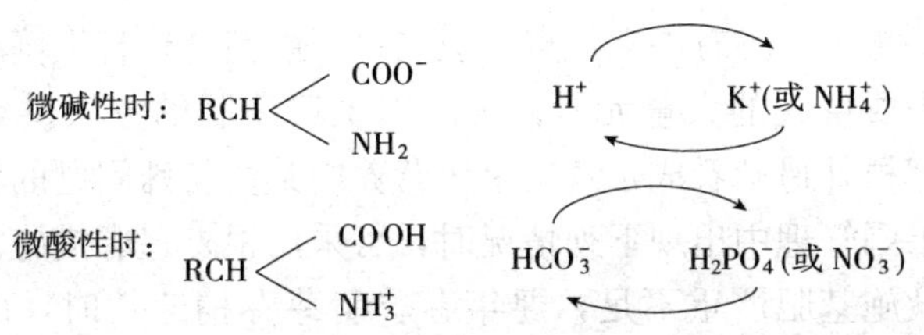

（4）叶面对养分的吸附能力。叶片对养分的吸附能力与溶液在叶面上吸着的时间长短有关。有些树种的叶片角质层较厚，很难吸附溶液，有的虽能吸附溶液，但吸附得很不均匀，也会影响到叶片对养分的吸收效果。

实践证明，当溶液在叶片上的保持时间 30～60 分钟时，叶片对养分的吸收量较高。避免高温蒸发和气孔关闭时期对喷施效果的提高很有益处。因此，一般宜选择傍晚无风的天气进行叶面喷施。如能加入有适量的表面活性物质的湿润剂，降低喷施液的表面张力，增大叶面对养分的吸着力，可明显提高肥效。随着生物技术的发展，目前市售叶面肥，有的已加入相当数量的叶面活性剂，以此来提高肥料利用率。

（5）果树树种、品种及树龄。不同的树种、品种、树龄及年周期中各生育阶段，其叶片的大小、角质层厚薄、气孔多少及外壁胞质连丝结构等也各不相同，根外追肥的效果各异。因此，应适当调整喷施液养分的浓度、比例和喷洒次数。一般情况下，幼树、萌芽、盛花期喷洒浓度要低，次数要少。

从叶子结构来看，叶片背面表皮下是海绵组织，比较疏松，细胞间隙大，孔道细胞也多，它比叶片正面比较致密的栅栏组织吸收养分更快些。因此，喷洒时应力求叶片正反面都挂满溶液。

（6）喷施次数和部位。各种形态的养分在树体内移动性各不相

同，在喷施次数和部位上要做相应调整。对移动性差的养分，应适当增加浓度和喷施次数，并注意喷施部位。如在石灰性土壤上，果树叶片失绿黄化，喷施铁溶液时，应喷施在新生幼叶上，并尽量做到叶片正、反面喷布均匀。因铁在树体内移动性差，接触溶液的叶肉组织很快复绿，而接触不到的部位仍黄化。

根外营养虽然有许多优点，但它仍不能完全代替土壤施肥。对于果树需要量大的大量元素，仍应以土壤施肥的方法供给根部吸收。应把根外追肥看成是解决果树营养中某些特殊问题的辅助性措施。在果园管理中出现下列情况时，可采用根外追肥措施。

①秋施基肥严重不足，翌年春季萌芽春梢速长时，出现严重脱肥。

②缺少硼、锌、铁等微量元素时，果树缺素症严重。

③根系遭受严重伤害或生长后期根系老化，吸收功能衰退。

④遇天灾（旱、涝、冷、病害等）后，为促进树体快速恢复正常生长。

⑤树行间套作其他作物，无法开沟施肥。

总之，采取根外追肥的措施，对消除果树各物候期中某种养分的缺乏症，解决根系吸收养分不足而造成的损失等问题，均有重要作用。

三、矿质养分在果树体内的运输和分配

果树根系从介质中吸收的矿质养分，一部分在根细胞中被同化利用；另一部分经皮层组织进入木质部输导系统向地上部输送，供应地上部树体的生长发育、开花结实所需。果树叶片中合成的光合产物及部分矿质养分则可通过韧皮部系统运输到根部，构成果树体内的物质循环系统，调节着养分在体内的分配。

根外介质中的养分从根表皮细胞进入根内经皮层组织到达中柱的迁移称为养分的横向运输。养分在细胞间的运转，由于其迁移距离短，又称为短距离运输。养分从根经木质部或韧皮部到达地上部的运输以及养分从地上部经韧皮部向根的运输过程，称为养分的纵

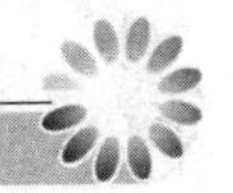

向运输。由于养分迁移的距离较长，又称为长距离运输。

养分的横向运输有两条途径：即质外体和共质体（图 3-5）。养分在横向运输的过程中是途经质外体还是共质体，主要取决于养分种类、养分浓度、根毛密度、胞间连丝的数量、表皮细胞木栓化的程度等多种因素。

离子进入木质部的过程中，薄壁细胞起着重要作用，它们紧靠木质部导管外围，是离子进入导管的必经之路，这些细胞都具有旺盛代谢能力和离子转运能力。

木质部中养分的移动是在死细胞的导管中进行的，移动的方式以质流为主。木质部汁液的移动是根压和蒸腾作用驱动的共同结果。由于根压和蒸腾作用只能使木质部汁液向上运动，而不可能向相反方向运动，因此，木质部中养分的移动是单向的，即自根部向地上部的运输。

韧皮部运输养分的特点是在活细胞内进行的，而且具有两个方向运输的功能，一般是韧皮部运输养分以下行为主。很多养分在韧皮部的运输，在很大程度上取决于养分进入筛管的难易。离子养分进入筛管是跨膜的主动过程，凡是影响能量供应的因素都可能对离子进入筛管产生影响。在必需的大量元素中，氮、磷、钾和镁的移动性大，微量元素中铁、锰、铜、锌和钼的移动性较小，而钙和硼是很难在韧皮部中运输的。

木质部和韧皮部在养分运输方面有不同的特点，但二者之间相距很近，只隔几个细胞。在两个运输系统之间也存在养分的相互交换，这种交换对于调节树体内的矿质营养非常重要。在养分的浓度方面，韧皮部高于木质部，因而养分从韧皮部向木质部的转移为顺浓度梯度，可以通过筛管原生质膜的渗漏作用来实现。相反，养分从木质部向韧皮部的转移是逆浓度梯度、需要能量的主动运输过程，这种转移主要需要由转移细胞进行（图 3-10）。由图 3-10 可以看到，养分通过木质部向上运输，经转移细胞进入韧皮部；养分在韧皮部中既可以继续向上运输到需要养分的器官或部位，也可以向下再回到根部。这就形成了树体内部分养分的循环。

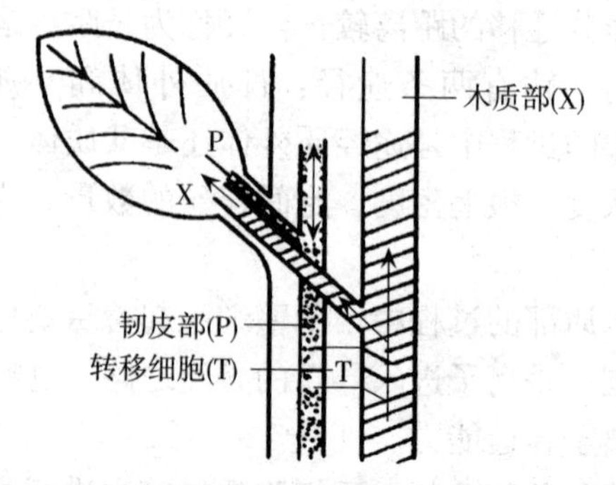

图 3-10　木质部与韧皮部之间养分转移示意图
（引自《植物营养学原理》）

四、果树体内矿质养分的循环与再利用

果树体内在韧皮部中移动性较强的矿质养分，从根的木质部中运输到地上部后，又有一部分通过韧皮部再运回到根中，而后再转入木质部继续向上运输，从而形成养分自根至地上部之间的循环流动。树体内养分的循环是果树正常生长发育所不可缺少的一种生命活动。氮和钾的循环最为典型。当果树根系从土壤中吸收的是硝态氮（NO_3^--N）时，一部分 NO_3^- 在根中还原成氨，进一步形成氨基酸并合成蛋白质；另一部分 NO_3^- 和氨基酸等有机态氮，进入木质部向地上部运输。在地上部尤其是叶片中，NO_3^- 进行还原，进而与酮酸反应形成氨基酸，它可以继续合成蛋白质，也可以通过韧皮部再运回根中。

钾也是果树体内循环量最大的元素之一。它的循环对树体内电性的平衡和节省能量起着重要的作用（图 3-11）。根系吸收的 K^+ 在木质部中作为 NO_3^- 的陪伴离子向地上部运输，到达地上部后 NO_3^- 还原成 NH_3，为维持电性平衡，地上部有机酸（主要是苹果酸）与 K^+ 形成有机酸盐。有机酸钾盐可在韧皮部中运往根中。在根中有机酸钾再解离为 K^+ 和有机酸，有机酸可作为碳源构成根的结构物质或转化成 HCO_3^- 分泌到根外。在根中的 K^+ 又可再次陪伴

NO_3^- 向地上运输，如此循环往复。果树体内养分的循环还对根吸收养分的速率具有调控作用。

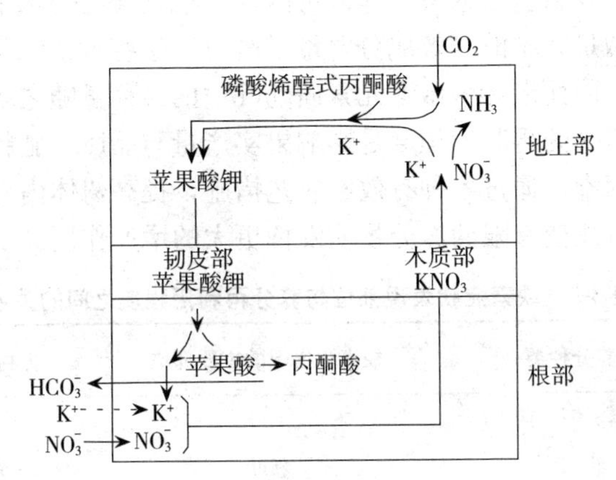

图 3-11　硝酸与苹果酸的运输与地上、地下部之间钾循环模式

果树体内有些矿质元素能够被再利用，而另一些养分不能被再度利用。在韧皮部中移动性大的营养元素，如氮、磷、钾等，称为可再利用的养分；在韧皮部中移动性小的营养元素，如钙、硼、铁等，称为不可再利用的养分。

养分再利用的过程是漫长的，需经历共质体（老器官细胞内激活）→质外体（装入韧皮部之前）→共质体（韧皮部）→质外体（卸入新器官之前）→共质体（新器官细胞内）等诸多步骤和途径。因此，只有移动能力强的养分元素才能被再利用。

在果树的生长发育过程中，生长介质的养分供应常出现持久性或暂时性的不足，造成树体内的营养不良。为维持果树的生长，养分从老器官向新生器官的转移是十分必要的。然而果树体内不同养分再利用程度各不相同。再利用程度大的营养元素，缺素症首先出现在老的部位，而不能再利用的营养元素，缺素症首先表现在幼嫩器官（表 3-5）。氮、磷、钾和镁 4 种养分在树体内的移动性大，因而再利用程度高，当这些养分缺乏时，可从老的部位迅速及时地转移到新生器官，以保证幼嫩器官的正常生长。铁、锰、锌和铜等微量营养元素在韧皮部移动性较差，再利用程度较低。因此，缺素症首先出现在幼嫩器官。但老叶中的这些微量元素通过韧皮部向新叶转移的比例及数量还取决于体内可溶性有机化合物的水平。当能够螯合金属微量元素的有效成分含量增高时，这些微量元素的移动性随之增大，因而老叶中微量元素向幼叶中的转移量随之增加。在果树生产中养分的再利用程度是影响果实产量与品质、肥料利用率高低的重要因素，通过各种有效的农艺措施，提高树体内养分的再利用效率，就能使有限的养分物质发挥更大的增产作用。

表 3-5　缺素症状表现部位与养分再利用程度之间的关系

矿质养分种类	缺素症出现的主要部位	再利用程度
氮、磷、钾、镁	老叶	高
硫	新叶	较低
铁、锌、铜、钼	新叶	低
硼、钙	新叶顶端分生组织	很低

第四章

南方果树营养诊断与施肥

果树营养诊断是果树生产和科学研究现代化重要标志之一。营养诊断技术是把果树矿质养分原理应用到配方施肥措施上的关键环节，它能使果树施肥合理化、指标化、规范化。因此，加强果树营养诊断的研究与应用，构建营养诊断配方施肥技术体系和服务平台，提高果园管理精准性和自动化水平，为建设优质丰产高效的水果生产基地提供技术支撑。

随着我国高新技术的迅速发展，国内的果树营养诊断研究也取得了重大突破。深入探讨了果树体内的营养特性与需肥规律，指出叶片营养元素含量与土壤养分测试值相关性的季节性变化以及品种、砧木对叶片矿质养分含量的影响，阐明了叶片分析指导施肥的重要性和实际应用价值。营养诊断技术已经成为现代化果园管理的重要措施之一。

第一节　果树营养诊断研究与应用展望

一、果树营养诊断的途径及应用范围

1. 果树缺素外部形态诊断法　在果树营养诊断技术的发展过程中，最原始和最常用的方法就是果树外部症状的鉴定，也称为树相诊断。具体做法是通过生产上外部营养失调症状的观察或田间试验、培养试验中果树某种或某些营养元素盈亏而表现出来的特殊病态，来诊断树体营养元素供求状况。营养失调是引起树相（外部形态）异常的主要原因之一，一般可以从果树的根系、枝梢、叶片、花芽、

果实及种子等器官上加以鉴别。新梢的长度和粗细、叶片的大小与厚薄或皱缩与畸形、叶色的深浅、叶肉失绿程度、落花落果率、果实形状与品质等均可作为营养失调症的指标。如诊断果树缺素症时，察看症状出现部位。若症状先在老组织上（尤其是老叶）出现，说明是缺乏氮、磷、钾、镁（锌）等。因为这些元素在树体内具有被再度利用的特点，当树体内缺乏时，这些移动性大的元素就会从老组织转移到新生组织而被再度利用，缺素症首先从下部老组织上显现出来。若症状先在新生组织上出现，说明是缺乏钙、硫、硼、铁等。因为这些元素在树体内被再度利用能力很差，移动性很低，缺乏时，症状易在上部新生组织（如幼芽、幼叶）上表现出来。

虽然外部形态诊断简单易行，但是较粗放，精确度不够，诊断者必须有丰富的实践经验，而且只能在出现典型症状的情况下应用。因为潜在营养失调症极易误诊，故此法只做参考。

2. 田间施肥诊断法 田间肥效试验又称为施肥诊断，是用于诊断果树需肥规律与配方施肥的最基本方法之一，也是校验其他果树诊断方法的基础，同时也是确定土壤营养诊断指标的可靠依据，特别是长期的肥效定位试验，更能表示果树对肥料的实际反应。果树田间肥效试验可以通过土壤施肥，也可以通过根外追肥。

田间肥效试验的不足之处是费力、费时、费事，而且在一个地区肥效试验点过少时，代表性差，其试验结果的推广应用就有一定的局限性。

3. 培养试验诊断法 培养试验又称为盆栽试验，按其培养介质可分为水培试验、沙培试验和土培试验。由于试验条件能通过人为严格调控，故可得到相当准确的数据，常用于探索未知或印证野外调查及田间试验结果。此方法对于探索各种营养元素的功能、元素间的相互关系以及一些关于果树施肥原理的研究特别有效，也适用进行各种营养诊断方法的研究。

培养试验要求条件严格，方法复杂，费用大，其研究结果只能作为理论探讨，不能在果树生产上直接广泛应用。

4. 生物化学诊断法 当树体某些营养元素失调时，将影响某

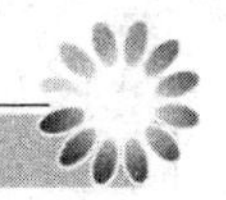

些生化过程的速度和方向及其某些生化产物的积累与消耗，同时也明显影响某些酶活性增加或减少的变化。由于这种内在的变化较之外部症状能更早地表现出来，因此，生物化学诊断法是一种很有发展前途的诊断方法。但是树体内的生化过程是受许多内在和外界环境因子共同影响，所以需要进行更复杂更深刻的研究，才能更好地更准确地分辨出哪些情况的生化变化是由营养失调所造成的。

5. 原子示踪诊断法　原子示踪法适用于研究树体中几种主要营养元素的吸收、运转和分配规律，有助于探讨树体内的生理生化变化过程，对于研究失调树体营养与果树生长发育的关系，研究肥料结构、组分、性状及其在土壤中的转化、进入树体的过程与利用率等都十分方便。但这只是一种提高果树营养平衡理论的有效手段，而不能直接指导具体果园的施肥实践。

6. 指示植物诊断法　利用某些植物对某些营养元素较栽培果树等更敏感的特点，在果园中种植某种敏感性植物，用来预测或验证土壤某种或某些元素失调与否，此法称为指示植物诊断法，应用范围较窄。

7. 植物显微化学鉴定法　把果树的某些组织制成切片加以染色，在显微镜下观察某种生化产物的存在与否或其数量多少，也可在电子显微镜下观察因营养元素失调而诱发的叶片或果实等器官的超微结构的变化，这种方法称为显微镜化学鉴定法，它可以作为营养诊断的辅助方法。

8. 土壤营养诊断法　在采用无机分析化学方法来诊断果树营养的研究过程中，用浸提液提取出各种可给态养分进行定量分析，以此来估计土壤的肥力，认为土壤养分含量的高低能间接地表示果树营养的盈亏状况。然而通过多年的探索以后，果树营养学家都认识到单以土壤分析来指导果树施肥，往往不能得到满意结果。因为，土壤分析只能表示养分的供应状况，不能反映树体的营养需求状况，这说明树体营养状况未必与土壤营养是一致的。但是这并不是说土壤营养诊断不可取，对于成龄果园而言，它是制订果园管理和配方施肥的依据。一是它能表示出土壤营养诊断土壤各种营养元素的供应状况，有助于验证树体营养诊断的结果；二是果树的外部营养失调症状观察和叶分析的结果，只能显示果树现实的营养状况，不能预报当调整了实际营养失调以后，可能出现的限制因子是什么，而土壤诊断可提供一些提示和线索；三是它能帮助我们找到树体营养失调的诱因，树体外部症状与土壤营养诊断可相互补充，二者综合起来一起应用才有最大的实用价值。

9. 树体组织营养诊断法 以树体组织中营养元素含量和产量的相关性为理论依据，最高产量和最优质量的最适营养水平为标准，借助分析仪器，对果树根系、枝梢等组织进行各种营养元素的全量分析，与预先拟定的含量标准比较或就正常与异常标本进行直接比较，判断果树营养丰缺状况。目前，组织营养诊断的方法有以下两种。

（1）组织快速诊断法。组织速测是以简易方法测定果树某一新鲜组织的养分含量来反映树体需肥状况。一般测定树体内尚未被同化的或大分子的游离态养分，通常以叶柄或叶鞘为速测样本，这种方法常用于果园实地营养诊断，只限于氮、磷、钾、钙、镁、硫等大量元素的测定，测定方法有压汁法和浸提法两种。

（2）叶片分析诊断法。叶分析法是借用仪器分析法对叶片的全量分析，其中，包括树体汁液中的可溶态组分和全量成分，依此来判断树体营养元素的盈亏。其特点是：叶片是果树进行光合作用的主要场所；施用不同种类的肥料时，能在叶片营养元素组成上及时反映出来；在一个特定的时期，这种变化具有一定规律性；叶片测定结果与果树的生长发育以及外部形态有明显的相关性；叶片取样只是树体的很小部分，不致影响果树的正常生长发育，因而可在生产上可直接应用。

进入21世纪以来，由于使用各种自动化精密分析仪器，所以，分析速度快，自动化程度高，对取样技术、样品前处理技术、测试技术以及确定营养诊断指标等均做了大量的研究工作，并通过大量数据的数理统计，肯定了测试数据的可靠性，明确了各种影响因子之间的相关性，目前，叶片分析已经成为指导果树配方施肥的营养诊断方法。

二、果树营养诊断的特点

现代果树营养诊断的特点如下。

①运用现代自动化的精密仪器进行果树特定部位叶片或枝梢的全量分析（定量分析）。

②以营养平衡学说为理论基础，同时测定氮、磷、钾、钙、镁、铜、锌、铁、锰、硼、钼及其他多种相关元素。从树体内各种营养元素间的相互平衡与比例关系，来全面衡量和调控果树营养。

③以预先研究确定的诊断指标为依据，来鉴定某些元素的丰缺、正常与失调。

④根据鉴定，按肥料试验和果树营养的研究结果，制订施肥方案和各种肥料配方，进而指导合理施肥。

三、果树营养诊断的实用价值

现代果树营养诊断的实用价值如下。

①确诊树体可见病症的生理因素、缺乏与过剩元素的种类。

②当果树对某种营养元素缺乏或过量，尚未表现出缺素或中毒典型症状时，而只是一般地表现为低产、低质或树势异常时，可通过营养诊断查出诱因。

③可及时发现某种营养元素潜在的缺乏或过剩区域。

④明确树体和土壤中营养元素之间的拮抗与增效作用。

⑤及时掌握施肥效应，并快速反应施肥后树体的吸收利用情况。

⑥了解树体内各种营养元素的生理功能。

⑦预测果树营养中各种养分变化动态与外界生态环境的相关性。

四、果树营养诊断研究与应用展望

我国果树营养诊断的研究，目前急需解决以下几个难题。

①要确定各种营养元素的化学分析方法。

②要确定果树和土壤营养诊断指标，以此作为评价果树营养丰缺的依据。

③要探索果树生存的多种生态因子与果树营养平衡之间的相互关系，并进行数学模拟，通过信息网络系统深化研究内容，以便准确快速地指导果树生产。

果树的营养诊断作为自然科学的一个组成部分，是与其他学科紧密相关的，尤以数理化等基础学科关系更为密切。换言之，要使果树营养诊断研究迅速发展，在预期的时间内达到现代化水平的要求，就必须运用其他学科的先进成果，不断地提高自己的研究水平。随着高新技术的发展，可将国内外有关果树营养诊断的有效数据，输入计算机数据库，通过数理统计，编好程序，然后用以指导果树施肥，使之趋于更标准化、规范化、高效化。

第二节　果树营养诊断指标的确定

在进行果树营养诊断时，必须有相应的诊断指标才能确定营养元素在树体内的丰缺状况。许多文献中曾出现营养诊断指标的各种表示方法，如不足、适宜、稍多、过多；缺乏、潜在缺乏、适宜、过多；有缺乏症状、无缺乏症状和有中毒症状以及临界值、标准值等。为了统一标准，专家建议，采用许多无症状果园的叶片分析结果的平均值作为标准指标。而在实际应用时，还要同时考虑影响标准值的各种环境因子，如果树的树种、品种、树龄、砧木、土壤、气候等，求出各种因子对标准值的影响，计算出变异系数。标准值加上变异系数的影响才是该地区的诊断标准值。由此看来，虽然同是一个标准值，但在某地区或某果园实际应用时，一定要加以校正。

根据我国果树营养诊断的现状，可确定 3 个指标作为参考，即有无症状的潜在缺素临界指标、适宜含量范围和过多中毒指标。各指标的求证方法如下。

一、有无症状潜在缺素临界指标

对有无症状的潜在缺素临界指标，可将调查研究和样品分析相结合。例如，在出现缺锌症状的果园中，采集尚未表现出小叶或簇叶的新梢中位叶片进行化学分析，通过大量叶分析数据，即可求出潜在缺锌临界指标的浓度范围。

二、适宜含量范围和过多中毒指标

对于适宜含量范围和过多中毒指标的求证方法，最佳方案是田间肥效试验。即在生长正常的果树上布置施肥量试验，肥料用量的级差可以稍大一些，以便找出过多中毒指标。需要连续进行若干年定位试验，可找出产量最高或品质最好处理的叶片营养含量即为最适含量。当施肥量较高或出现某元素过剩症状或出现产量下降等异常现象时，该处理的叶片营养含量即为过多中毒指标。

适宜含量范围也可通过田间调查获得，即从丰产园中分析连年高产树的营养含量来确定适宜范围。然而这种求证方法的缺点是：丰产园往往大肥大水，其树体营养元素含量常在适宜范围的上限，即在奢侈吸收区域（尚未达到中毒的程度），较用田间试验求出的数值要高一些。因为奢侈吸收区果树的树种发育也很正常，但肥料用量往往有浪费现象。柑橘叶片氮磷钾等营养状况与其生长结果的关系如表 4-1 所示。

表 4-1　树体营养状况与果树生长结果的关系

营养状况	结　构
潜在缺乏临界指标	叶片诊断值低于指标时，出现缺素症状 叶片营养诊断值在指标范围内，可能不表现缺素症状，但产量低品质差 上述两种情况施用该元素肥料时，产量或生长量可明显提高
适宜含量范围	叶片营养诊断值恰在适量点，此时树体的生长、产量和品质都最好 叶片营养诊断值在奢侈吸收区，树体生长良好，但产量保持平稳不再增加，肥料有过多现象，可能出现离子间的拮抗作用
过多中毒范围	生长发育不良，产量下降或有明显中毒症状（如叶片边缘枯焦等）

近半个世纪以来，国内外果树科研工作者对各类果树的营养诊断指标，进行大量的研究确定，如表 4-2、表 4-3、表 4-4、表 4-5、表 4-6、表 4-7 和表 4-8 所示。

表 4-2　苹果新梢叶子营养诊断指标（7 月取样）

元　素	潜在临界指标	适宜含量范围
氮（%）	<1.70	2.13～2.75（元帅） 2.50～3.28（国光）
磷（%）	<0.10	0.13～0.25
钾（%）	<1.0	2.15
钙（%）	<0.70	2.00
镁（%）	<0.24	2.24～0.50
铁（毫克/千克）		80～235
锌（毫克/千克）	<16	16
锰（毫克/千克）	<25	30～150
铜（毫克/千克）	<4	5～12
硼（毫克/千克）	<20	22～50

表 4-3　梨叶营养诊断指标（8 月取样）

（Sheer 和 Faust，1980）

元 素	叶 位	缺 乏	适 量
氮（%）	短果枝叶	<1.8	1.8～2.6
磷（%）	短果枝叶	<0.11	0.12～0.25
钾（%）	新梢叶	<0.7	1.0～2.0
钙（%）	短果枝叶	<0.7	1.0～3.7
镁（%）	短果枝叶	<0.25	0.25～0.90
铁（毫克/千克）	新梢叶		1.00～800
锌（毫克/千克）	新梢叶	<16	20～60
锰（毫克/千克）	新梢叶	<14	20～170
铜（毫克/千克）	短果枝叶	<5	6～20
硼（毫克/千克）	新梢叶	<15	20～60

表 4-4　桃新梢叶子的营养诊断指标（7 月取样）

（Sheer 和 Faust，1980）

元　素	缺　乏	适　量
氮（%）	＜11.7	2.5～4.0
磷（%）	＜0.11	0.14～0.4
钾（%）	＜0.75	1.5～2.5
钙（%）	＜1.0	1.5～2.0
镁（%）	＜0.2	0.25～0.60
铁（毫克/千克）	—	100～200
锌（毫克/千克）	＜12	12～50
锰（毫克/千克）	＜20	20～300
铜（毫克/千克）	＜3	6～15
硼（毫克/千克）	＜20	20～80

表 4-5　杏叶营养诊断指标（7 月取样）

（Sheer 和 Faust，1980）

元　素	叶　位	缺　乏	适　量	中　毒
氮（%）	新梢叶	＜2.0	2.3～3.0	
磷（%）	新梢叶	＜0.15	0.15～0.3	
钾（%）	新梢叶	＜1.75	2.0～3.0	
钙（%）	新梢叶	—	3.0	
镁（%）	茎部叶（夏天取）	—	0.8～1.5	
铁（毫克/千克）	新梢叶	—	—	
锌（毫克/千克）	新梢叶	＜12	12	
锰（毫克/千克）	新梢叶	＜30	30	
铜（毫克/千克）	新梢叶	＜5	5～10	
硼（毫克/千克）	新梢叶	＜20	20～50	＞80

表 4-6　胡桃新梢叶子的营养诊断指标（7 月取样）

（Sheer 和 Faust，1980）

元　素	缺　乏	适　量
氮（%）	—	—
磷（%）	<0.12	0.12～0.30
钾（%）	<0.9	1.0～3.0
钙（%）	<1.25	1.25～2.5
镁（%）	<0.2	0.2～1.0
铁（毫克/千克）	—	—
锌（毫克/千克）	<20	20～200
锰（毫克/千克）	<25	25～270
铜（毫克/千克）	<5	5～20
硼（毫克/千克）	<25	25～300

表 4-7　柑橘叶片氮、磷、钾营养诊断标准

（%）

元素	研究者及说明	缺乏	低量	适量	高量	过量
氮	［1］	<1.90	1.90～2.10	2.20～2.70	2.80～3.50	>3.60
	［6］	<1.80	1.80～2.00	2.00～2.60	2.60	—
	［7］	<1.70	1.80～2.10	2.30～2.70	3.00～3.50	—
	［2］	<2.20	2.20～2.30	2.40～2.60	—	>2.80
	［3］[1]	<1.90	—	2.20～2.60	—	>2.90
	［3］[2]	<1.80	—	2.10～2.50	—	>2.80
	［3］[3]	<1.50	—	1.70～2.20	—	>2.50
磷	［1］	<0.07	0.07～0.11	0.12～0.18	0.19～0.29	>0.30?
	［2］	<0.09	0.09～0.11	0.12～0.16	0.17～0.29	>0.30
	［6］	<0.10	0.10～0.11	0.11～0.18	>0.18	—
	［8］	—	—	0.09～0.15	—	—
	［3］[1]、［3］[2]	<0.09	—	0.11～0.14	—	>0.17
	［3］[3]	<0.10	—	0.13～0.17	—	>0.20

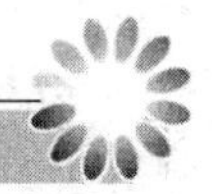

（续）

元素	研究者及说明	缺乏	低量	适量	高量	过量
钾	[1]	<0.30	0.40～0.90	1.00～1.70	1.80～1.90	>2.00?
	[2]	<0.70	0.70～1010	1.20～1.70	1.80～2.30	>2.30
	[6]	<0.30	0.30～0.70	0.70～1.80	>1.80	—
	[3]1	<0.40	—	0.70～1.10	—	>1.40
	[3]2	<0.60	—	0.90～1050	—	>1.80
	[3]3	<0.40	—	0.70～1010	—	>1.40

注：[1] Chapman（1960），叶片采自甜橙类结果性春梢顶部，4～10 月龄。

[2] Embleton 与 Jones（1963），叶片采自甜橙类营养性春梢，4～7 月龄。

[3] S. A. CO-OP，Citrus Exchange（1971），叶片采自结果性春梢顶部，5～9 月龄；[3]1脐橙，[3]2伏令夏橙，[3]3葡萄柚。

[4] Reuther，Embleton 与 Jones（1958），叶片采自伏令夏橙营养性春梢顶部，4～7 月龄。

[5] Cradock 与 Weir（1964），叶片采自营养性春梢，4～7 月龄。

[6] Allbrook（1967），叶片 10 月龄。

[7] ASO（1967），叶片 5～7 月龄。

[8] Reitz 等（1964），叶片采自营养性春梢，4～5 月龄。

? 表示未明确。

表 4-8　柑橘叶片其他元素营养诊断标准

元素	研究者及说明	缺乏	低量	适量	高量	过量
钙（%）	[1]	<2.0	2.0～2.9	3.0～6.0	6.1～6.9	>7.0?
	[4]	<1.5?	1.6～2.9	3.0～5.5	5.6～6.9	>7.0?
	[5]	<2.0	2.0～2.9	3.0～6.0	6.0～7.0	>7.0
	[3]	<3.0	—	3.5～6.5	—	>7.0
镁（%）	[1]	<0.15	0.16～0.20	0.30～0.60	0.70～1.00	>1.00?
	[4]	<0.15	0.16～0.29	0.30～0.60	0.70～1.10	>1.20?
	[5]	<0.15	0.15～0.29	0.30～0.69	0.70～1.00	>1.00
	[3]	<0.25	—	0.35～0.50	—	>0.75
钠（%）	[1]	—	—	0.01～0.15	0.20～0.25	>0.25
	[4]	—	—	<0.16	0.17～0.24	>0.25
	[5]	—	—	<0.16	0.16～0.25	>0.25
	[3]	—	—	0.01～0.20	—	>0.40

（续）

元素	研究者及说明	缺乏	低量	适量	高量	过量
硫（%）	[1]	<0.13	0.14～0.19	0.20～0.30	0.40～0.49	>0.50
	[4]	<0.13	0.14～0.19	0.20～0.30	0.40～0.50	>0.60
	[5]	<0.13	0.14～0.19	0.20～0.39	0.40～0.50	>0.50
	[3]	<0.14	—	0.20～0.30	—	>0.50
铁（毫克/千克）	[1]	<40	40～60	60～150	>150	?
	[4]	<35	36～59	60～120	130～200	>250
	[3]	<50	—	70～300	—	—
锰（毫克/千克）	[1]	<20	21～24	25～100	100～200	300～1000
	[4]	<15	16～24	25～200	300～500	>1000
	[5]	<20	20～24	25～100	101～299	>300
	[3]	<25	—	40～200	—	—
锌（毫克/千克）	[1]	<15	15～24	25～100	110～200	>200?
	[4]	<15	15～24	25～100?	110～200?	>300?
	[5]	<15	15～24	25～100	110～200	>200
	[3]	<15	—	25～100	—	—
铜（毫克/千克）	[1]	<4.0	4.1～5.0	5.1～15.0	15.0～20.0	>20?
	[4]	<3.5	3.6～4.9	5.0～16.0?	17.0～22.0	>23.0
	[5]	<4.0	4.0～5.0	5.1～15.0	15.0～20.0	>100?
	[3]	<3.0	—	5.0～20.0	—	—
钼（毫克/千克）	[1]	<0.05	0.06～0.09	0.10～0.30	4.0～100	>100?
	[4]	<0.05	0.06～0.09	0.10～0.29?	0.3～0.4?	—
	[3]	<0.03	—	0.05～3.0	—	—
硼（毫克/千克）	[1]	<15	15～40	50～300	200～250	>250
	[4]	<20	21～40	50～150	160～260	>270
	[5]	<15	15～49	50～159	160～269	>270
	[3]	<20	—	40～200	—	—

注：[1]、[3]、[4]、[5] 同表4-7注 [1]、[3]、[4]、[5]。

？表示未明确。

第三节　果树营养元素失调症状与防治

一、氮素失调症状与防治

1. 氮素缺乏症状　果树缺氮时树体生长缓慢，新梢生长短，呈直立纺锤状；叶色变淡，从老叶开始黄化，逐渐到嫩叶，不像其他某些元素缺乏时那样出现病斑或条纹，也不发生坏死，并且不易染病，但果实小、早熟、着色好，产量低。几种主要果树的缺氮症状如表 4-9 所示。

表 4-9　几种主要果树的缺氮症状

果树种类	缺氮症状
苹果	新梢短而细，皮层呈红色或棕色。叶小、淡绿色，成熟叶变黄。缺氮严重时嫩叶很小，呈橙、红或紫色，早期落叶。叶柄与新梢夹角变小，花芽和花减少，果实小，着色良好，易早熟、易落
柑橘	生长初期表现为新梢抽生不正常，枝叶稀少而小，叶薄并发黄，呈淡绿色至黄色，叶寿命短而早落。开花少、结果性能差
梨	叶片呈灰绿或黄色，老叶则变为橙、红或紫色。落叶早，花芽、花及果均少。果实变小，但果实着色较好
葡萄	茎蔓生长势弱，停止生长早，皮层变为红褐色。叶小而薄，呈淡绿色，易早落。花、芽及果均少。果实小，但着色较好
桃	枝梢顶部叶片淡黄绿色，基部叶片红黄色，呈现红色、褐色和坏死斑点；叶片早期脱落，枝梢细尖、短、硬。果小、品质差，涩味重，但着色较好。红色品种会出现晦暗的颜色
草莓	幼叶淡绿至黄色，生长受阻。成熟叶片早期呈锯齿状红色，老叶变为鲜黄色，局部出现坏死

2. 氮素过剩症状　树种不同，氮肥形态不同，氮与其他元素间的平衡关系以及根系的活性和氮肥施用时间不同，均使症状各异。氮肥施用过多，则会使果树叶片变大，色浓、多汁，枝梢徒长，抗病能力降低，花芽分化少，易落花落果，果实品质差。几种主要果树氮素过剩症状如表 4-10 所示。

表 4-10　几种主要果树氮素过剩症状

果树种类	氮过剩症状
苹果	植株抗寒力降低，果实变小，采前落果增加，果实成熟期延迟，着色不良，果实硬度降低且不耐贮藏
柑橘	果皮变粗糙，变厚，着色差，尤其是靠近果梗处；果实变小，酸度增高，不耐贮藏，还可导致某些微量元素缺乏症
桃	果实成熟延迟，果皮红色减退

3. 氮素失调的防治

（1）氮素缺乏的防治。土壤有机质含量低或多雨水地区的沙质土壤，由于氮素的流失、渗漏和挥发，特别是对于树体较大处于生长旺季的果树，所需氮素量较多，易造成缺氮。

为防止果树缺氮，首先应保证其正常生长发育所需的氮素营养。对已发生缺氮的果树，应采取土壤补施速效氮肥和叶面喷施相结合的措施，根据土壤条件、果树种类或品种、树龄及不同生育期，确定施用氮肥种类、比例和用量。用0.3%～0.5%尿素水溶液叶面喷布，间隔5～7天喷1次，连喷2～3次，肥效快而稳。

（2）氮素过剩的防治。土壤中氮素过剩不仅影响果树生长、产量和品质，而且还影响其对磷、铜、锌、锰、钼等元素的吸收。在氮素过剩矫治中，首先应明确引起中毒的氮肥品种、施用方法、施用时期，然后采取相应有效的防治措施。若土壤理化性状变劣时，应增施有机肥料、石膏或石灰等。

二、磷素失调与防治

1. 磷素缺乏症状　果树磷素供应不足，枝条纤细，生长减弱，侧枝少；展开的幼叶呈暗绿色，叶片稀疏，叶小质地坚硬，幼叶下部的叶背面沿叶缘或中脉呈紫色，叶与茎成锐角；春、夏季，生长迅速的部分呈紫红色；开花和坐果减少，春芽开放较晚，果实小，品质差。几种主要果树的缺磷症状如表4-11所示。

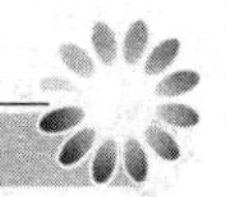

表 4-11　几种主要果树的缺磷症状

果树种类	缺磷症状
苹果	叶片稀疏、小而薄，呈暗绿色，叶柄及叶下表面的叶脉呈紫色或紫红色。枝条短小细弱，分枝显著减少，果实小。老叶易脱落，抗寒力变弱
柑橘	花芽分化和果实形成期易发生缺磷症状。表现为枝条细弱，叶片失去光泽，呈暗绿色。老叶上出现枯斑或褐斑。春季花期或开花后，老叶大量脱落。果实表面粗糙，果皮变厚，果实空心，果汁变少，酸度增高
梨	叶片边缘或叶尖焦枯，叶片变小，新梢短，严重时死亡。果实不能正常成熟
葡萄	叶片呈暗绿色，叶面积小，从老叶开始叶缘先变为金黄，然后又变成淡褐，再进一步黄色部分整齐向内扩展，叶片中部仍为绿色。秋季失绿叶坏死，以后整个叶干枯
桃	叶片暗绿色变为青铜色或紫色；一些较老叶片窄小，近叶缘处向外卷曲；早期落叶，叶片稀少
草莓	幼叶青绿色，一些较老叶片的叶蘖变红，随后呈紫色或青铜色。叶柄鲜红色，叶背中脉和侧脉呈紫色

2. 磷素过剩症状　当磷肥施用过量时，一般不会引起直接的为害症状，而是影响其他元素的有效性，诱发某种缺素症，如土壤磷过多，则会降低锌、铁、铜、硼等元素的有效性。柑橘施磷过多，不仅诱发上述缺素症，还可能引起“皱皮”果增多。

3. 磷素失调的防治　由于土壤磷易被固定而移动小，有效性低。因此，防治果树缺磷时，应采取土施和根外喷施磷肥相结合的方法。土施磷肥时最好与有机肥混合后集中施于根系密集层。石灰性土壤宜选用过磷酸钙、重过磷酸钙、磷酸铵等水溶性磷肥。酸性土壤可选用钙镁磷肥、磷矿粉等弱酸溶性或难溶性磷肥。根外追肥可用0.5%～1.0%过磷酸钙（滤液）、1.0%磷酸铵或0.5%磷酸二氢钾，7～10天喷1次，连喷2～3次。

三、钾素失调与防治

1. 钾素缺乏症状　缺钾症状最先在植株成熟的叶片上表现出来，而处于生长点的未成熟幼叶则无症状。核果类在出现叶缘枯焦前还会发生横向向上卷曲并失绿；坚果类叶柄向后弯曲，叶子大小正常，但卷缩下垂，然后失绿，最后枯焦。几种主要果树的缺钾症状如表 4-12 所示。

表 4-12 几种主要果树的缺钾症状

果树种类	缺钾症状
苹果	轻度缺钾的症状与轻度缺氮极为相似。轻度或中度缺钾时，只是叶缘焦枯，呈紫黑色，严重缺钾时，整个叶片焦枯。这种现象先从新梢中部或中下部开始，然后向顶端及基部两个方向扩展。缺钾植株果实小，着色不良
柑橘	老叶上部的叶尖和叶缘部位先开始黄化，并随着缺乏的加剧，黄化区域向下部扩展，叶片卷缩，变为畸形，在花期落叶严重。果实变小，果皮薄而光滑。落果严重，容易裂果。抗旱、抗寒、抗病力降低
梨	叶片边缘先呈深棕色或黑色，以后逐渐焦枯。枝条生长差，果实通常不能成熟
葡萄	叶缘失绿，绿色品种的叶片颜色变为灰白或黄绿；黑色品种的叶片变为红色至古铜色，逐渐叶脉间失绿，接着叶片边缘焦枯，向上或向下卷曲。严重缺钾时，老叶发生许多坏死斑点，这些斑点脱落后，留下许多小洞。果实小，成熟度不一致
桃	当年生新梢中部叶片变皱且卷曲，随后坏死。叶片出现裂痕，开裂。叶背颜色呈淡红或紫红色。小枝纤细，花芽少
草莓	小叶中脉周围呈青绿色，同时叶缘灼伤或坏死。叶柄变紫色，随后坏死

2. 钾素过剩症状 钾中毒症状较少见。土壤高钾会引起其他元素缺乏症，如缺镁、钙、锰和锌等。同时对果实品质影响较大，使果皮粗而厚，果汁液少，固形物含量低以及成熟晚等。

3. 钾素失调的防治 果树缺钾，应土施和叶喷相结合。如成年树土施硫酸钾 0.5～1.0 千克/株或施草木灰 2～5 千克/株。若连续施氯化钾，会影响果实品质。

四、钙素失调与防治

1. 钙素缺乏症状 果树缺钙，首先对根系造成伤害，根尖停止生长，根系变小，常出现根腐。地上部幼叶扭曲，叶缘变形、叶

片常出现斑点或坏死，顶芽易枯死。几种主要果树缺钙症状如表4-13所示。

表4-13　几种主要果树的缺钙症状

果树种类	缺钙症状
苹果	新根停止生长早，根系短而膨大，根尖干枯。嫩叶先发生褪色及坏死斑点，叶片边缘及叶尖有时向下卷曲。较老叶片组织可能出现部分枯死。果实发生苦痘病、水心病、痘斑病等缺钙病害
柑橘	缺钙症多在6月的春梢叶片上发生，先表现为春叶的先端黄化，然后扩大到叶缘部位，病叶的叶幅比健全叶窄，呈狭长畸形，病叶提前脱落。树冠上部常出现枯枝。大量开花及幼果严重脱落。成熟果实呈畸形，味酸，固形物含量低
葡萄	幼叶叶脉间及叶缘褪绿，随后近叶缘处出现针头状坏死斑点。茎蔓先端顶枯
桃	顶部枝梢幼叶由叶尖及叶缘或沿中脉干枯。严重缺钙时小枝顶枯。大量落叶，根短，呈球根状，出现少量线状根后根干枯
草莓	幼叶可能枯死，或仅小叶和小叶的一部分受害，有时在小叶近基部呈明显红褐色。根系先受害，根尖干枯，根系短。叶尖及叶缘呈烧伤状，叶脉间褪绿及变脆

2. 钙素过剩症状　土壤中钙过多，会使pH升高，从而影响其他元素的吸收，如铁、锌、锰、硼、铜及磷的有效性吸收。

3. 钙素失调的防治　当果树发生缺钙时，在新生叶生长期可进行叶面喷施0.3%～0.5%的硝酸钙或0.3%磷酸二氢钙，间隔5～7天喷1次，连喷2～3次。若土壤酸度过大，应土施石灰质肥料，或将石灰、石膏与有机肥混施，每公顷施75千克左右。对缺钙严重的果园，应同时控施氮、磷肥。当果园土壤钙过剩时，应选用酸性或生理酸性肥料。特别是石灰性土壤，可直接施用硫磺粉，每公顷用量210千克。

五、镁素失调与防治

1. 镁素缺乏症状　缺镁症状首先在老叶上表现出来，叶片失绿，呈条纹或斑点状，几种主要果树缺镁症状如表4-14所示。

表 4-14　几种主要果树的缺镁症状

果树种类	缺镁症状
苹果	当年生较老叶片的叶脉间呈淡绿斑或灰绿斑，常扩散到叶缘，并很快变为淡褐至深褐色，1～2 天后即卷缩脱落。枝条细弱易弯，冬季可能发生梢枯。果实不能正常成熟，果小，着色差，缺乏风味
柑橘	症状特征较明显。果实附近的结果母枝或结果枝叶上容易出现缺乏症状。病叶症状表现为与中脉平行的叶身部位先黄化，黄化部位多呈肋骨状。叶片先端和叶基部常保持较久的绿色倒"三角形"。病树易遭冻害
梨	顶梢上老叶呈深棕色，叶片中部脉间发生坏死，边缘部分仍保持绿色
葡萄	生长中期茎叶开始失绿，逐渐向上延伸至嫩叶。绿色品种的叶脉间变为黄色，而叶脉的边缘保持绿色；黑色品种叶脉间呈红色至褐红（或紫）色斑，叶脉和叶的边缘均保持绿色。病叶皱缩，茎蔓中部叶片脱落
桃	当年生枝基叶出现坏死区，呈深绿色水渍状斑纹，具有紫红边缘。坏死区几小时内可变成灰白至浅绿色，然后变成淡黄棕色。叶严重，小枝柔韧，花芽形成大量减少
草莓	较老叶片叶缘褪绿，有时在叶片上或叶缘周围出现黄晕或红晕

2. 镁素过剩症状　若镁素供应过量时，一般无特殊症状，多伴随着缺钙或钾、铁等。

3. 镁素失调的防治　当果树缺镁时，叶面喷施 1%～2%的硫酸镁，间隔 7～10 天喷 1 次，连喷 4～5 次。若土壤富钾诱发缺镁时，应喷施硝酸钾，抑制钾的吸收，促进镁的吸收。当土壤 pH 在 6.0 以上时，每年可施硫酸镁 450～750 千克/公顷。当土壤呈强酸性时，也可施含镁石灰 750～900 千克/公顷。

六、铁素失调与防治

1. 铁素缺乏症状　由于铁在土壤中易被固定，在树体中不易移动，因此，缺铁黄叶在果园中是最常见的症状之一。新梢顶端叶片先变黄白色，之后向下扩展。新梢幼叶的叶肉失绿，而叶脉仍保持绿色。严重时可引起梢枯、枝枯，病叶早脱落，果实数量少，果皮发黄，果汁少，品质下降。

2. 铁素过剩症状　果园中很少看到铁中毒症状，铁过多常呈现缺锰症状。

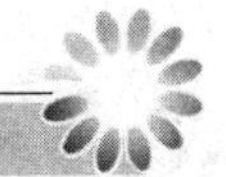

3. 铁素失调的防治 果树一旦发生缺铁失绿症，应采取应急措施和根本性措施相结合的方式进行防治。

（1）应急措施。可叶面喷施尿素铁、柠檬酸铁或Fe-EDTA、Fe-DTPA螯合物，并掌握好浓度，以免发生肥害。也可采取树干注射法、灌根法。0.2%～0.5%的柠檬酸铁或硫酸亚铁注射入主树干或侧枝内。酸性土壤，可施用10～30克/株的Fe-EDTA；碱性土壤可施用10～30克/株的Fe-DTPA或E-EDDHA，或225～300千克/公顷硫磺粉或选择酸性、生理酸性肥料，以酸化根际土壤，提高土壤中铁的活性；靠接耐碱性的砧木品种。

（2）根本性措施。从根本上根治缺铁黄化，最理想的措施是选择适宜的抗缺铁砧木品种。如以高橙为砧木的温州蜜柑和文旦柚，以枸头橙为砧木的温州蜜柑和本地早橘、梗橘等，以小金海棠为砧木的苹果等。

七、锌素失调与防治

1. 锌素缺乏症状 果树缺锌时，其典型症状是小叶、簇叶病，枝梢顶端生长受阻，枝条长度减小，节间缩短，叶片叶脉间褪绿。几种主要果树缺锌症状如表4-15所示。

表4-15 几种主要果树的缺锌症状

果树种类	缺锌症状
苹果	春季叶片呈轮生状小叶，硬化。枝条顶部叶片呈花叶，有时除枝条顶部有莲座状叶之外，其余部分呈光秃状（没有叶片）。花芽形成减少，果实小，畸形。缺素第一年后，小枝可能枯死
柑橘	叶片叶脉间出现黄色斑点，且叶片变小，俗称小叶病、斑驳叶。抽生的新梢节间缩短，叶小呈丛生状，俗称簇叶病。冬季落叶严重，出现枯枝。果实品质和产量下降程度因缺素严重性而异
梨	叶小呈簇状，且有杂色斑点
桃	叶片褪绿，花叶从枝梢最基部的叶片向上发展。叶片变窄，并发生不同程度皱叶。枝梢短，近枝梢顶部节间呈莲座状叶。花芽形成减少，果实少，畸形

2. 锌素过剩症状 果树锌过剩的症状与铁过多一样。

3. 锌素失调的防治 果树缺锌时，可叶面喷施0.3%～0.5%的硫酸锌水溶液，或在硫磺合剂中加入0.1%～0.3%的硫酸锌。一般间隔10～15天喷1次，连喷2～3次。土壤施用硫酸锌时，应防止锌过量。若果园土壤呈碱性，在施肥时尽量选用酸性或生理酸性肥料，不能施用磷肥过量。

八、硼素失调与防治

1. 硼素缺乏症状 果树发生缺硼可导致分生组织（包括形成层）退化、薄壁组织以及维管组织发育不良等。外部症状表现为顶端生长衰弱，叶片出现各种畸形，果实出现褐斑、坏死（缩果）等。几种主要果树缺硼症状如表4-16所示。

表4-16 几种主要果树的缺硼症状

果树种类	缺硼症状
苹果	早春或夏季，顶部小枝干枯，引致侧芽发育，产生丛状枝。节间变短。叶片缩短、变厚、易碎。叶缘平滑而无锯齿。果实易裂果，出现坏死斑块，或全果木栓化。成熟果实呈褐色，有明显的苦味
柑橘	叶片呈水渍状并发展为斑点，叶脉呈裂开状且木栓化，叶尖向内卷曲，带褐黄色。叶片自枝梢顶部向下脱落。幼叶小。果实有褐色或暗色斑点，或果皮有白色条斑，形成胶状物。果形不正，幼果坚硬
梨	小枝顶端枯死，叶片稀疏，受害小枝的叶片变黑而不脱落。新梢从顶端枯死，并逐步干枯，顶梢形成簇状。开花不良、坐果差。果实表面裂果并有疙瘩，果肉干而硬，萼凹末端经常有石细胞。果实香味差，常未成熟即变黄。树皮出现溃烂
葡萄	幼叶呈扩散的黄色或失绿。顶端卷须产生褐色的水浸区域。生长点坏死，顶端附近发出许多小的侧枝。节间特别短，枝条变脆。叶边缘和叶脉开始失绿或坏死。幼叶畸形，叶肉皱缩
桃	小枝顶枯，随之落叶。出现许多侧枝。叶片小而厚，畸形且脆
草莓	叶片短缩，呈杯状，畸形，有皱纹，叶缘褐色。纤匍蔓发育缓慢。根量很少，果实变扁

2. 硼素过剩症状 核果类如杏、桃、樱桃、李和洋李及仁果类的苹果、梨中可见硼中毒典型症状：小枝枯死，1年生和2年生小枝

节间伸长；大枝和小枝流胶、爆裂、早熟；果实木栓化和落果。苹果早熟和贮藏期短。核果和仁果类，叶子沿着中肋和大侧脉变黄，接着脱落。坚果叶尖枯焦，接着脉间和边缘坏死，老叶先出现症状。

3. 硼素失调的防治　当果树发生缺硼症状时，可用0.1%～0.2%的硼砂溶液叶面喷布或灌根，最佳时期是果树开花前3周。当土壤严重缺硼时，可土施硼砂或含硼肥料，成年树施硼砂0.1～0.2千克/株，施肥后，注意观察后效，以防产生肥害。

九、锰素失调与防治

1. 锰素缺乏症状　虽然锰在果树体内的移动性较差，但大多数果树缺锰症状从老叶开始出现，少数树种从幼叶开始失绿，开始在叶子边缘失绿，以后主脉间失绿，主脉附近仍保持深绿色。缺锰和缺铁、缺镁相似，但与缺铁不同的是，不发生在新生幼叶，也不保持细脉间绿色；与缺镁不同的是，缺锰时，脉间很少达到坏死的程度，而且缺锰是出现在叶子充分展开以后。桃树缺锰新梢生长受阻；胡桃缺锰严重时，脉间呈青铜色并坏死，坏死部分不是圆形而带有棱角；美洲山核桃缺锰时，叶子中脉缩短，使小叶呈圆形，并有皱纹，呈杯状上卷，整个叶比正常的小，这种病称为“鼠耳”。几种主要果树的缺锰症状如表4-17所示。

表4-17　几种主要果树的缺锰症状

果树种类	缺锰症状
苹果	叶片叶脉间褪绿（通常成V形）开始在靠近边缘地方，褪绿慢慢发展到中脉。褪绿部分的细脉不能看见。褪绿常遍及全树，但顶梢新叶仍保持绿色
柑橘	新叶在淡绿色底叶上显现出极细的网状绿色叶脉。老叶的主脉和侧脉呈暗绿色不规则的条状，其间呈淡黄绿色斑块。病斑色泽反差较小。枝梢生长量下降
梨	叶轻微褪绿，叶脉间出现褪绿，由叶缘开始发生，症状逐渐蔓延至整个植株
桃	叶脉间褪绿，从边缘开始。顶梢叶仍保持绿色，顶部生长受阻

2. 锰素失调的防治　对于果树缺锰的矫治较缺铁症容易。在酸性土壤上的果树缺锰时，土施或叶面喷施硫酸锰都会取得很好的效果。0.3%硫酸锰水溶液每隔7～10天喷1次，连续喷3～4次。在硫酸锰液中最好加少量石灰或硫磺合剂效果更佳。在碱性土或石灰性土上，土施硫酸锰效果较差，叶面喷施效果较好，若硫酸锰与有机肥混合堆沤后施于根际土壤，效果良好。

第五章

南方果园土壤管理与施肥

我国果园生产现代化的标准是良种化、机械化、水利化、矮密化、良土化。其中良土化是果园土壤管理的重要环节之一，也是建设优质、丰产、高效、高标准果园的基础条件。因此，改革现有栽培技术，加强果园及主栽果树良种繁育基础建设，提高不同生态区的果园管理精确性和自动化水平。

土壤是果树的重要生态环境条件之一。作为果树立地条件的土壤理化性状与管理水平，与果树的生长发育与结果密切相关。果园管理的主要目的有以下几点。

①扩大根域范围和深度，为果树生长创造良好的土壤生态环境。

②供给和协调果树从土壤中吸收水分和各种营养物质。

③增加土壤有机质和养分含量，培肥地力。

④疏松土壤，增强土壤的通透性，有利于根系向水平方向和垂直方向伸展。

⑤保持好水土，维修好水利设施。

第一节　南方果园土壤改良技术

我国现代果树种植业发展的总方针是“上山下滩”，这就决定了绝大多数果园立地在山区、丘陵、沙滩和盐碱滩涂地上。由于果树长期生长在结构不良、肥力匮乏的土壤生态环境中，根系伸展受阻，树体长势瘦弱，产量低，质量差。因此，改良果园土壤理化性状，才能使土壤中的水、肥、气、热协调，为根系生长创造良好的生态环境。

果园土壤改良主要包括深翻熟化、加厚土层、掏沙换土、培土换沙、低洼盐碱地排水洗碱、酸性土壤增施有机肥料和石灰等。我国地域辽阔，不良土壤种类繁多，充分开发和利用土地资源，采取经济有效改土措施，建立优质果园，对延长果树寿命和提高经济效益至关重要。

一、果园土壤的深翻熟化

深翻熟化是果园土壤改良的最基本措施，也是果农在长期生产实践中创造出来的宝贵经验。如福建、广东等省区的培土、辽宁的放树窝子、河北省涿鹿县的扣地等都是因地制宜的改土好经验。

1. 深翻熟化对土壤和果树的作用

（1）深翻对土壤理化性状和微生物活动的影响。一般果树根系强大，对土壤通气、透水、供肥保肥性能有一定要求。因此，果树根系入土的深浅，与果树的生长结果密切相关。支配根系分布深度的主要条件有土层厚度和理化性状等因素。深翻结合施入有机肥，则可改善土壤结构和理化性状，增强土壤微生物活性，加速有机质分解，提高土壤熟化度和养分的有效性，增加果树根系的吸收范围，促进其生长和吸收。

（2）深翻对果树根系生长的影响。果园深翻可加深土壤耕作层，给根系生长创造了良好的生态环境，促进根系间深层伸展，使根系分布的深度、广度和根的生长量均有明显增加。深翻施肥，改善了土壤的水肥气热条件，不仅促进了根系的生长，也促进了地上部枝梢的生长和结果能力，生长势强，树冠扩大快，结果寿命延长，增产效果显著。由此可见，深翻改土是早果、丰产、稳产的主要措施之一。

2. 深翻的适宜时期　实践证明果园四季均可深翻，一般以秋冬季为宜，以秋季为最好。

（1）秋季深翻。落叶果树果园，一般在果实采收后至落叶休眠前结合秋施基肥进行深翻。常绿果树园，如柑橘的秋季深翻需在采

果前后进行。此时深翻并结合重施秋肥，气温和土温还都适宜地上部制造养分，并向地上枝干、根部运输。同时根系正是吸收高峰期，深翻可切断一些根系，有利于促进伤口愈合和促发新根，从而增进养分的吸收，提高光合强度，增加树体营养积累，充实花芽，为翌年抽梢结果奠定足够的物质基础。因此，秋季是果园深翻最佳时期。

（2）冬季深翻。入冬后至土壤上冻前进行，操作时间较长。如秋末深翻的土壤或在冬季不太寒冷的南方，入冬后仍可进行深翻。但要及时回填护根，免受冻害。翻后如墒情不好，应及时灌水，使土壤下沉，防止漏风冻根，并使根系与土粒密接。如冬季少雪，翌年春季应及早春灌，除直接供根系生长所需水分外，还有利于有机质的腐烂分解，促进土壤有效养分的转化。但冬季深翻会使根系伤口愈合很慢，新根也不能再生，北方寒冷地区一般不进行冬翻。

（3）春季深翻。应在解冻后及早进行。此时地上部尚处于休眠期，根系刚开始活动，生长较缓慢，伤根后容易愈合和再生。春季化冻后，土壤水分向上移动，土质疏松，省力省工。北方春旱，春翻后应及时春灌。早春多风地区，春翻过程中应及时覆盖根系，免受旱害。风大干旱和寒冷地区不宜春翻。

（4）夏季深翻。最好在根系前期生长高峰过后、北方雨季来临前后进行。深翻后降水可使土粒与根系密接，不致发生吊根和失水现象，夏季伤根易愈合。雨后深翻，土壤松软，节水省工。但夏季深翻若伤根过多，易引起落果，故结果多的成龄树，一般不宜在夏季深翻。

总之，果园深翻，除北方寒冷、干旱缺水地区外，四季均可进行。翻后均有不同程度的良好效果。但深翻应据树龄、劳力、气候、灌溉条件等灵活运用。

3. 深翻的适宜深度　深度以果树主要根系分布层稍深为度，并要考虑土壤结构和土质及气候、劳力等条件。一般深翻的深度为60厘米左右。如山地土层薄，下部为半风化的岩石，或滩地在浅层有砾石层或黏土夹层，或土质较黏重等。深翻的深度一般要求达到80～100厘米；若为沙质土壤，土层厚，则可适当浅些；深根性果树可适当深一些，浅根性果树可以稍浅。

4. 深翻的方式方法

（1）扩穴深翻。又称为放树窝子。扩穴深翻是在结合施秋肥的同时对栽后2～3年内的幼龄树果园。从定植穴边缘或冠幅以外逐年向外深挖扩穴，直至全园深翻结束为止。每次可扩挖宽0.5～1.0米，深0.6米左右。在深翻中，取出土中石块或未经风化的母岩，并填入有机肥料及表层熟化土壤。一般2～3年可完成全园深翻。

（2）隔行深翻或隔株深翻。为避免一次伤根过多或劳力紧张，也可隔行或隔株深翻。平地果园可随机隔行或隔株深翻。隔行深翻分两次完成，也可进行机械操作。等高撩壕坡地果园和里高外低梯田果园，第一次先在下半行给以较浅的深翻施肥，下一次在上半行深翻把土压在下半行上，同时施有机肥料，深翻与修整梯田相结合。

（3）全园深翻。将栽植穴以外的土壤一次性深翻完毕。这种方法一次动工量大，需劳力较多，但翻后便于平整土地，有利于果园耕作。

5. 深翻注意事项

①切忌伤根过多，以免影响地上部生长。深翻中应特别注意不要切断1厘米以上的大根，如有切断，则切头必须平滑，以利愈合。如根部带病，可切掉并刮除病部，再涂抹杀菌剂消毒。

②深翻结合施有机肥，效果明显。深翻中穴施有机肥如绿肥、蒿秆、落叶等100千克左右，分层施入，有利于腐熟分解。

③随翻随填，及时浇水，切忌根系暴露太久。干旱时期不能深翻，对于排水不良的果园，深翻后应及时打通排水沟，以免积水引起烂根。对于地下水位高的果园，主要是培土而不是深翻，更重要的是深挖排水沟。

④做到心土、表土互换，以利于心土风化、熟化。

二、红壤、黄壤果园土壤的改良

我国南方热带或亚热带高温多湿，红黄壤果园较为普遍。红黄壤果园土壤有机质含量少，土粒细，结构不良，且呈酸性反应，铁铝相对积聚，有效磷较少。雨后泥土呈糊状，干旱时土块变得特别坚硬，不利于果树的生长发育。改良措施如下：

1. 搞好水土保持　红黄壤结构不良，水稳性差，抗冲刷力弱，故应修好梯田或撩壕等水土保持工程，防止水土流失。

2. 增施有机肥料及种植绿肥　红黄壤土质瘠薄，增加有机质含量，是改良红黄壤的根本性措施。如增施厩肥，大量种植绿肥。长江以南适种的绿肥品种，冬季以耐瘠薄、耐旱的肥田萝卜、豌豆为宜，在土壤肥力初步改善后可播种紫云英、苕子、黄花苜蓿等豆科绿肥。夏季可种植猪屎豆；水土流失严重的地段可种胡枝子、紫穗槐等。热带瘠薄地上可栽种毛蔓豆、蝴蝶豆、葛藤等多年生绿肥。种植绿肥作物，除饲养猪、羊、牛等牲畜以及过腹还田外，若适期刈青翻压，改土效果更佳。

3. 施用磷肥或石灰　红黄壤中有效磷严重不足，增施磷肥效果良好。在施用的磷肥品种中，目前多用微碱性的钙镁磷肥，可集中施在定植穴内，促进果树根系生长。旱地柑橘园施磷矿粉效果也较好。在施磷肥时，如能配合氮肥施用，可充分发挥氮磷配施的连带效应。

在红壤中施入石灰，可中和土壤的酸性，改善土壤理化性状，增加有益微生物的活性，促进有机质分解，提高有效养分含量。石灰用量每公顷在750～1 125千克。

三、山地、丘陵坡地果园土壤的改良

分布于山地、丘陵起伏地形上的土壤，可以统称为坡地土。我国所谓上山的果园，主要是这一类土壤。果树所占的坡地，地面坡度较大，土层薄，水土流失严重，肥力低，致使果树根群裸露，树势衰弱，产量低，寿命短，是制约山地丘陵果园丰产的主要因素之一。因此，做好水土保持工作是改良坡地土的关键。

1. 复式梯田 复式梯田修筑方法是从山顶顺着山坡，沿着果树栽植的等高线为中心，采取里切外垫的方法，将上坡的土切下培于果树梯田外侧，施工时要做到保存表层熟土，以利深翻回填，可一次修成，也可在鱼鳞坑的基础上，随着树龄的增长，树冠的扩大，逐年扩大树盘，最终修成里低外高、外棱是软坡的复式梯田。在施工时要做到以下3点：

①田面里低外高，里外相差30～45厘米，田面宽约3米，呈50°左右的缓坡，果树着生于田面中部或略靠外侧。

②从保墒的效果及合理利用土地出发，田面外侧不培硬埂，由疏松的软坡代替，为防止雨水冲刷，利用软坡种植豆类、山药、绿肥作物等。

③修筑复式梯田时，梯田内侧和株间两侧深翻宽50厘米、深60厘米以上，并将沟内生土换熟土。为了提高土壤肥力，同时配施有机肥料、绿肥、秸秆及硫酸亚铁、钙、磷肥等，增强改土效果。

据对山西省吕梁地区复式梯田观察，1990—1993年调查结果表明，复式梯田加厚了活土层，改善了土壤物理性状，土壤空隙度提高3%～7%，土壤有机质增加0.2%～0.3%。土壤疏松、透气、贮水性强，根系和微生物活动旺盛，使单位体积内的白色根系增加2～3倍，根系吸肥吸水能力增强。

2. 等高撩壕 等高撩壕是我国农民在山地果园创造的一种简易可行的水土保持方法，源于东北辽宁葫芦岛及河北抚宁等果产区，适宜于降水量少的地区采用。

撩壕是在坡地上沿等高线挖成横向的浅沟，在撩壕之前首先测出等高点，以等高线为中线，根据要求的沟宽把土挖出，放于沟的下侧即可。由于是沿等高线撩土为壕，故称为等高撩壕。

撩壕的距离应因地制宜。坡度大的地方距离应近，反之，应远。例如，在5°左右的缓坡地上，两壕之间的距离为10米，10°左右的可为5～6米。但一般壕距可等于树的行距。沟的比降可在

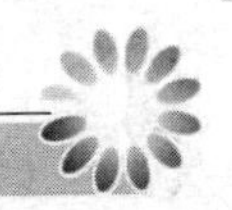

3/1 000左右，以利排水。沟宽一般为50～60厘米，深为30～40厘米。撩壕一般不能一年完成，而是随树龄的增加，逐年完成，还需经常修理。如果沟底不平，可在雨季随时修理校正。

果树应栽于壕的外坡，壕外坡的水分通气条件好，不易积水和冲刷，土层较厚，因而果树生长发育良好。应先撩壕后栽树，也可在栽树后再撩壕，但在栽植前必须为撩壕作准备。栽植不应过深，以免撩壕后埋干，影响果树的生长发育。

撩壕将长坡变为短坡，直流改成横流，急流变成缓流。在修筑时土方工程不大，对于控制地表径流，防止冲刷确是一种行之有效的改土措施。同时，修筑撩壕，对坡面土壤的层次破坏不大，果树根系分布均匀。但撩壕没有平坦的种植面，不便于机械耕作与施肥。坡度超过15°时，撩壕堆土难度大，壕外坡的土壤流失加快。在土层较薄的坡面上，栽植在壕外坡的树根不能穿透沟底向上坡伸展，只能沿壕沟下坡伸展，树势趋弱。因此，撩壕是在劳力不足和薄土层地带可以采用的一种临时水土保持措施。

3. 鱼鳞坑 在坡面较陡或支离破碎的沟坡上可修筑鱼鳞坑，按三角形选点布置，挖成半圆形的土坑，在其下沿修筑半圆形的土埂，埂高30厘米左右，并在坑的左右角上各斜开一道小沟，以便引蓄雨水。挖鱼鳞坑应“水平”定坑，等高排列，上下坑错落有序，整个坡面构成鱼鳞状，在雨季层层截留雨水，分散山坡地面径流。挖鱼鳞坑一般在植树的上一年雨季挖坑，结合土壤改良，坑的大小为长约1.6米，中央宽1.0米，深0.7米，株行距据树种要求而定，呈“品”字形排列，果树应植于坑的内侧，防止露根。

4. 小流域综合治理 必须指出，山地、丘陵地果园的梯田工程、撩壕和鱼鳞坑不能完全控制水土流失，特别是暴雨季节，仍有大量雨水从梯田和鱼鳞坑排出。因此，进行小流域综合治理，治坡与治沟结合，促进农、林、牧、渔协调发展。

我国的陕西、山西、河北、山东、四川等地，小流域的综合治理已初见成效。昔日的“山秃坡地陡，薄土乱石沟”已变成“沟沟岔岔打了坝，果树茂盛好庄稼”，生态环境进入良性循环。技术要点如下：

（1）治坡先治沟，建造沟坝地坡地。建果园，要想修好梯田，必须先治理好沟，建造沟坝。治沟从沟头开始，从上到下层层设防。整个小流域的沟底，在筑坝后需几年的时间，才能淤积到一定厚度的土层。沟底不宜种植果树，可以种植其他农作物。沟两侧的坡地栽果树。雨水大或集水面大的小流域，治沟建坝时，应同时建造流水道，以泄洪水。筑坝用石料，尽量就地取材，省工省力。

（2）植被护坡。小流域治理要明确陡坡不耕作、不栽植果树的原则，执行25°以上保持自然植被的国家水土保持政策。护坡：一是利用自然植被，二是人工植草或栽种低矮的小灌木。

（3）林果牧结合。坡度大的宜林山坡地，抚育自然生长的树木或栽种适宜的薪炭林，有条件的实施封山育林，或与放牧相结合，定期封山、放牧，一定要保持防护林的生长空间，形成林果牧良性循环的农业生态环境。

四、沙荒地果园土壤的改良

沙荒地包括沿海及河流两岸的沙滩地和旧河道地区。这些地带风蚀流沙严重，形成许多沙丘，地面高低不平，土壤有机质很少，保水保肥力很差，水土流失坡地重于平原。土温随季节、昼夜变化大，不利于果树根系的生长和正常吸收活动。

我国华北平原、内蒙古大部分地区、西北黄土高原、东北松辽平原西部及沿海地区，治理沙荒地是果树生产长期而繁重的任务。

1. 搞好防护林带，林草结合，防风固沙 风沙严重的地区，林草结合的防护林带应尽量地宽一些，并严格管制，禁止放牧。有灌溉条件的果园，对防护林和草地同样灌溉管理，促进林草的生长，充分发挥防护林保水固沙的作用。我国防护林树种有紫穗槐、杨树、榆树、桐树、荆条、酸枣、花椒等。适种防风固沙耐瘠薄的绿肥草种有沙打旺（又称为麻豆秧、薄地犟）、小冠花、草木樨、田菁等，这些都是肥、饲兼用的绿肥品种，主栽于我国华北、西北、东北等地区。

2. 深翻改良 有些沙荒地在沙层以下有黄土层或黏土层，称为有底沙土。对这类沙荒地，可通过深翻改良土壤，把底部的黄土或黏土翻上来与表层沙土混合。深翻改良包括“大翻”和“小翻”两个步骤。大翻在前，小翻在后，分2～3年完成。大翻就是把沙层以下的黄土或黏土通过挖沟，翻到土壤表层来；小翻就是待翻到土壤表层的黄土或黏土充分自然风化后，再将沙与土充分翻动混匀。深翻沙地，对改善土壤结构，促进果树的生长有明显作用。如在深翻改沙的同时，施入有机肥料将会取得更理想的改土效果。

3. 压土（培土）改良 在沙层下部无黄土层或黏土层的沙荒地，称为无底沙土。这种沙荒地只有通过以土压沙的方法进行改良。以土压沙可以增厚土层，改善土壤结构，防止风蚀和流沙，提高保肥保水能力，培肥地力，同时还可防止土壤返碱。压土相当于施肥，这种以土代肥的效果，一般可维持2～3年。

压土一般在冬春季进行，压土厚度为5～10厘米，即将黄土或黏土铺在沙地表面。压土时必须铺撒均匀，使地面大体平整，将来使整个果园的土壤状况才能均匀一致。一般在压土的当年不刨地，以利于黄土或黏土的风化，并防止风蚀流沙。经过一年后，待翌年土壤解冻后再行翻耕，把土沙充分混匀。

4. 增施有机肥或秸秆覆盖，改土和培肥地力 沙荒地经过深翻和压土改良后，土壤理化性状得到一定改善。但土壤有机质仍较贫乏。建园前或幼树果园，种植绿肥或实施生草制或作物秸秆、杂草覆盖，对固沙及提高土壤肥力，促进幼树生长具有良好作用。

五、盐碱地果园土壤的改良

1. 盐碱对果树的影响 在盐碱地上栽培果树，主要是土壤含盐量高和某些离子含量高对果树的危害。当土液含盐量在0.20%～0.25%以上时，果树根系很难从中吸收水分和养分，造成“生理干旱”和营养缺乏。土壤中的盐分主要由HCO_3^-、SO_4^{2-}、Cl^-等阴离子和Na^+、K^+、Ca^{2+}、Mg^{2+}等阳离子组成，这些离子达到一定浓度时，即影响果树根系的吸收活动，甚至起毒害作用，直接危害果树的生长发育和结实。

一般盐碱土的 pH 都在 8.0 以上，甚至 10.0 以上，使土壤中各种有效养分含量降低，不仅影响肥效，而且使土壤板结，透性差，直接影响果树的正常生长。

2. 盐碱对土壤肥力和耕性的影响 盐碱土有机质含量低，耕性差，土性冷凉，透水保肥性低，土壤微生物种类和数量少，土壤养分转化和利用率低。

3. 盐碱地改良措施 我国约有 0.2 亿公顷盐碱地，其中相当一部分是尚未开发的盐碱荒地。为了充分利用和开发盐碱地、扩大果树种植面积、提高果树产量和质量，在盐碱地建园时，首先必须进行土壤改良，建园后，还应经常保持合理的改土措施。

（1）设置排灌系统。排水防涝，灌溉洗盐。在有水利设施的地区，引淡洗盐是改良盐碱地最快速而有效的方法之一。“盐随水来，盐随水去”是盐分运动的一般规律，也是盐分在土壤中积累和淋溶的主要方式。

在果园顺行间每隔 20～40 米挖一道排水沟，一般沟深 1 米，上宽 1.5 米，底宽 0.5～1.0 米。排水沟与较大较深的排水支渠及排水干渠相连，各种渠道要有一定的比降，以利于排水畅通，使盐碱能排出园外。园内能定期引淡水进行灌溉，达到灌水洗盐的目的。若土壤含盐量达到 0.1%，还应注意长期灌水压碱、中耕、覆盖、排水，防止盐碱上升。

（2）放淤改良盐碱地。放淤（淤灌）就是把含有泥沙的河水，通过渠系统输入事先筑好畦埂的田块，用降低水流速度的办法，使泥沙沉降下来，淤垫土壤。这种方法不仅可以用来改良低洼易涝地和盐碱荒地，而且可以应用在改良沙荒地及其他瘠薄地。我国黄河中下游和中上游地区不少地方应用了放淤措施以改良盐碱地。

（3）深耕施有机肥。有机肥除含有果树需要的营养物质外，还含有机酸。有机酸与碱起中和作用。同时，随有机质含量的提高，土壤的理化性状也将会得到改善，促进团粒结构的形成，提高肥力，减少蒸发，防止返碱。实践证明，土壤有机质增加 0.1%，含

盐量约降低0.2%。

（4）地面覆盖。地面铺沙、盖草或其他物质，可防止盐碱上升。如山西省文水县葡萄园干旱季节在盐碱地上铺10～15厘米的沙，或覆盖15～20厘米的草，可起到保墒、防止盐碱上升的作用。

（5）营造护园林和种植绿肥作物。种植抗盐碱的护园林可以降低风速，减少地面蒸发，防止土壤返碱。种植耐盐碱的绿肥作物，除增加有机质、改善土壤理化性质外，绿肥的枝叶覆盖地面，可减少地面蒸发，抑制盐碱上升。试验证明，种植抗盐碱的田菁1年，在0～30厘米的土层处，盐分可由0.65%降至0.36%，如果结合排水洗碱，效果更好。选用耐盐碱的树种、品种、砧木等，也可提高果树自然抗盐碱能力。

（6）化学改良剂。可施用化学改良剂，如石膏、磷石膏、含硫或含酸的物质（如粗硫酸、矿渣硫磺粉等）、腐殖酸类及巧施酸性和生理酸性肥料（如过磷酸钙、硫酸铵等），均能改良盐碱。

第二节　南方果园土壤管理技术

果园土壤管理，即果园果树株行间空余土地的利用和耕作措施的实施，也称为树下管理。

一、果园土壤管理的目标

①防止或减缓土壤冲刷和风蚀造成的流失，提高土壤保水、保土、保肥性能，为果树根系生长创造稳定而肥沃的土壤空间，并便于田间农事操作或机械化管理。

②不断提高土壤肥力，不断改善土壤环境和果园生态条件，创造和建立良好的果园“生物（含果树、杂草、昆虫、微生物等）—土壤—大气”生态平衡体系，提高果园抵御自然灾害的综合能力。

③充分利用和开发土地资源，提高土地利用率，提高果园的经济效益和社会效益。因此，果园土壤管理应向机械化、标准化、现代化转变，提高土壤管理科技含量，促进果树产业的持续发展。

二、果园土壤管理方法

纵观世界和我国各地果园土壤管理的经验，管理方法主要有：清耕法、生草法、清耕—作物覆盖法、免耕法、覆盖法等。欧美和日本等经济发达国家的果园土壤管理以生草法为主，果园生草面积达55%～70%，甚至高达95%左右，因为这种方法便于机械作业。我国的果园土壤管理长期以来以清耕法或清耕—作物覆盖法为主，占果园总面积的90%以上。免耕法和覆盖法有一定发展，生草法正在试验推广中。

1. 清耕法 清耕法是园内长期休闲并经常进行耕作，使土壤保持疏松和无杂草的状态。清耕法一般有秋季的深耕和春夏季的多次中耕及浅耕除草，它可使土壤保持疏松、微生物活跃、有机物质分解快且土壤中的养分生物有效性较高。但如长期清耕，也会使土壤有机质减少，土壤结构变坏，影响果树生长发育。秋季深耕一般深20厘米，生长季节中耕和浅耕，一般以5～10厘米为宜。

2. 清耕—覆盖作物法 即在果树需肥水最多的时期进行清耕，在后期和雨季种植覆盖作物，待覆盖作物长成后适时将覆盖作物翻入土壤中作肥料。这是一种最好的土壤管理方法，它吸收了清耕法和生草法各自的优点，但选择的作物应具备生长期短、前期生长慢、后期生长快、枝叶茂密、翻耕入土后容易分解、耐阴、容易栽培等特点。

3. 生草法 即在除树盘外的果树行间种植禾本科和豆科等草类，并于关键时施肥灌水和刈割后以之覆盖地面。欧美一些国家，果园实施生草法历史长久。实践证明，从水土保持和现代化管理出发，生草法是果园优质高产高效的较理想的方法之一。其优点如下：

（1）防止或减少水土流失，改良沙荒地和盐碱地。由于生草法减少了土壤耕作工序，草在土层中盘根错节，固土防沙能力很强；同时在生草条件下土壤颗粒发育良好，土壤的“凝聚力”大大增强；生草覆盖地面，地温变化小，水分蒸发少，盐碱土壤返碱减轻。

（2）提高土壤肥力。生草刈割后覆盖于地面，而草根残留于土壤中，增加了土壤有机质含量，改善了土壤结构，协调了土壤水肥气热条件，提高了某些营养元素的有效性，校正果树某些缺素症，对果树生长结果有良好作用。据试验，连续种植5年白三叶草和鸭茅，土壤有机质从0.5%～0.7%提高到1.6%～2.0%。由于生草对磷、钙、锌、硼、铁等营养元素的吸收转化能力很强，从而提高了这些元素的生物有效性，所以，生草果园果树缺磷、缺钙病症较少见，并且果树的缺铁黄叶病、缺锌小叶病、缺硼的缩果病等也不多见。

（3）创造生态平衡环境，提高果树抗灾害的能力。生草果园土壤温度和湿度的季节和昼夜变化小，有利于果树根系的生长和吸收活动。雨季时，生草吸收和蒸发水量增大，缩短了果树淹水时间，增强土壤排水能力；干旱时，生草覆盖地面具有保水作用。因此，不论是旱季还是雨季，生草园的果实日烧病害很轻，落花落果的损失也较小。同时，生草条件下果树害虫的天敌种群数量大，增强了天敌控制虫害发生和猖獗的能力，减少农药投入和对环境的污染。所以生草果园的果实产量和质量一般都高于清耕果园。

（4）便于机械作业，省工省力。生草果园，机械作业可随时进行，即使是雨后或灌溉后的果园，也能准时进行机械喷洒农药、肥料、修剪、采收等自动化作业，不误农时，提高工效。

生草法也有以下缺点：

（1）生草与果树争夺肥水问题。生草正在旺盛生长期，其吸收营养能力强于果树，特别是氮素和水分，导致果树根系上浮，生长势减弱。

（2）对土壤理化性状的影响。若长期种草，土壤表层常板结，通气不良，影响果树根系的生长和吸收，因此，应及时清园更新。

目前，我国水土流失严重，土壤贫瘠，劳力紧缺，年降水量在450～750毫米或具有一定灌溉条件的落叶果树栽植区，是实施生草法提高果园总体管理水平的重要途径。宜人工生草的草类有：白三叶草、草木樨、紫云英、苕子、匍匐箭、豌豆、鸡冠草、野苜蓿、多变小冠花、草地草熟禾、野牛草、羊草、结缕草、猫尾草、黑麦草等；野生草类有：狗牙根、羊胡子草、假俭草、车前、三月兰、翻白草、碱蓬、白头翁等。对于果园生草（包括自然生草）有其利也有其害，掌握科学管理技术是非常重要的。

4. 覆盖法 果园土壤表面的覆盖，应用的覆盖材料很多，主要有4类：膜质材料、非膜质材料、土壤表面膜制剂和间作物留茬。目前，我国果园土壤应用覆盖技术多是秸秆覆盖和塑料薄膜覆盖。

（1）秸秆覆盖法。即在树盘下或果树行间的土壤表面上，覆盖厚10厘米左右的秸秆或杂草等，这种方法有增加土壤有机质、水分和肥力（表5-1），防止杂草丛生，减小土温变幅，防止水土流失等多种作用。但长期覆盖，会使病虫害、鼠害增多，同时还应注意火灾的危害。

表5-1 秸秆覆盖对苹果树内营养元素含量的影响

果树	处理	品种	氮（%）	磷（%）	钾（%）	钙（%）	镁（%）	锌（毫克/千克）	铁（毫克/千克）	铜（毫克/千克）	锰（毫克/千克）
幼树	覆盖	红星	2.28	0.20	1.292	2.37	0.38	19.3	97.7	10.7	46.2
		金冠	2.333	0.17	1.261	3.23	0.36	20.1	79.3	10.2	55.2
	对照	红星	2.274	0.19	1.108	2.29	0.37	18.7	67.9	10.5	46.0
		金冠	2.266	0.17	1.088	3.22	0.34	18.3	63.7	9.9	55.0
大树	覆盖	红星	2.239	0.17	1.098	2.55	0.47	17.6	10.5	98.7	41.6
		金冠	2.278	0.15	1.121	2.67	0.46	15.1	91.6	45.8	41.9
	对照	红星	2.130	0.16	1.009	2.52	0.43	16.8	84.2	93.0	35.4
		金冠	2.177	0.13	1.112	2.52	0.46	15.0	88.2	45.1	39.8

（2）薄膜覆盖。薄膜覆盖又称为地膜覆盖，果树上进行薄膜覆盖较蔬菜或大田作物方便，应用价值更大，尤其是旱作果园和节水果园。它不仅保墒，提高水分利用率和地温，控制杂草和某些病虫害，而且使果实着色早、成熟早，提高果实的品质和商品价值。

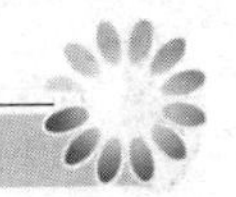

目前，常用国产薄膜种类：高压聚乙烯、低压聚乙烯、线性高密度聚乙烯、线性与高压聚乙烯共混膜等。

薄膜覆盖技术分人工覆膜和机械覆膜两种。以保墒为目的的地膜应在降水量最少、蒸发量最大的季节之前进行，以带状或树盘覆盖的方式为好。如北京、河北、山东等地3～5月之前覆盖，减小春旱危害的效果很好。但在果树易发生晚霜危害的果园及冰冻融化迟的地区，不宜早覆膜；以促进果实着色和早熟的地膜覆盖，一般应在果实正常成熟前1个月时进行，以全园覆盖为好。

5. 免耕法　又称为最少耕作法，即果园土壤表面不进行耕作或极少耕作，而主要用化学除草剂除草的一种土壤管理方法。国外许多发达国家的果园土壤管理多采用这种方法。我国所谓的改良免耕法，采取果园自然生草的方式，以除草剂控制杂草的害处，而利用其有益的特点，主要针对有害杂草而采取相应的措施。

三、幼年果园土壤管理

1. 树盘管理　树冠所能覆盖的土壤范围称为树盘。树盘随树冠的扩大而增宽。树盘土壤管理多采用清耕法或覆盖法。清耕法的深度以不伤大根为限，耕深为10厘米左右。有条件的地区，也可用各种有机物或薄膜覆盖树盘。有机物覆盖的厚度一般在10厘米左右。如用厩肥或泥炭覆盖时可稍薄一些。沙滩地在树盘培土，既能保墒又能改良土壤结构，减少根际冻害。

2. 果园间作　幼年果园土壤管理以间作或种绿肥最好。幼树种植后，树体尚小，果园空地较多，可进行合理间作形成生物群体，群体间可互相依存，充分利用光能和空间，还可改善微区气候，改良土壤，增进肥力，有利于幼树生长，并可增加收入，提高土地利用率。

（1）间作物种类的选择。必须根据果园具体情况选择间作物。应选用植株矮小或匍匐生长的作物，生育期较短，适应性强，需肥量小，且与果树需肥水的临界期错开，与果树没有共同性的病虫害，果树喷药不受影响。还要求耐阴性强、产量和价值高、收获较旱的作物。

果园常用的优良间作物有豆科作物中的黄豆、绿豆、菜豆、蚕豆、豌豆、豇豆、花生等。块根、茎类作物有萝卜、胡萝卜、马铃薯、甘薯等。蔬菜类作物有大蒜、菠菜、莴苣和瓜类等。此外还可间作药材白芷、党参、芍药等。在所有间作物中，以豆科作物为最好，它兼有能固定空气中氮素和增加土壤肥力的功能。一般高秆作物如小麦、玉米、高粱等均不宜作间作物种植。这些作物生长期长、需肥水量大、株型高、遮阴严重，不利于果园管理。

为了避免间作物连作所带来的不良影响，还可因地制宜实行轮作制度。山西、辽宁、山东、浙江等省的轮作模式如下。

①马铃薯→②甘薯→③谷子→①马铃薯；①棉花→②豆类→③花生→④棉花；①花生→②豆类→③甘薯或谷子→①花生；①绿肥→②谷子→③大豆→④甘薯→⑤花生→⑥绿肥作物。

（2）间作物种植年限及范围。果园间作期限应根据果树种类、树龄、栽植方式和间作物种类及性状而定。一般果树生长较快，阴地面积大，需肥水多，常与间作物争光、争肥水。若争夺现象严重时，应及时停止间作或缩小间作物种植面积。一般是新植园的前3～5年应该间作，并随树冠的扩大而逐年缩小其间作面积。一般进入结果盛期，全园基本被树冠覆盖，应取消间作。稀植果园可间作，栽植越稀，其间作时间越长。间作物要与果树保持一定距离，尤其是多年生牧草，其根系强大，与果树根系交叉时会加剧争肥水的矛盾。

3. 果园种绿肥

（1）种植绿肥的作用。凡是尚有空隙土地并有一定光照的果园，都应种植适宜的绿肥为好。绿肥是一种饲肥两用的经济作物，可广开肥源，充分利用土地资源。绿肥吸收各种矿质养分的能力特别强，豆科绿肥还具有固定空气中气态氮的特殊功能，即含氮又富含有机质，一旦翻入土中腐解后，既可增加土壤营养，又可改善土壤结构，活跃土壤微生物，协调土壤的水、肥、气、热，调节酸碱度，促进根系生长和吸收及地上部的生长和结实。

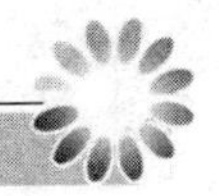

（2）绿肥种类的选择。要因地制宜选择绿肥种类。一般应选择适应当地气候、土质，生育期较短，鲜草产量高，对土壤覆盖强，需肥量较小，耐阴、耐瘠薄，与果树需肥高峰期错开的绿肥种类。适应于酸性土壤的有苕子、猪屎豆、饭豆、豇豆、紫云英等；适应于微酸性土壤的有黄花苜蓿、蚕豆、肥田萝卜等；适应于碱性土壤的有田菁、紫花苜蓿等。

（3）绿肥的种植与翻压。播种绿肥后仍需施肥，一般豆科绿肥以磷肥作种肥的同时，适时追施速效性磷肥，可起到“以磷增氮”的作用。

绿肥刈割翻压不宜过迟，也不宜过早。因过早产量低，过迟茎干老化，难以腐烂分解。一般开花时翻压最好。

四、成年果园土壤管理

成年果园土壤管理方法，要根据果园土壤覆盖的程度作科学的调控，如空隙大，可采用清耕—作物覆盖法或生草法，如土壤空隙小，也可采用清耕法。几种主要方法介绍如下：

1. 耕翻　常结合翻压绿肥进行全园性的翻土，目的是破坏表层土的板结状态，增强透性，增加有机质，促进微生物繁殖活动。根据不同时期的需要，分为秋耕、夏耕和春耕。

秋耕一般是在落叶后或采实前后进行深耕。秋耕有促进多发新根、减少杂草对养分水分的消耗、消灭病虫等作用。秋耕深度一般为20厘米左右。

春耕应在开春后气温开始回升，树芽萌动前进行，其深度比秋耕稍浅，干旱地区应结合灌水进行。

夏耕是果树旺盛生长期进行的翻土工作，主要作用是疏松表土、增强通透性，其深度更浅，应注意少伤根，以免引起落果。

2. 中耕除草　中耕与除草常常一起进行。主要作用是破坏土表板结层，切断毛细管，减少水分蒸发，减少旱害与盐害，增强微生物活动，加速养分的有效性转化，提高肥力。同时避免杂草对肥水的争夺，为果树根系生长和吸收创造良好环境。

根据土壤状况来决定中耕除草的时期、次数和深度。在果树生长季节的4～9月，雨水多，土壤易板结，杂草生长快，应多次进行中耕；如遇干旱，也要及时中耕，以提高土壤抗旱力。中耕深度，一般为5～10厘米。

为了节省劳力、提高工效，大型果园常使用机械中耕或喷洒化学除草剂除草。常用除草剂种类应根据果园主要杂草种类对除草剂的敏感度和忍耐力及除草剂的效能，确定适用种类、浓度和喷洒时期等，浓度过高，往往使果树受害。在喷洒除草剂前，应做小型试验，然后再大面积应用。

3. 果园土壤覆盖 成年果园进行覆盖，可以降低土壤冲刷，减少水土流失，稳定地温，保持土壤经常疏松通气，避免杂草丛生，促进微生物和有益昆虫的活动，加速有机质分解，提高土壤肥力等多种作用。

根据果园具体情况，可分为周年覆盖和短期覆盖。短期覆盖主要在夏季进行，目的是防止土壤冲刷和增高土温。也有冬季覆盖以保温防冻害的。覆盖厚度因覆盖物种类而定，常用稻草、麦秸、玉米秸等有机物，一般以10～20厘米为最宜。若因覆盖材料缺乏而中途停止时，冬季常受冻害而夏季根系易遭受灼伤和旱害。在现代果园中常以薄膜代替秸秆的效果同样很理想。

4. 果园培土 一般成年果树，根群分布广泛，因长期雨水冲刷土层变薄，而使根系上浮或根群裸露，易受冻害和旱害而使果树生长不良。因此，通过经常培土以加深土层，促进根系伸展，扩大吸收范围。果园培土可与耕翻、修筑水利结合进行。

综上所述，几种果园土壤管理方法，在不同生态条件下各有其利弊。各果产区应根据当地树种、自然条件、园艺设施等特点，因地制宜、因树制宜地予以灵活选择应用，才能达到果园土壤管理的预期目标。

第二篇

南方果树配方施肥指南

第六章

南方果树测土配方施肥技术

第一节 南方果园测土配方施肥新技术

南方果园测土配方施肥是果树栽培生产中的重要环节之一，也是保证果树高产、稳产、优质最有效的农艺措施。近30多年来，我国果品产业有了突飞猛进的发展，已成为广大农村脱贫致富、发展多种经营的一项支柱产业。为建设现代化优质标准果园，及时满足广大果农和肥料生产者的迫切需求，加强科技投入，普及测土配方施肥技术尤为重要。

一、果园测土配方施肥的涵义

果园测土配方施肥是果品生产用肥技术上的一项革新，也是果品产业发展的必然产物。果园测土配方施肥就是综合运用现代农业科技成果，以果园土壤测试和肥料田间试验为基础，根据果树需肥规律、果园土壤供肥性能和肥料效应，在合理施用有机肥料的前提下，提出氮、磷、钾及中、微量元素的适宜用量和比例、施用时期以及相应的施肥技术。通俗地说，就是在农业科技人员的指导下科学施用配方肥。果园测土配方施肥技术的核心是调节和解决果树需肥和土壤供肥之间的矛盾。

二、果园测土配方施肥的应用前景

土壤有效养分是果树营养的主要来源，施肥是补充和调节土壤养分的数量与生物有效性的最有效手段之一。果树因其种类、

品种、生物学特性、气候条件以及农艺管理措施等诸多因素的影响，其需肥规律差异较大。因此，及时了解不同树种果园土壤中的养分变化动态，对于指导果树科学施肥具有广阔的发展前景。

果园测土配方施肥是一项应用性很强的农业科学技术，在果品生产中大力推广应用，对促进我国的果品增产、果农增效具有十分重要的作用。也就是说，通过果园测土配方施肥技术的实施，能达到以下5个目标：

1. 节肥增产 在合理施用有机肥料的前提下，不增加化肥投入量，调整养分配比平衡供应，使果树单产在原有基础上，能最大限度地发挥其增产潜能。

2. 减肥优质 通过果园土壤有效养分的测试，在掌握土壤供肥状况，减少化肥投入量的前提下，科学调控果树营养均衡供应，以达到改善果实品质的目标。

3. 配肥高效 在准确掌握果园土壤供肥特性、果树需肥规律和肥料利用率的基础上，合理设计养分配比，从而达到提高产投比和增加施肥效益的目标。

4. 培肥改土 实施配方施肥必须坚持用地和养地相结合，有机肥与无机肥相结合，在逐年提高果树单产的基础上，不断改善果园土壤的理化性状，达到培肥改土、提高果园土壤综合生产能力可持续发展的目的。

5. 生态环保 实施测土配方施肥，可有效控制化肥与氮肥的投入量，减少肥料的面源污染，不使水源富营养化，从而达到养分供应和果品需求的时空一致性，实现果树高产和生态环境保护相协调的目标。

三、果园测土配方施肥的特点

果树营养特点不同于大田作物，更有别于蔬菜作物，因此果园测土配方施肥技术要比大田作物和蔬菜更复杂、更难于操作。

1. 土壤和植株样品采集难度大 由于大多数果树个体与根系

分布不同于大田作物和蔬菜，地上部植株与根系空间变异很大，所以对植株和土壤样品采集要求更高，采样方法不合理会导致养分测定结果不能很好地反映果树的营养状况。这就要首先保证采样的代表性。

2. 土壤养分测试结果与植株的生长状况相关性较差 大多数果树具有贮藏营养的特点，其生长状况和产量不仅受当年施肥和土壤养分供应状况的影响，同时也受上季施肥和土壤养分状况的影响。因此，土壤养分的测试结果与当年的果树生长状况的相关性不如大田作物好，这就要求果树测土配方施肥更应注意长期的效果，土壤测试指导施肥更应该注重前期田间管理，同时也要求相应的果树田间试验必须有较长时间（3～5 年，甚至更长）。

3. 果农管理水平差异很大 果树生长往往是营养生长和生殖生长交替进行，即使在相同的土壤养分和施肥条件下，果农管理水平的差异也会影响产量与质量，而且同时影响到对果树施肥效果的评价。因此在果园测土配方施肥试验研究中，选择管理水平一致且树龄、树体、长势尽可能一致的果园是非常必要的。

四、果园测土配方施肥的基本原理与步骤

（一）果园测土配方施肥的基本原理

果园土壤养分状况与果树生长状况有着密切的联系，在土壤养分含量由不足到充足，再到过量的变化中，果树生长状况和产量表现出一定的变化规律。通过研究其变化规律，可以确定某一地区内某种主栽树种在不同土壤条件下获得一定产量时对土壤有效养分的基本要求，从而制订相应的土壤测试指标体系。在此基础上，果农就可根据土壤测试结果，判断果园土壤养分的基本供应状况，并进而实施相应的科学施肥方案。

（二）果园测土配方施肥的基本步骤

果园测土配方施肥的基本步骤如图 6-1 所示，主要环节如下：①确定不同果园土壤养分测试值相应的果树施肥原则和依据。

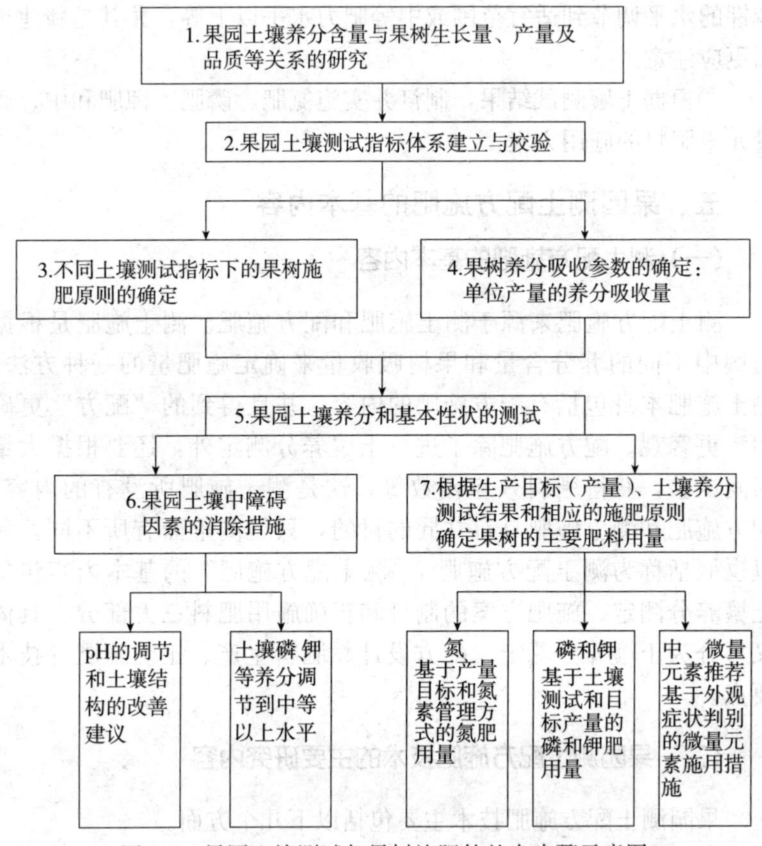

图 6-1　果园土壤测试与果树施肥的基本步骤示意图

（1～5 项为果园土壤测试施肥技术研究的内容，

而 5～7 项为具体测试结果应用方面的内容）

②确定果园土壤主要养分有效含量与果树生长量、产量及果实品质等相互之间的关系。

③建立果园土壤养分测试指标体系。

④实施果园土壤的测试。

⑤确定果树主要养分的吸收参数。

⑥根据土壤测试结果，结合果园土壤养分测试指标，选用防治与调控果树营养障碍因素的措施，如将土壤 pH、有机质、有效氮

磷钾的水平调节到适宜范围或中等肥力水平以上等，尤其是新建果园更应注意。

⑦根据土壤测试结果，制订并实施氮肥、磷肥、钾肥和中、微量元素肥料的施用方案。

五、果园测土配方施肥的基本内容

（一）测土配方施肥的基本内容

测土配方施肥来源于测土施肥和配方施肥。测土施肥是根据土壤中不同的养分含量和果树吸收量来确定施肥量的一种方法。测土施肥本身包括有配方施肥的内容，并且得到的“配方”更确切，更客观。配方施肥除了进行土壤养分测定外，还要根据大量田间试验，获得肥料效应函数等，这是测土施肥所没有的内容。配方施肥和测土施肥具有共同的目的，只是侧重面有所不同，所以也概括称为测土配方施肥。“测土配方施肥”的基本内容包括土壤养分测定、施肥方案的制订和正确施用肥料三大部分。具体又可分为土壤养分测定、配方设计、肥料生产、正确施肥等技术要点。

（二）果园测土配方施肥技术的主要研究内容

果园测土配方施肥技术主要包括以下几个方面。

①建立果园土壤养分测试指标体系。

②确定果树必需营养元素的吸收参数。

③确定本地区主栽树种果园土壤养分测试值相应的果树施肥原则及应用研究。

六、果园测土配方施肥技术要点

正确认识和牢固掌握果园测土配方施肥技术要点，对于开展配方施肥服务非常重要。果园测土配方施肥技术与大田作物基本相同，主要包括“测土、配方、配肥、供应、施肥指导”5 个核心技术要点、9 项重点内容。

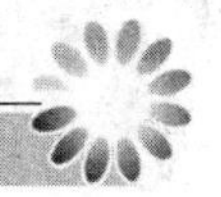

1. 田间试验　田间试验是获得果树最佳施肥量、施肥时期、施肥方法的主要途径，也是筛选和验证果园土壤测试技术、建立土壤测试配方施肥体系的基本环节。通过田间试验，不但要解释试验的结果，能指导生产实践。而且还要摸清果园土壤供肥量、果树各生育期的需肥量、土壤养分丰缺指标、土壤养分校正系数和肥料利用率等基本参数，为果树施肥分区和肥料配方提供依据。

2. 土壤测试　土壤测试是制订肥料配方的重要依据之一，选择适合当地果园土壤、果树生产的土壤测试项目和测试方法，对于果园测土配方施肥来说是相当重要的。通过学习和借鉴国外土壤测试的操作规程，建立适合我国测土配方施肥技术的标准操作规程势在必行。除了常规土壤农化分析外，中国农业科学院土壤肥料研究所改进的“土壤养分综合系统评价法”、中国农业大学研究的“土壤、植株测试推荐施肥技术体系”“Mehlich3 法”等。其中“Mehlich3 法”能适用于更大范围的土壤类型，能同时浸提和测定除了氮以外的多种土壤有效营养元素，此法有望成为土壤测试的通用方法。

3. 配方设计　肥料配方设计是果园测土配方施肥技术的核心。20 世纪 90 年代，我国加入世界贸易组织（WTO）以来，果树专用肥施用面积迅速扩大。全国范围内在通过总结田间试验、土壤测试、果树营养诊断等经验的基础上，根据不同果树施肥区域、不同土壤肥力、不同气候等基础条件，研制相对应的果树施肥配方。

4. 校正试验　为了保证肥料配方的准确性，最大限度地减少果树配方肥料批量生产和大面积施用的风险，必须在每个施肥分区单元设置检验试验：①配方施肥、②果农习惯施肥、③空白对照（不施肥）3 个处理，以当地主栽果树树种为研究对象，检验配方施肥的效果，校正施肥参数，验证并完善果树配方施肥方案。

5. 配方加工　配方能准确地落实到果农的田间是提高和普及果园测土配方施肥技术的最关键的环节。目前，最具有市场前景的配方肥发展模式是科技化引导、市场化运作、工厂化加工、网络化营销。

6. 示范推广 为了促进测土配方施肥技术能真正落实到果品主产区果农的果园中，既要保证技术服务及时到位，又要让果农看到实效并得到实惠，必须创建测土配方施肥示范区，建立样板，全面展示测土配方施肥技术的效果。

7. 宣传培训 宣传培训能够提高果农科学施肥意识、改变盲目施肥旧习，是普及果园测土配方施肥技术的重要手段。结合当地实际情况，开展各种形式的技术培训，在果品主产区培养基层科技骨干，及时向果农传授测土配方施肥技术，同时还要加强对各级科技人员、肥料生产企业和营销商的系统培训，建立和健全果树科技人员和肥料经销商持证上岗制度。

8. 效果评价 果农是测土配方施肥技术的最终执行者和受益者，而果品品质又直接影响果树产品本身的商用价值。因此，在果园测土配方施肥的实施过程中必须始终把产量和品质双重目标一起考虑。在对一定施肥区域进行动态调查的基础上，及时获得果农生产情况、市场行情、食品检验等反馈信息，不断完善管理体系和技术服务体系。

9. 技术创新 技术创新是保证长期开展测土配方施肥工作的科技支撑。不断进行田间校验研究、土壤测试和果树营养诊断技术、肥料配方、数据处理与统计等方面的创新研究，促进果园测土配方施肥技术与时俱进。

第二节 果园测土配方施肥田间试验技术

一、果园测土配方施肥田间试验的目的与任务

（一）果园测土配方施肥田间试验的目的

果园测土配方施肥田间试验是获得果树最佳施肥量、施肥比例、施肥时期、施肥方法等最有效的途径，也是筛选和验证土壤养分测试方法、建立施肥配套体系的基本环节。通过田间肥效试验，不但要解释试验的结果，而且还要指导生产实践，同时还能确定测

土配方施肥中的多种基本参数，如果树目标产量需肥量、果园土壤供肥量、肥料利用率、土壤养分校正系数等，从而为研制果树专用肥料配方和构建高产高效施肥配套体系提供依据。

（二）果园测土配方施肥田间试验的任务

果园测土配方施肥田间试验的任务就是通过田间试验研究确定土壤养分测试值和果树生长量及果品产量之间的相关性，建立适合某个县级或市级区域水果主产区（土壤类型和气候条件相似）主栽树种的土壤测试指标体系，为制订该地区不同土壤测试指标相应的施肥方案提供科学依据。同时，在土壤测试和多点田间试验的基础上，进行区域尺度土壤肥力状况分级，根据一个地区主栽树种的目标产量、平均生长状况下肥料的用量和配比研制果树专用肥，应用于当地的果品生产。

二、果园测土配方施肥田间试验研究的方法

（一）建立果园土壤养分测试指标体系

1. 建立指标体系的目的 果园土壤测试指标体系是为指导合理施肥服务的。通过研究建立适应一定地区果树生产的土壤养分测定指标体系，为制订并实施合理的果园施肥方案以及区域果树养分管理提供依据。

2. 指标体系的内容 指标体系的基本内容包括与果树营养有直接关系的土壤养分指标，如土壤有机质、土壤有效氮、土壤有效磷、钾、钙、镁、硫、微量元素铜、锌、铁、锰等，还有与果树养分吸收有关的土壤理化性状指标，如土壤 pH、土壤质地等。

（1）果园土壤 pH。pH 是影响土壤养分生物有效性的重要因素。大多数果树生长的适宜土壤 pH 为 6.0～8.0，调节果园土壤 pH 到果树生长的合适范围内，是确保土壤养分有效性和果树营养均衡供应的关键，尤其是微量元素的均衡供应。土壤 pH 与土壤养分有效性的关系如图 6-2 所示。

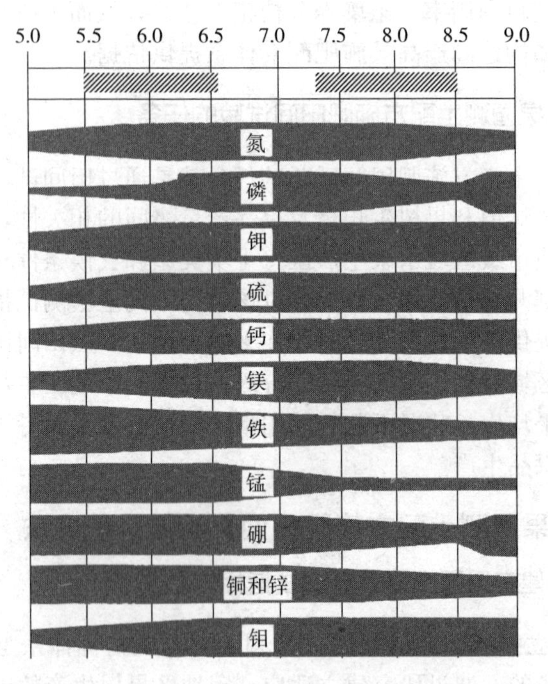

图 6-2　土壤 pH 与主要养分有效性的关系（黑条宽窄表示有效性的高低）
（根据 Colorado 州立大学农业推广网站相关内容修改）

（2）土壤有机质。土壤有机质不仅是衡量果园土壤肥力的重要指标，也是果树高产、优质的基础指标。相关资料表明，土壤有机质含量每增加 1%，在果树生长季节，就可以多矿化释放出超过 30 千克/千米^2 的氮素。在经济发达的国家，土壤有机质含量被作为确定果树氮肥用量的重要依据。在日本，果园土壤有机质含量一般在 3%～4%。而我国果园土壤有机质含量普遍偏低。通过土壤测试，在土壤有机质含量低的果园土壤上增加有机肥的施用量，是改善果园土壤理化性状，提高土壤肥力的最有效措施，如采取种植绿肥和秸秆还田等措施。我国不同地区土壤条件差异很大，可根据当地的土壤和气候特点以及果树生产实际，制订合理的果园土壤有机

质含量分级指标用于指导生产。有关土壤有机质含量的分级，可参考国际研究成果（表 6-1）。

表 6-1 美国新墨西哥州果园土壤有机质含量的分级

（%）

指标	土壤	
	沙土	黏土
很低	<0.5	<1.0
低	0.5～1.0	1.0～2.0
中等	1.0～1.5	2.0～3.0
高	>1.5	>3.0

注：壤土介于沙土和黏土之间。

（3）土壤氮素。氮素是果树生长必需的三要素之一。氮素缺乏会造成减产，但氮素过量也会造成果树抗病、抗寒能力下降，易感苦痘病、果实着色差、绿果实比例高等。诊断果园土壤氮素状况，一是要考虑土壤有效氮的供应强度，如土壤无机氮或硝酸盐的含量，二是还要考虑土壤有机质的含量。由于土壤有效氮的含量受很多因素的影响，所以只能作为短期土壤营养诊断的指标。例如，美国堪萨斯州果园土壤的有效氮素测试指标为：0～25 毫克/千克（低）、25～50 毫克/千克（中）、50～80 毫克/千克（高）。在不具备对果园土壤进行经常性测试的条件下，通过土壤有机质含量来推荐氮肥的施用量，在测土配方施肥中同样具有实际指导意义。

（4）土壤速效磷、钾。土壤速效磷、钾的含量是确定供应磷、钾肥用量的重要依据。目前，我国还缺乏果园土壤磷和钾丰缺状况的判别指标，而美国各地都制定了相应的果园土壤肥力分级指标，进而根据不同的土壤磷、钾含量，推荐不同的施肥量。参考已有相关科研成果，如表 6-2 所示的果园土壤有效养分分级指标的参考值。各地果农在实际应用中应根据当地土壤的养分状况，结合不同树种或品种的需肥规律，通过研究进行适当调整。

表 6-2　我国果园土壤磷、钾养分的分级

养分指标	极高	高	中	低
土壤 Olsen-P 含量（P 毫克/千克）	＞50	30～50	15～30	＜15
土壤乙酸铵-K 含量（K 毫克/千克）	＞200	100～200	50～100	＜50

注：由于我国还没有适合当前果树生产的土壤肥力分级指标体系，我们在表中列出了一些果树栽培专家的建议。南方酸性土壤可采用 Bray 法测土壤磷。

（5）土壤中、微量元素。土壤中、微量元素包括土壤有效钙、镁、硫以及有效铜、锌、铁、锰、硼、钼等。缺乏这些营养元素时，不仅会影响果树生长，而且还会严重影响产量和品质。可通过增施有机肥料、改善土壤理化性状来提高土壤的中、微量元素的有效性，预防其缺乏。在我国果树生产中，由于各地土壤肥力差别较大，不同树种营养特性各异，土壤养分测试方法也不同，因此很难确定能够适宜各地条件的土壤中、微量元素含量的合理指标。可参考美国一些地区果园土壤的中、微量元素含量分级指标（表 6-3、表 6-4）。

表 6-3　美国一些地区果园土壤的有效 Ca、Mg 养分含量分级指标

养分指标	高	中	低	极低	土壤质地
Ca	＞600	400～600	200～400	0～200	沙壤土
Ca	＞1 000	600～1 000	300～600	0～300	壤土、红土、有机土
Mg	＞250	50～250	25～50	0～25	沙壤土
Mg	＞500	100～500	50～100	0～50	壤土、红土、有机土

表 6-4　美国一些地区果园土壤的有效微量元素养分含量分级指标

养分指标	极高	高	中	低	极低	土壤质地
B-H_2O	＞2.5	1.0～2.5	0.5～1.0	0.2～0.5	0～0.2	沙壤
B-H_2O	＞3.0	1.5～3.0	0.9～1.5	0.3～0.9	0～0.3	壤土、黏土及红壤
B-H_2O	＞4.0	2.0～4.0	1.0～2.0	0.5～1.0	0～0.5	有机土
Cu-DTPA	＞2.0	1.0～2.0	0.5～1.0	0.2～0.5	＜0.2	通用
Fe-DTPA	—	＞4.5	2.5～4.5	0～2.5	—	通用
Mn-DTPA	—	＞1.0	0.5～1.00	0～0.5	—	通用
Zn-DTPA	＞1.0	0.75～1.0	0.5～0.75	0.25～0.5	0～0.25	通用

在上述主要果园土壤养分含量分级指标中，pH、有机质含量等指标，目前国际上已有大量的研究，可以在实际中借鉴和应用。例如，将土壤 pH 维持在适宜的水平并尽可能提高土壤有机质含量等做法，可以为我们所用。对于土壤有效磷、钾以及有效中、微量元素含量等指标，各地则需要通过系统研究，确定出适合当地的指标体系。

3. 果园土壤养分测试指标体系的研究方法

（1）基本原理。在不同肥力的土壤上，果树生长量和产量会有所不同。一般而言，随着土壤养分测试值的升高，果树生长量和产量也会随之增大。但当养分含量超过一定范围时，果树生长量和产量则不会增加。在一定地区选择不同肥力果园进行土壤养分测试值与产量（或生长量）之间的相关性研究，可将土壤按照不同养分含量分为 3 个级别：不足（产量或生长量低于最大量的 75%）、中等（产量或生长量低于最大量的 95%～100%）和极高（产量或生长量不随土壤养分测试值的增大而增加）从而用来进行相应养分施肥量的推荐（图 6-3）。

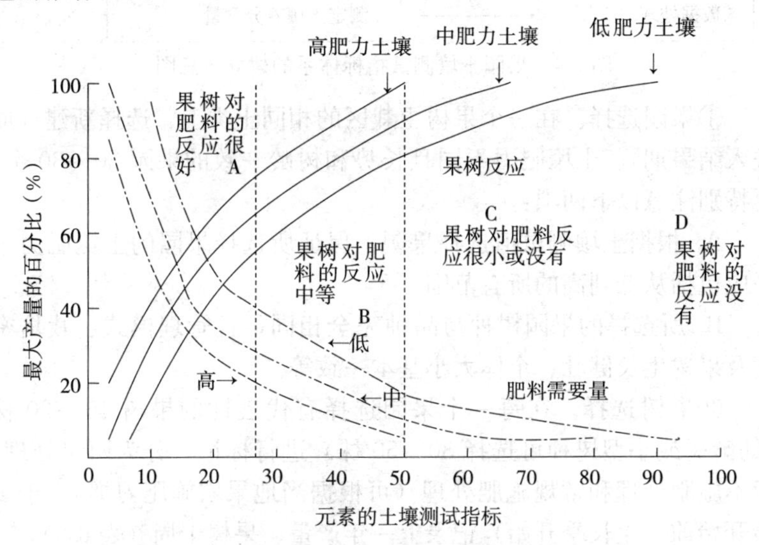

图 6-3　果园土壤磷钾测试指标与果树的反应及合理肥料（P_2O_5 和 K_2O）用量的关系

（2）田间试验研究方法。田间试验研究方法如图 6-4 所示。

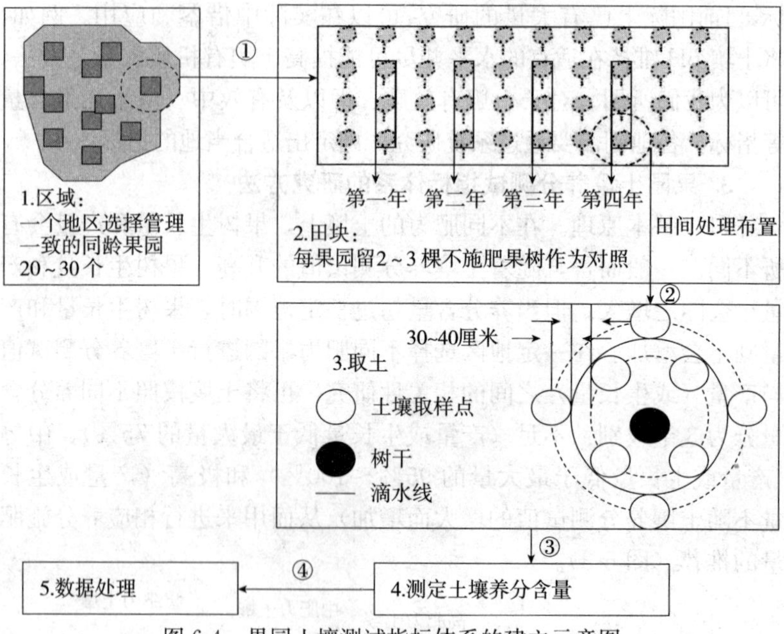

图 6-4 果园土壤测试指标体系的建立示意图

①果园选择。在一个果树主栽区的相同土类上，选择新建（或进入结果期）、土壤肥力不同且长势和树龄一致的果园 20～30 个。要特别注意以下两项：

A. 根据土壤测试值选择果园，保证所选择果园的土壤肥力水平应包括从低到高的所有范围。

B. 所选择的果园树种与品种完全相同，且管理模式、栽培密度及果树生长健壮、个体大小基本一致等。

②果树选择。在每一个果园选择有代表性的果树 10～20 株（幼龄树或小型树种可选择 30～50 株）进行标记。分为两组处理，即不施肥处理和常规施肥处理（可根据当地果农施肥习惯）。于试验开始前（生长季开始）记录上一年产量、果树干周（表 6-5）。

每一株于 4 个不同方向上选择 4 个枝条做标记，用于新梢生长量（表 6-6）。

表 6-5　果树试验生长量记录—干周生长量

（厘米）

时间	处理号	重复	重复内选的 5 株树					小区平均	处理平均
			1	2	3	4	5		
试验开始前	1	1							
		2							
		3							
	2	1							
		2							
		3							
	3	1							
		2							
		3							
	4	1							
		2							
		3							
	5	1							
		2							
		3							
	6	1							
		2							
		3							
试验结果后	1	1							
		2							
		3							
	2	1							
		2							
		3							
	3	1							
		2							
		3							
	4	1							
		2							
		3							
	5	1							
		2							
		3							
	6	1							
		2							
		3							

注:每年早春萌动前(或秋季再量一次)用钢尺于地面与第一主枝中间部位量干周长度。

表 6-6 试验树体生长记录—每棵树新梢生长量

（厘米）

处理	重复	树号											
		1				2				3			
		枝 1	枝 2	枝 3	枝 4	枝 1	枝 2	枝 3	枝 4	枝 1	枝 2	枝 3	枝 4
1	1												
	2												
	3												
2	1												
	2												
	3												
3	1												
	2												
	3												
4	1												
	2												
	3												
5	1												
	2												
	3												
6	1												
	2												
	3												

注：每处理选 3 棵树，每棵树选 4 个方向的 4 个枝条于春季做标记，待秋季新梢停长后，测量新梢全长和春梢长度，记录平均值。

③土样采集。于生长季开始前及收获后（或生长季结束后）在不同处理上分别采取土壤样品，采样方法应参照图 6-4 中“取土”部分示意，用土钻采集土壤样品。采样点在每株树滴水线（树冠投影线）内外各 40～50 厘米圆周范围 4 个方向，分别采集耕层 0～30 厘米（成年树加采 30～60 厘米）土壤样品，将每个处理的 30～

50（5 株×8 钻/株）个点的土样混合为 1 个样品进行养分测试。试验期间同时对每个处理的果树生长量、产量等进行记录。

④土样测试。土壤样品测试按照标准方法测定其中的主要养分指标。

⑤建立指标体系。对所获得土壤养分测试数据进行生物统计处理，对不同果园获得的土壤养分测试指标与产量、生长量（如树体干周增加量、新梢生长量等）等指标的相关性进行分析。参照图 6-3 所示的方法，建立该果树主栽区果园土壤养分指标体系。具体方法如下：

A. 每一试验年度应根据研究目的选择衡量果树的生长指标，如幼年树可采用干周增加量和新梢生长量作为衡量生长指标，而成年树则可选择干周增加量、果实产量和新梢生长量作为衡量指标。

B. 以所有果园观察到的指标最大值（或最佳值）为 100，计算其他果园观察值相对于最大值的相对量，再以某一需要确定的土壤养分指标（有效磷、速效钾等）测试值为横坐标，以生长量（相对值）为纵坐标，做散点图或趋势图。

C. 依据"基本原理"部分的指标和所获得的结果，将土壤养分含量分为极高、高、中、低 4 个等级。

将不同年份得到的数据进行平均，作为该果树主栽区土壤养分分级的依据（原理如图 6-5 所示）。

（3）指标校验。为获得可靠的土壤养分测试指标，类似的试验需要连续进行 3～5 年，以对所提出的指标进行不断校验。在多年多点研究的基础上，最终可以得到一个比较可靠的指标体系。

（二）确定果树主要养分吸收参数

1. 果树主要养分吸收参数　对幼龄树而言，主要是指果树单位生长量的养分吸收量，而对于成年树而言，则主要是指果树形成单位产量的养分吸收量。该参数不仅与果树的品种、树龄有关，同时也与果树的管理模式、产量水平密切相关。中国肥料信息网公布的几种果树单位产量的养分吸收量如表 6-7 所示。在没有更新研究

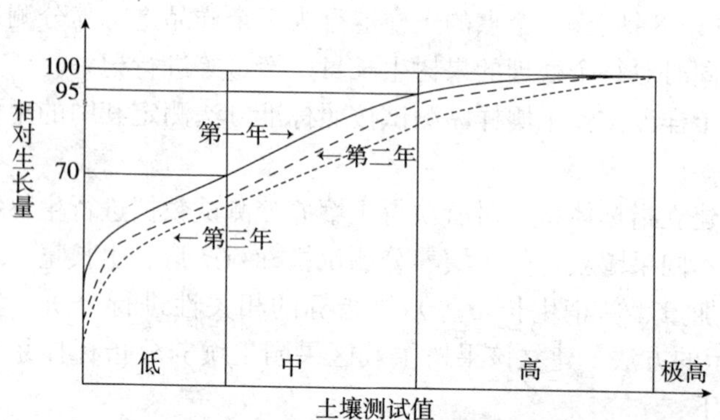

（相对生长量：幼树，干周增加量、当年生枝条长度；成年树，产量、干周增加量、当年生枝条长度等）

图 6-5　果园土壤测试指标体系研究的数据结果分析示意图

数据时，某一个果树主产区的果树在进行养分吸收量计算时可参考表 6-7 中的相应数据。但是在实际生产中，由于不同地区果树品种和管理水平差异很大，在借鉴其他地区和其他品种的数据时，应结合当地果树品种的特点和实际生产情况，制订适合本地区的果树养分吸收参数。

表 6-7　主要果树形成 100 千克经济产量所吸收的养分量（参考）

作　物	形成 100 千克经济产量所吸收的养分量		
	氮（N）	磷（P_2O_5）	钾（K_2O）
柑橘（温州蜜橘）	0.60	0.11	0.40
苹果（国光）	0.30	0.08	0.32
梨（二十世纪）	0.47	0.23	0.48
柿（富有）	0.60	0.30	0.72
葡萄（玫瑰露）	0.59	0.14	0.54
桃（白凤）	0.48	0.20	0.76
香蕉	0.54	0.11	2.0
芒果	0.14	0.05	0.23
菠萝	0.38	0.11	0.74

2. 确定果树主要养分吸收参数的方法

（1）幼龄树（未结果树）养分吸收量的确定方法。

A. 基本原理。幼龄树养分吸收量为树体各器官养分吸收量的总和。树体各器官养分吸收量为养分含量与生长量的乘积。在实际生产中很难通过破坏性采样获得完整的养分吸收参数，因此需要通过典型研究来确定。通常以果树的干周增长量作为预测幼树生长量的间接指标，而将正常管理水平下生长正常的果树各部分养分含量作为其他地方应用的养分含量指标参考值。只要通过研究确定了某种果树干周生长量与各部分器官生长量之间的关系，并找到该种果树各器官养分含量的正常值，就能够间接计算出幼龄树的养分吸收量。

B. 研究方法。果树干周生长量与各部分器官生长量关系的确定，可按照以下方法操作。

a. 选择供试果树。在一个果树主产区典型管理模式下，选择生长正常、树龄大小不同的果园5～10个，每年在各果园随机选择正常生长的果树3～5株。

b. 破坏性采集植株样品。对选择的供试果树，测定其干周长度后破坏性采集植株样品。根据树型特点将果树分为根系、主干、主枝、侧枝、叶片等4部分，取样烘干以测定生物量。

c. 测定植株样品养分含量。按照标准方法测定果树各部分养分含量。

d. 建立相关参数。根据测定结果，对果园不同果树干周长度数据，求其与果树各养分吸收量的关系。养分总吸收量为各部分生物量与养分含量的乘积。可在Excel中做干周长度与总养分吸收量的相关性的散点图。根据散点图的特征采用合适的模型（直线或二次曲线）绘制相关曲线，确定主要参数。

C. 注意事项。果树的品种必须是当地果树主栽品种，管理模式（如施肥、浇水、用药、修剪、轮作等）应为当地通用方式。供试果园的果树必须是生长正常株（树势不能过旺或过弱）。

（2）结果树养分吸收量的确定。

A. 基本原理。结果树养分吸收量即单位产量的养分吸收量。基本原理与幼龄树相同，但在养分吸收量的计算中应包括果实养分吸收量。成龄树的产量是影响其养分吸收量的关键因素，也是比较容易获得的参数。因此在成龄树养分管理中一般通过产量来预测养分吸收量。但要特别注意，树龄大小相同的果树，其产量因管理方式不同而差别很大。在通过产量来预测养分吸收量时，只针对正常产量水平下的果园。

B. 研究方法。单位产量的养分吸收量可按照下述方法确定。

a. 选择供试果树。在一个果树主栽区典型管理模式下，选择生长正常、管理方法较为一致的成龄果园 5～6 个，每年于春季生长开始之前，在果园随机选择个体大小一致、生长正常的果树 5～10 株做标记备用。测定其干周长度，收集研究阶段每一株果树修剪的枝条、落果等备用。

b. 破坏性采集植株样品。于收获期从各果园所选择的果树中挑选产量大致相同、有代表性的果树 2～3 株，测定其干周长度等指标，之后破坏性采集植株样品。将果树分为根系、主干、主枝（根据树型特点）、侧枝、叶片、修剪的枝条、落果和果实等 7 部分，各器官称鲜重后分别采取部分代表性植株样品烘干（果实每株采样不少于40 个，均采自果树树冠的不同部位，每一果实均匀切为 4 份，取其中一份与其他果实相应部分组成一个样品）。

c. 测定植株样品养分含量。按照标准方法测定果树各部分养分含量。

d. 数据处理与相关参数的建立。依据“幼龄树养分吸收参数的确定方法”，建立成龄树干周养分吸收量与营养器官（除果实以外的其他部分）养分吸收量之间的相关关系。同时，根据所建立相关关系以及各果园中果树生长季前和收获时干周量，计算营养器官部分的养分年吸收量。然后，根据果实产量和果实养分含量计算果实养分吸收总量。最后计算单位产量（如 100 千克）的养分吸收量（千克）。计算公式为：

$$每生产100千克果实的养分吸收量=\frac{果实养分吸收量+营养器官养分吸收量}{果实产量}\times 100$$

在一般果园管理模式下，基于防治病虫害的考虑，落叶、剪下的枝条以及落果等都被清除，但在落叶、修剪的枝条、落果等不移走的果园，生产单位果实的实际养分吸收量计算公式可简化为下式：

$$每生产100千克果实的养分吸收量=\frac{果实养分吸收量+果树根、茎、枝养分吸收量}{果实产量}\times 100$$

表6-8是30年生树龄的元帅（产量44.8吨/公顷）的大量和中量营养元素的年吸收量。

表6-8　30年生“元帅”（产量44.8吨/公顷）**大量与中量元素年吸收量**

（千克/公顷）

元素进入的器官	元素				
	N	P	K	Ca	Mg
果实（包括种子）	20.8	6.3	56.6	4.4	2.2
营养器官（根、茎、枝）	18.4	4.2	14.3	45.8	2.3
合计（A）＝净吸收量	39.2	10.5	70.9	50.2	4.5
叶	47.6	3.3	52.4	85.8	18.1
落花及落果（包括疏除果）	11.9	1.7	14.8	3.7	1.1
修剪下的枝	11.8	2.3	3.6	28.0	1.7
合计（B）＝归还到土壤的量	71.3	7.3	70.8	117.5	20.9
总计（A+B）＝粗略估计的吸收量	110.5	17.8	141.7	167.7	25.4

e. 重复试验。上述试验测定应重复3年以上，以增加获得的参数的可靠性。并采用研究得到的数据更新表6-7。

C. 注意事项。所获得的单位产量养分吸收量参数适用于正常产量水平的果园，其他注意事项同幼龄果树。

（三）确定不同果园土壤养分测试值相应的果树施肥量

1. 确定不同果园土壤测试值相应的磷肥与钾肥用量　磷、钾肥施用的原则是建立在果园土壤磷、钾养分分级指标体系基础之上的。当果园土壤磷钾养分分级指标体系建立后，相应进行土壤测试（见果园土壤养分采集、测试方法），得到测试值后，果树的磷肥和钾肥施用量可参照下述原则确定。

①新建果园应根据土壤养分测试值施用（深施）相应数量的磷肥和钾肥，以使耕层土壤有效磷和有效钾的含量达到中等水平。

②自果树结果后每 3～5 年测定一次果园土壤养分作为确定磷、钾肥用量的依据。

A. 当果园土壤磷、钾肥力指标极高时，可不施用相应肥料。

B. 当果园土壤肥力指标高时，可施用相当于果树吸收量 50%～100%的磷肥和钾肥。

C. 当果园土壤肥力指标在中等范围时，可施用相当于果树吸收量 100%～200%的磷肥和钾肥。

D. 当果园土壤肥力指标极低时，可施用相当于果树吸收量 200%～300%的磷肥和钾肥。

果树养分吸收量的计算公式为：

果树养分吸收量＝果实目标产量×单位果实产量的养分吸收量

式中：目标产量——根据当地平均产量来确定；

单位果实养分吸收量——查阅经更新的表 6-7 得到。

例如，根据表 6-2、表 6-7 的结果，计算得到当地主栽果树在不同目标产量下，于不同土壤肥力的磷肥和钾肥推荐量如表 6-9 和表 6-10 所示。

表 6-9　不同土壤肥力等级产量水平下主要果树的磷肥推荐量

（千克/亩①）

果树	土壤有效磷测试水平高①				土壤有效磷测试水平中②				土壤有效磷测试水平低③			
	1 000	2 000	3 000	4 000	1 000	2 000	3 000	4 000	1 000	2 000	3 000	4 000
柑橘	1.10	2.20	3.30	4.40	2.20	4.40	6.60	8.80	3.30	6.60	9.90	13.20
蜜柑	0.90	1.80	2.70	3.60	1.80	3.60	5.40	7.20	2.70	5.40	8.10	10.80

① 亩为非法定计量单位，1 亩＝1/15 公顷≈667 米^2。——编者注

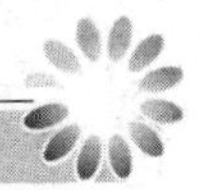

（续）

果树	土壤有效磷测试水平高①				土壤有效磷测试水平中②				土壤有效磷测试水平低③			
	1 000	2 000	3 000	4 000	1 000	2 000	3 000	4 000	1 000	2 000	3 000	4 000
荔枝	0.40	0.80	1.20	1.60	0.80	1.60	2.40	3.20	1.20	2.40	3.60	4.80
苹果	0.80	1.60	2.40	3.20	1.60	3.20	4.80	6.40	2.40	4.80	7.20	9.60
梨	2.30	4.60	6.90	9.20	4.60	9.20	13.80	18.40	6.90	13.80	20.70	27.60
柿	1.40	2.80	4.20	5.60	2.80	5.60	8.40	11.20	4.20	8.40	12.60	16.80
葡萄	3.00	6.00	9.00	12.00	6.00	12.00	18.00	24.00	9.00	18.00	27.00	36.00
桃	2.00	4.00	6.00	8.00	4.00	8.00	12.00	16.00	6.00	12.00	18.00	24.00
香蕉	1.10	2.20	3.30	4.40	2.20	4.40	6.60	8.80	3.30	6.60	9.90	13.20
芒果	0.50	1.00	1.50	2.00	1.00	2.00	3.00	4.00	1.50	3.00	4.50	6.00
菠萝	1.10	2.20	3.30	4.40	2.20	4.40	6.60	8.80	3.30	6.60	9.90	31.20

注：①按照施肥量为果树磷吸收量100%计。
②按照施肥量为果树磷吸收量200%计。
③按照施肥量为果树磷吸收量300%计。

表6-10　不同土壤肥力等级产量水平下主要果树的钾肥推荐量

（千克/亩）

果树	土壤速效钾测试水平高①				土壤速效钾测试水平中②				土壤速效钾测试水平低③			
	1 000	2 000	3 000	4 000	1 000	2 000	3 000	4 000	1 000	2 000	3 000	4 000
柑橘	2.0	4.0	6.0	8.0	4.0	8.0	12.0	16.0	8.0	16.0	24.0	32.0
蜜柑	1.8	3.6	5.4	7.2	3.6	7.2	10.8	14.4	7.2	14.4	21.6	28.8
荔枝	1.2	2.3	3.5	4.6	2.3	4.6	6.9	9.2	4.6	9.2	13.8	18.4
苹果	1.6	3.2	4.8	6.4	3.2	6.4	9.6	12.8	6.4	12.8	19.2	25.6
梨	2.4	4.8	7.2	9.6	4.8	9.6	14.4	19.2	9.6	19.2	28.8	38.4
柿	2.7	5.4	8.1	10.8	5.4	10.8	16.2	21.6	10.8	21.6	32.4	43.2
葡萄	3.6	7.2	10.8	14.4	7.2	14.4	21.6	28.8	14.4	28.8	43.2	57.6
桃	3.8	7.6	11.4	15.2	7.6	15.2	22.8	30.4	15.2	30.4	45.6	60.8
香蕉	10.0	20.0	30.0	40.0	20.0	40.0	60.0	80.0	40.0	80.0	120.0	160.0
芒果	1.2	2.3	3.5	4.6	2.3	4.6	6.9	9.2	4.6	9.2	13.8	18.4
菠萝	3.7	7.4	11.1	14.8	7.4	14.8	22.2	29.6	14.8	29.6	44.4	59.2

注：①按照施肥量为果树钾吸收量50%计。
②按照施肥量为果树钾吸收量100%计。
③按照施肥量为果树钾吸收量200%计。

2. 确定不同果园土壤测试值相应的氮肥施用量 土壤有效氮含量受各种环境条件的影响而变化很大，因此，只有经常性的土壤有效氮的测试值才能作为氮肥用量推荐的依据。在一般果园施肥中，根据土壤有机质含量水平，结合产量目标进行氮肥用量的推荐是一种简单易行的方法。确定氮肥用量的原则是通过试验研究，来确定不同有机质含量的土壤上达到目标产量所应施用的氮肥最佳量。

（1）试验原理。在不同有机质含量的土壤上，果树达到一定目标产量的氮素需要量各异。通过不同梯度的氮肥用量试验，可确定在一定的土壤肥力条件下（以有机质含量为衡量依据）达到目标产量所需要的氮肥用量，以此作为果园氮肥用量的推荐。

（2）试验方法。

A. 试验点的选择。在一个果树主栽区选择土壤有机质含量不同的果园多个，至少包括有机质含量为高、中、低的土壤 2 个，以便最后经统计分析确定肥力分级以及不同肥力土壤上不同目标产量相应的合适肥料用量。

B. 试验地的选择。试验地所在的自然条件和农业条件要有代表性，能代表该地区的地势、土质、土壤肥力、耕作条件、气候条件等方面的一般情况，以便试验结果能推广应用。试验地土壤肥力应均匀一致。

C. 试验树的选择。果树是多年生木本植物，同一品种间的生长结果常因自然条件、栽培管理和树龄、繁殖方法、砧穗组合等不同而有显著差异，不同年份乃至同一年份也会有差异。苹果、柑橙等株间果实产量的变异系数为 30％～40％，且一般实生树株间的变异系数比嫁接树或自然树要大，因此对试验树的选择要特别注意。在对试验树进行调查研究的基础上，选择品种、砧木、树龄和生育状况近似的植株为试验树，并适当地增加试验树株数，增强试验的代表性，提高试验结果的可靠性。最好建立果树生长发育的田间档案，将该果园历年单株的产量以及干周、树冠大小、枝量、花芽量或花量等记录下来，从中选择生长与结果相对一致的果树供试

验对象。供试树的选择还根据试验目的要求和试验指标不同而异，如以产量为试验指标，应选盛果期树并有3～5年的累计产量作为判断试验结果是否有代表性的参考。此外，还应注意试验树的田间管理需一致，授粉条件需相同，以降低试验条件造成的误差。

D. 试验时间。果树具有贮藏营养的特性，对施肥反应不敏感，因此一定要进行3年以上的肥料试验，以提高肥效试验的可靠性，长期定位试验的结果更能验证实际肥效。

E. 试验方案。鉴于我国果园面积小，果园间土壤肥力差异较大的特点，肥料效应田间试验的处理不能过多，通常果树试验方案采取随机区组设计的方法，设置完全试验。建议果树氮肥田间试验处理如表6-11所示。

表6-11　果树测土配方施肥试验方案处理

试验编号	处理	N	P	K
1	$N_0P_0K_0$	0	0	0
2	$N_0P_2K_2$	0	2	2
3	$N_1P_2K_2$	1	2	2
4	$N_2P_2K_2$	2	2	2
5	$N_3P_2K_2$	3	2	2

a. 试验方案中氮肥水平的设计分别为：

N_0——不施氮；

N_1——当地目标产量下氮素吸收量的100%减去0～60厘米土层土壤无机氮供应量；

N_2——当地目标产量下氮素吸收量的200%（期望达到的推荐量）减去0～60厘米土层土壤无机氮供应量；

N_3——当地目标产量下氮素吸收量的300%减去0～60厘米土层土壤无机氮供应量。

0～60厘米土层土壤无机氮的供应量，可根据土壤测试值计算得到。如土壤容重按1.33克/厘米^{3}计；则0～60厘米土层中土壤无机氮的供应量(千克 N/公顷)=土壤硝态氮含量(毫克/千克)×1.33×6。

土壤硝态氮含量可由土壤测试结果获得。

氮素吸收量的获得公式为：

氮素吸收量=目标产量×单位产量的氮素吸收量

单位产量的氮素吸收量参见表 6-7 或经研究更新的参数，几种果树不同产量下氮素水平的设计参考表 6-12。

表 6-12　几种果树不同产量下氮素水平的设计参考

（千克/亩）

果树	氮水平及产量水平											
	N_1				N_2				N_3			
	1 000	2 000	3 000	4 000	1 000	2 000	3 000	4 000	1 000	2 000	3 000	4 000
柑橘	3.0	6.0	9.0	12.0	12.0	24.0	36.0	48.0	18.0	36.0	48.0	72.0
蜜柑	2.6	5.2	7.8	10.4	10.4	20.8	31.2	41.6	15.6	31.2	41.6	62.4
荔枝	0.8	1.6	2.4	3.2	3.2	6.4	9.6	12.8	4.8	9.6	12.8	19.2
苹果	1.5	3.0	4.5	6.0	6.0	12.0	18.0	24.0	9.0	18.0	24.0	36.0
梨	2.4	4.8	7.2	9.6	9.6	19.2	28.8	38.4	14.4	28.8	38.4	57.6
柿	3.0	6.0	9.0	12.0	12.0	24.0	36.0	48.0	18.0	36.0	48.0	72.0
葡萄	3.0	6.0	9.0	12.0	12.0	24.0	36.0	48.0	18.0	36.0	48.0	72.0
桃	2.4	4.8	7.2	9.6	9.6	19.2	28.8	38.4	14.4	28.8	38.4	57.6
香蕉	2.7	5.4	8.1	10.8	10.8	21.6	32.4	43.2	16.2	32.4	43.2	64.8
芒果	0.7	1.4	2.1	2.8	2.8	5.6	8.4	11.2	4.2	8.4	11.2	16.8
菠萝	1.9	3.8	5.7	7.6	7.6	15.2	22.8	30.4	11.4	22.8	30.4	45.6

b. P_2、K_2 水平的设计（相当于“3414”设计方案中的 P_2、K_2 水平，做了适当调整）。试验前进行土壤测试，根据土壤有效磷、钾养分的测试值，结合推荐的土壤肥力指标（表 6-2）来确定，推荐原则如下。

土壤有效磷、钾水平高：P_2、K_2 水平分别为当地目标产量下磷和钾吸收量的 0.5～1.0 倍。

土壤有效磷、钾水平中：P_2、K_2 水平分别为当地目标产量下磷和钾吸收量的 1.0～2.0 倍。

土壤有效磷、钾水平低：P_2、K_2 水平分别为当地目标产量下磷和钾吸收量的 2.0～3.0 倍。

磷吸收量＝目标产量×单位产量的磷吸收量（参考表 6-7）

钾吸收量＝目标产量×单位产量的钾吸收量（参考表 6-7）

根据表 6-7 计算得到的不同产量水平下各肥力水平土壤上的磷和钾肥施用水平如表 6-9 和表 6-10 所示。

F. 试验小区和区组布置。考虑到我国果农小户经营、果园面积小的特点，采取随机区组设计的方法，试验处理和每小区果树株数不能过多。较为合适的小区株数：苹果、梨、柑橘、桃、核桃等大株为 5～8 株，重复 3 次；小型果树为 15 株以上，也重复 3 次。区组划分时需考虑表层土壤和供试果树个体的差异。一般狭长形较长方形好；山地、坡地区组依等高线排列（数据采用协方差分析）；由于果树当年结果产量与果树多年的生长发育有密切关系，因此，试验开始前有必要对果树进行 2～3 年的观察记载，据此划分小区和区组（相关记载项目如表 6-13 所示）；小区的形状一般为狭长形，长边应与行向一致。一共 6 个处理，3 次重复随机区组设计的试验田间区组排列如图 6-6 所示。

表 6-13　果树试验树体产量记载

处理	重复	采收前果实数					单株产量/采收期果实单重				
		树 1	树 2	树 3	树 4	树 5	树 1	树 2	树 3	树 4	树 5
处理 1	1										
	2										
	3										
处理 2	1										
	2										
	3										
处理 3	1										
	2										
	3										
处理 4	1										
	2										
	3										

（续）

处理	重复	采收前果实数					单株产量/采收期果实单重				
		树 1	树 2	树 3	树 4	树 5	树 1	树 2	树 3	树 4	树 5
处理 5	1										
	2										
	3										
处理 6	1										
	2										
	3										

注：在果实成熟期进行单株测产；每处理取代表性果实样品 6 份，每份 100 个，分别称重，求每个果实的平均重量。

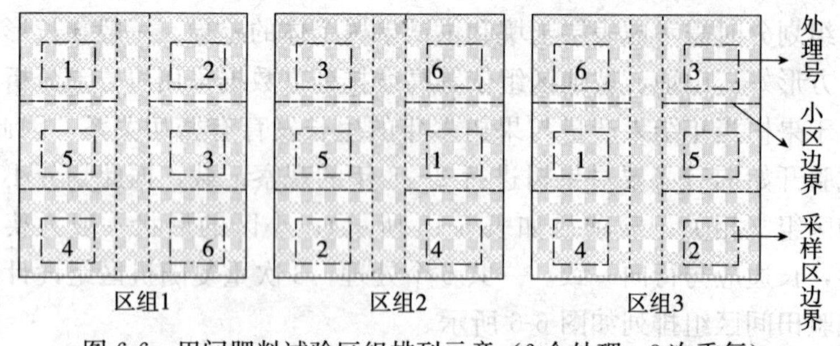

图 6-6　田间肥料试验区组排列示意（6 个处理、3 次重复）

注意事项：第一要设置保护行或保护株，消除根系交叉的影响：为了避免肥料试验中相邻不同肥料处理果树由于根系交叉而互相影响，原则上果树试验需要设置保护行，但在短期试验以及面积比较小的果园进行时，如果试验树间距比较大、而试验期间不同肥料处理小区间根系不会明显交叉的，也可不设保护行。为了避免边际影响及处理间的相互影响，小区间应有保护行，可以用授粉树作保护行和保护株。如果果园比较小，试图在有限的株数进行试验并获得可靠试验结果，可参考采用株间埋设塑料隔膜的方法以减少根系交互影响。塑料隔膜埋设深度应根据不同的果树种类酌情处理。第二要设置各生育期肥料分配比例：由于果树施肥是分次进行的，因此，试验方案中还必须包括不同施肥时期肥料的分配比例。一般果树除基肥外，生长期追肥 2～3 次。如表 6-14 所示，根据果树营

养特性与长期施肥实践而总结的主栽果树各生育期养分分配比例，可根据当地生产实际修正后用于田间试验中，同时也可应用于测土配方施肥推荐中。

表 6-14　果树测土配方试验中氮、磷、钾肥料分配比例（结果期）

（%）

果树	养分	肥料分配比例				施肥时期			
		基肥	追肥 1	追肥 2	追肥 3	基肥	追肥 1	追肥 2	追肥 3
苹果	N	20	60	20	—	9 月中旬至 10 月中旬	萌芽前（3 月上中旬）	花芽分化期	
	P	20	40	40	—				
	K	15	30	55	—				
梨	N	50	50	0	—	秋季基肥	3 月中旬	6 月中旬	
	P	30	40	30	—				
	K	20	30	50	—				
桃	N	20	40	40	0	9 月中旬至 10 月中旬	萌芽前	5 月下旬至 6 月上旬	采前 40 天
	P	30	40	30	0				
	K	10	25	25	30				
樱桃	N	40	20	40	—	落叶前后（9 月底）	开花前 1 周	采果后 1 周	
	P	40	30	30	—				
	K	25	75	0	—				
杏	N	20	40	40	—	9 月中旬至 10 月中旬	萌芽前	硬核期（4 月下旬至 5 月初）	
	P	30	40	30	—				
	K	15	30	55	—				
李	N	20	40	40	—	8 月下旬至 9 月中旬	开花前	果实膨大期（采前 30～40 天）	
	P	30	40	30	—				
	K	15	30	55	—				
葡萄	N	40	40	20	—	采收后 9～10 月	开花前 4 月	幼果膨大期 5 月底	浆果期 7 月中旬
	P	60	40	0	—				
	K	0	0	50	50				

（续）

果树	养分	肥料分配比例				施肥时期			
		基肥	追肥1	追肥2	追肥3	基肥	追肥1	追肥2	追肥3
冬枣	N	25	30	30	15	发芽前1个月（3月）	幼果7月初	果实膨大期8月初	9月
	P	25	30	30	15				
	K	0	50	0	50				
菠萝	N	60	30	10	—	中苗期	大苗—抽蕾期	果实生长期	
	P	50	20	30	—				
	K	0	80	20	—				
板栗	N	25	35	40	—	秋肥（9月底）		早春发芽肥4月中下旬	膨大肥6月底7月初
	P	70	0	30	—				
	K	60	0	40	—				
猕猴桃	N	30	40	30	—	落叶前后（9月底）		萌芽肥	壮果促梢肥
	P	50	50	0	—				
	K	40	20	40	—				
柑橘	N	35	35	30	—	萌芽（2月中旬至3月中旬）	果实膨大（6月中下旬至7月中旬）	果实成熟、收获（还阳肥11～12月）	
	P	30	20	50	—				
	K	20	40	40	—				
香蕉	N	30	50	20	—	营养生长期（定植后1～3月）	树体和果实孕育期	果实生长发育营养期（移栽后6～9月）	
	P	45	45	10	—				
	K	35	50	15	—				
荔枝	N	75	10	15	—	营养体生长期（收获后1～2周）	营养与生殖生长长期（开花前后）	果实膨大营养生长期（坐果期）	
	P	40	30	30	—				
	K	35	30	35	—				
龙眼	N	50	15	35	—	采果前8月底	开花前3～4月	幼果期6月上旬	果实膨大
	P	40	20	40	—				
	K	30	20	50	—				

G. 施肥方法。为配合测土配方施肥，建议沿果树滴水线附近环行施肥。肥料施于实线所包围的土壤区域内，虚线为果树树冠投影线（滴水线）。在实际果树生产中还有其他的施肥方法，如放射状沟、条沟状、穴状等也可采用，但采用的施肥方法需要与土壤样品采集的方法相匹配。

H. 试验管理。除施肥外，其他管理如喷药、浇水、修剪等与常规习惯相同。

I. 测定项目。分为必须测定项目和建议增加的测定项目。必须测定项目有果园土壤基础养分含量（包括有效氮、有机质等含量）；试验结束后土壤有效氮含量；各小区产量（方法见表6-13后说明）；果树干周增长量（方法如表6-5所示）；果树新梢生长量（方法如表6-6所示）。

建议增加的测定项目包括果实品质指标，如可溶性固形物、着色度等；果实、叶片、枝条中的氮素含量（用于估算氮素吸收量）。

J. 数据处理。一是单个试验的数据处理，包括不同处理间果实产量的统计分析（同大田作物，有条件时应进行协方差分析）；不同处理间产量的差异性比较；不同处理间果树生长量（干周增长量、新梢生长量）的统计分析；不同处理间果树氮素吸收量的比较；氮素供应量（土壤生长季前有效氮＋肥料氮）与产量和生长量的关系；果树氮素叶片诊断指标的建立；单位肥料的增产作用；肥料的增产效果；土壤氮素含量的变化等。二是多点数据的处理分析，包括：根据一个地区不同试验土壤有机质测试结果及产量整体水平，将土壤肥力分为高、中、低3个等级；分析每一个肥力等级下各点氮素供应量与产量、生长量等的关系，确定不同肥力水平下基于产量目标的合理施氮量；在上述分析的基础上确定不同肥力水平土壤上某种果树的复合肥配方以及基于产量目标的复合肥用量。

3. 确定不同果园土壤测试值相应的中、微量元素用量　有时单凭土壤测试效果不够理想，还需要结合营养诊断进行（表6-15）。如果外观诊断表明有中量元素和微量元素的缺乏，则应进行土壤有效养分的测试。如果土壤测试值也表明缺乏，则需要施用相应的肥料。若土壤测试值表明不缺乏，则有可能是其他因素造成的，需要从土壤环境如 pH 及其他养分施用过量等因素来考虑相应的矫正措施。一旦土壤、植株营养诊断表明有微量元素缺乏的症状，则可参考表 6-16 中的用量施用相应的微量元素肥料，各地需根据实际情况酌情增减。

表 6-15　果树叶片养分的正常浓度范围

养分	单位	柑橘	苹果	梨	桃	葡萄叶柄	香蕉
N	%	2.40～2.69	2.0～2.7	2.0～2.6	3.4～4.1	0.7～1.3	2.7～3.7
P	%	0.14～0.16	0.15～0.40	0.15～0.40	0.15～0.40	0.15～0.40	0.16～0.27
K	%	0.70～1.30	1.2～2.2	1.2～2.0	2.3～3.5	0.8～2.5	2.7～3.2
Ca	%	3.00～5.50	0.7～1.5	1.0～2.0	1.0～2.5	1.0～3.0	0.8～1.3
Mg	%	0.30～0.69	0.25～0.40	0.25～0.50	0.3～0.60	0.5～1.5	—
S	%	0.20～0.39	—	—	—	—	>2.5
B	毫克/千克	31～129	20～60	20～60	20～60	20～60	10～25
Fe	毫克/千克	—	25～200	25～200	25～200	15～100	80～360
Mn	毫克/千克	25～100	20～200	20～200	20～200	20～200	200～1800
Zn	毫克/千克	25～100	15～100	15～100	15～100	15～100	20～50
Cu	毫克/千克	6～15	—	—	—	—	6～30

表 6-16　果树缺乏中、微量元素后的相应肥料用量（仅供参考）

元素	推荐肥料	方法	喷施浓度
B	硼砂	喷施或土施	0.1%～0.2%
Fe	螯合铁肥如有机态黄腐酸铁	喷施或根系输液	0.05%～0.1%
Mn	硫酸锰	条施/撒施/喷施	1.5%～2.0%
Zn	硫酸锌	条施/撒施/喷施	0.05%～0.2%
Cu	硫酸铜	撒施/喷施	0.1%～0.5%
Ca	$CaCl_2$ 硝酸钙	喷施	10 千克/2 000 千克/水 18 千克/2000 千克/水

（续）

元素	推荐肥料	方法	喷施浓度
Mg	硫酸镁	土施	40 千克/2000 千克/水
S	含硫肥料如硫酸钾	土施	

4. 果树专用肥的研制 确定果树专用肥配方则更侧重于依据土壤肥力分级和果树的营养特性进行。

①一个地区（如县级）果园土壤养分的测试。

②根据研究确定的果园土壤养分测试指标进行果园土壤养分的分级，可将一个地区（如县级）的果园根据土壤养分状况分为 3 个级别，每个级别的土壤上确定相应的复合肥配方。

③对于每一个土壤养分类别，根据所有年份试验的平均结果确定合理的氮、磷、钾肥用量与比例。

④根据③确定的肥料用量，配制相应的复混肥料应用于不同土壤的果园，同时还可根据表 6-14 所列的不同时期养分的分配比例，确定适宜的基肥和追肥配方。

三、果园测土配方施肥技术的示范试验

（一）示范试验的目的

对已确定的果树合理施肥量（或施肥原则）以及配制的复混肥等进行示范试验，在与习惯施肥对比的基础上对测土配方施肥效果进行评价，以求在更大范围内推广应用研究成果，提高科研成果的转化率和经济效益。

（二）示范试验的程序

①在研究确定测土配方施肥原则的基础上，首先选择高、中、低肥力的果园若干，对土壤主要养分进行测试。

②按照表 6-9 和表 6-10 中所列的磷、钾用量设计原则，结合土壤测试结果，设计磷、钾肥用量，根据不同肥力（高、中、低）土壤上产量与氮素供应水平的关系（“确定不同果园土壤测试值相应的

氮肥施用量的原则”部分的结果)，确定目标产量下的氮肥施用量。

③根据表 6-14 中所列的果树施肥时期以及肥料分配比例，选择合理的肥料配方，将其作为优化处理进行示范试验，而将不施肥处理和习惯施肥处理作为对照。

④根据表 6-17 中所列的处理安排示范试验，示范试验可不设重复，处理面积大小以能够同时观察到 3 个处理的果树为宜。示范试验的排列，如图 6-7 所示。

表 6-17 果树测土配方施肥试验的处理[①]

处理	内容	有机肥	化肥	备注
1	对照	根据当地调查平均结果	不施化肥处理	见调查结果平均
2	习惯	根据当地调查平均结果	根据试验地区的调查平均量[②]	参照表 6-18 和表 6-19
3	优化	根据当地调查平均结果	根据产量水平[③]	

注：①所有处理有机肥 3～5 吨/公顷左右（常规）。

②多点调查的平均量。

③磷、钾量根据土壤测试数值以及产量水平（试验部分 P_2、K_2），氮肥量根据土壤测试以及田间试验结果确定。

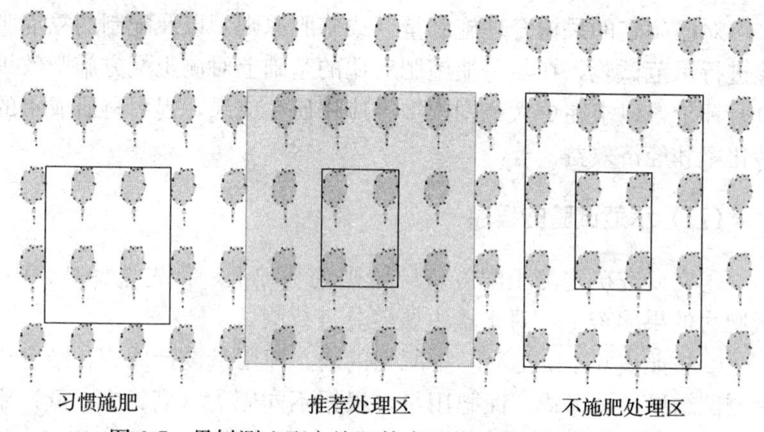

图 6-7 果树测土配方施肥技术示范试验田间排列示意

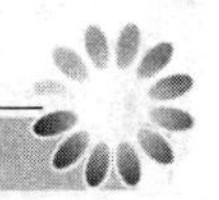

（三）主要测试项目

①必须测定的项目。产量、肥料投入量等。

②建议测定的项目。果实品质指标（见试验部分）。

（四）示范活动的组织

于果实采收前和生长期肥效的显效期，组织肥效观摩会、考察会、测产活动等。

（五）示范试验的结果处理

①产量。与测土配方施肥前比较，与不测土配方施肥的果农比较等。

②测土配方施肥的效益评估。相关图表如表 6-18、表 6-19、表 6-20、表 6-21 和表 6-22 所示。

表 6-18　果树试验地区果农习惯施肥量调查

调查时间：　　　　　　　　　　　　调查地点：

<table>
<tr><td>姓名</td><td></td><td>面积（亩）</td><td colspan="2"></td></tr>
<tr><td>年份</td><td colspan="4"></td></tr>
<tr><td>品种</td><td colspan="4"></td></tr>
<tr><td>密度（株/亩）</td><td colspan="4"></td></tr>
<tr><td>树龄</td><td colspan="4"></td></tr>
<tr><td>上年产量水平（千克/亩）</td><td colspan="4"></td></tr>
<tr><td>施肥次数</td><td>施肥 1</td><td>施肥 2</td><td>施肥 3</td><td>施肥 4</td></tr>
<tr><td>时间</td><td></td><td></td><td></td><td></td></tr>
<tr><td>有机肥品种</td><td></td><td></td><td></td><td></td></tr>
<tr><td>有机肥用量（米^3/亩）</td><td></td><td></td><td></td><td></td></tr>
<tr><td>化肥品种</td><td></td><td></td><td></td><td></td></tr>
<tr><td>化肥用量（千克/亩）</td><td></td><td></td><td></td><td></td></tr>
<tr><td>化肥施肥方法</td><td></td><td></td><td></td><td></td></tr>
<tr><td>灌水量（米^3/亩）</td><td></td><td></td><td></td><td></td></tr>
</table>

表6-19　果树测土配方施肥计划与基本情况记载

<table>
<tr><td rowspan="5">试验计划（按时间顺序记录）</td><td colspan="4">1</td></tr>
<tr><td colspan="4">2</td></tr>
<tr><td colspan="4">3</td></tr>
<tr><td colspan="4">4</td></tr>
<tr><td colspan="4">5</td></tr>
<tr><td>试验目的</td><td colspan="4"></td></tr>
<tr><td rowspan="5">试验处理</td><td colspan="4">1</td></tr>
<tr><td colspan="4">2</td></tr>
<tr><td colspan="4">3</td></tr>
<tr><td colspan="4">4</td></tr>
<tr><td colspan="4">5</td></tr>
<tr><td>设计方法</td><td colspan="4"></td></tr>
<tr><td rowspan="2">小区布置（含排列图）</td><td>每小区株数</td><td></td><td>小区面积</td><td></td></tr>
<tr><td>栽植密度</td><td></td><td>重复次数</td><td></td></tr>
<tr><td rowspan="4">注意事项</td><td colspan="4">1</td></tr>
<tr><td colspan="4">2</td></tr>
<tr><td colspan="4">3</td></tr>
<tr><td colspan="4">4</td></tr>
<tr><td rowspan="6">田间管理经过（时间顺序记录每一管理措施的时间以及内容）</td><td colspan="4">1</td></tr>
<tr><td colspan="4">2</td></tr>
<tr><td colspan="4">3</td></tr>
<tr><td colspan="4">4</td></tr>
<tr><td colspan="4">5</td></tr>
<tr><td colspan="4">6</td></tr>
</table>

表 6-20　果树试验基本情况记录

试验地点	省	县	乡	村
农户姓名				
果园面积（亩）				
试验地地形	1 坡地	2 平地	3 梯田	4 低洼地
地貌	1 山区	2 平原		
坡向	1 南	2 北	坡度　（°）	
土壤类型	1 壤土	2 黏土	3 沙土	4 其他
土层深度（厘米）				
地下水位（米）		水质状况		
施肥历史				
土壤管理	1 免耕	2 耕作	3 生草	4 其他
灌溉情况	一年中灌水的次数：		灌水方式：	
	第一次灌水时间：月　日　　灌水量：　米³			
	第二次灌水时间：月　日　　灌水量：　米³			
	第三次灌水时间：月　日　　灌水量：　米³			
	第四次灌水时间：月　日　　灌水量：　米³			
	第五次灌水时间：月　日　　灌水量：　米³			
	第六次灌水时间：月　日　　灌水量：　米³			
果树品种		砧木	树龄	
树型	1 纺锤	2 篱笆	3 其他	
修剪方法	1 夏季	2 秋季	3 冬季	
密度（株/亩）				
试验前历年产量	前 1 年千克/公顷：			
	前 2 年千克/公顷：			
	前 3 年千克/公顷：			
	前 4 年千克/公顷：			
	前 5 年千克/公顷：			

（续）

田间管理经过	土壤耕作时间：	
	土壤耕作方式：	
	施肥 1：时间：　　方式：	
	施肥 2：时间：　　方式：	
	施肥 3：时间：　　方式：	
	施肥 4：时间：　　方式：	
	施肥 5：时间：　　方式：	
	修剪时期和方法：	
	打药时间、品种、用量、价格：	
	1 2 3 4	
春芽开始膨大时间		月　日
开花期	初花	第一朵花开放时间　月　日
	盛花	50%的花开放时期　月　日
	落瓣	第一片萼片脱落
采收期	月　日至　月　日	
价格	元/千克	

表 6-21　果树坐果率记录

		处理					
		1	2	3	4	5	6
采收前果实数	树 1						
	树 2						
	树 3						
	树 4						
	树 5						

（续）

处理	重复	处理					
		1	2	3	4	5	6
花果①	树 1						
	树 2						
	树 3						
	树 4						
	树 5						
果量	树 1						
	树 2						
	树 3						
	树 4						
	树 5						
坐果率②	树 1						
	树 2						
	树 3						
	树 4						
	树 5						

注：①在每一树上悬 3 个枝条做标记，春天于盛花期记录所有的花量，秋天于采收期记录果量。

②全株果数/（全株花序数×每序花朵数）；可在特定做标记枝条上部分记录（秋天产量和春天总花数）。

表 6-22　果树果实品质记录（有条件的地区做）

处理	重复	色泽	硬度	可溶性糖	可滴定酸	果实纵径	横径	果形指数（纵径/横径）	果实病害种类	百分比
处理 1	1									
	2									
	3									

（续）

处理	重复	色泽	硬度	可溶性糖	可滴定酸	果实纵径	横径	果形指数（纵径/横径）	果实病害种类	百分比
处理 2	1									
	2									
	3									
处理 3	1									
	2									
	3									
处理 4	1									
	2									
	3									
处理 5	1									
	2									
	3									

注：①花青苷含量，或者着色指数，参照相关果树研究方法。
②采收前一天用硬度计测定。
③采用手持式糖度计测定。

四、田间试验方案的设计

田间试验方案是根据试验目的拟订的一组试验处理的总称。根据所研究因素的多寡，可分为单因素试验和多因素试验。目前，国内外应用较为广泛的肥料效应田间试验方案是“3414”完全设计方案和部分设计方案，它吸收了回归最优设计处理少、效率高的优点，是我国测土配方施肥推荐使用的田间试验方案。

1. “3414”完全试验方案介绍 “3414”是指氮、磷、钾 3 个因素、4 个水平、14 个处理。4 个水平的含义分别为：0 水平指不施肥；2 水平指当地最佳施肥量的近似值；1 水平＝2 水平×0.5；3 水平＝2 水平×1.5（该水平为过量施肥水平），如表 6-23 所示。

表 6-23　"3414"试验方案处理

试验编号	处理	N	P	K
1	$N_0P_0K_0$	0	0	0
2	$N_0P_2K_2$	0	2	2
3	$N_1P_2K_2$	1	2	2
4	$N_2P_0K_2$	2	0	2
5	$N_2P_1K_2$	2	1	2
6	$N_2P_2K_2$	2	2	2
7	$N_2P_3K_2$	2	3	2
8	$N_2P_2K_0$	2	2	0
9	$N_2P_2K_1$	2	2	1
10	$N_2P_2K_3$	2	2	3
11	$N_3P_2K_2$	3	2	2
12	$N_1P_1K_2$	1	1	2
13	$N_1P_2K_1$	1	2	1
14	$N_2P_1K_1$	2	1	1

"3414"设计方案除了可应用14个处理进行氮、磷、钾三元二次肥料效应方程的拟合外，还可分别进行氮、磷、钾中任意二元或一元效应方程的拟合。例如，进行氮、磷二元效应方程拟合时，可选用处理2～7、11、12，可求得在以K_2水平为基础的氮、磷二元二次效应方程；选用处理2、3、6、11可求得在P_2K_2水平为基础的氮肥效应方程；选用处理4、5、6、7可求得在N_2P_2水平为基础的磷肥效应方程；选用6、8、9、10可求得在N_2P_2水平为基础的钾肥效应方程。此外，通过处理1，可获得基础地力产量，即空白区（$N_0P_0K_0$）产量。

2. "3414"部分设计方案介绍　要试验氮、磷、钾中某一个或两个养分的效应，或因其他原因无法进行"3414"的完全实施方案时，可在其中选择相关处理，即"3414"的部分实施方案，从而既保证了测土配方施肥田间试验总体设计的完整性，又满足了不同施肥区域土壤养分的特点、不同试验目的、不同层次的具体要求。例如，欲在广东省柑橘主产区要重点检验氮、钾肥料效应时，可在磷肥作基肥的前提下，进行氮、钾二元肥料效应试验，但是应设置3次重复。与“3414”方案相对应的处理编号如表6-24所示，此方案也可分别建立氮、钾一元效应方程。

表6-24　氮、钾二元二次肥料试验与“3414”方案相对应的处理编号

“3414”方案处理编号	处理	N	P	K
1	$N_0P_0K_0$	0	0	0
2	$N_0P_2K_2$	0	2	2
3	$N_1P_2K_2$	1	2	2
4	$N_2P_0K_2$	2	2	0
5	$N_2P_1K_2$	2	2	1
6	$N_2P_2K_2$	2	2	2
7	$N_2P_3K_2$	2	2	3
11	$N_3P_2K_2$	3	2	2
12	$N_1P_1K_2$	1	2	1

在果树生产中，由于果树树体高大、根系深广、寿命长，具有多年生、多次结果的特点，因此，个体差异较大，给田间试验带来诸多不便，尤其是保护地果树栽培，果园面积一般不超过500米^2，限制了试验处理个数。针对有机肥和氮肥施用比较突出的环境问题，在露地果树试验设计的基础上，保护地果树栽培可相应地减少处理个数。为了取得果园土壤养分供应量、果树吸收养分量、果园土壤养分丰缺指标等参数，一般可把试验设计为5个处理：无肥区(CK)、无氮区（PK）、无磷区（NK）、无钾区（NP）、氮磷钾区(NPK)。这5个处理在“3414”完全方案中相对应的处理编号为1、2、4、8、6。如要获得有机肥料的效应，可增加有机肥料处理(M)，如表6-25所示；若检验某种中量元素或微量元素的效应，可在NPK基础上，进行加微量元素与不加中（微）量元素两种处理的比较。方案中氮、磷、钾、有机肥料的用量应接近推荐的合理用量，保护地施肥处理一般不超过6个为宜，以氮素试验为主要目标，磷次之，钾最弱。

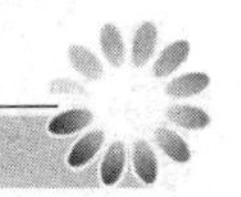

表 6-25 果园氮磷钾肥及有机肥肥效试验设计方案

试验编号	试验内容	处理代码	M	N	P	K
1	无肥区	$M_0N_0P_0K_0$	—	0	0	0
2	有机肥区	$MN_0P_0K_0$	+	0	0	0
3	无氮区	$MN_0P_2K_2$	+	0	2	2
4	无磷区	$MN_2P_0K_2$	+	2	0	2
5	无钾区	$MN_2P_2K_0$	+	2	2	0
6	氮磷钾区	$MN_2P_2K_2$	+	2	2	2

注：M 为施有机肥料处理；一为不施有机肥料处理；＋为施用有机肥，其中选择当地有代表性的有机肥种类及适合当地施肥量中等或中等偏下的水平。一般露地为 30～45 米^3/公顷，保护地为 40～60 米^3/公顷（对于禽粪类：10 米^3/公顷折合 10 吨/公顷；对于堆肥等，根据比重不同，10 米^3/公顷折合 10～13 吨/公顷）。

五、田间试验设计方案的实施

（一）试验果园的选择

对于基层科技人员来说，往往喜欢选择交通便利的试验点和科技水平相对较高的果农，但是对于了解和掌握本区果树施肥的总体情况不利。因此，应特别强调在一定果树主产区域内选点的随机性和代表性，试验点应覆盖高、中、低不同肥力的果园土壤，同时试验管理的可靠性也要得到保障。

为确保果树测土配方施肥田间试验的质量，在试验地条件的选择上，特别强调以下几点。一是要有代表性。试验地块平坦整齐、土壤肥力均匀等能代表当地果园土壤的一般条件。二是要有果园利用记录档案。试验地块要有多年的土壤利用田间档案记录，以便了解试验地的肥力状况。尤其是对保护地果树栽培来说，在一个棚室内过去可能同时种植不同的树种，会导致土壤肥力不匀，这就需要提前观察和判断试验地肥力差异概况。三是要有高水平的管理技能。经营试验地的果农科技意识比较强，要有多年丰富的果树种植管理经验及较高的文化和科技水平，便于田间试验数据的记录、保存和交流。

（二）供试肥料种类的选择

一般选择果树生产中的常用肥料应具有以下特征。一是养分含量稳定。如果作某种养分的梯度试验，应选用单质肥料，便于田间试验方案的实施；如果是在示范推广中，也可以考虑施用一些磷酸二铵、磷酸二氢钾等二元或 N∶P_2O_2∶K_2O 比例为 15∶15∶15、16∶16∶16 等的三元复合肥。二是质量可靠，不含有害成分。一定要购买正规肥料公司生产并经过质量认证的肥料产品；同时，最好在施用前重新分析成分含量，确保其不含影响果树生长发育及其果品品质的有害成分，如苹果、梨、柑橘等水果类忌施含氯化肥，更不能施用含重金属超标的垃圾肥料。

（三）供试果树树种的选择

测土配方施肥田间试验应明确供试果树树种，首先要根据当地果树生产的实际情况，选择当地最具代表性的主栽果树树种或拟推广或引进的树种进行田间试验，如表 6-26 所示。

表 6-26　建议田间试验研究的果树树种

果树类别	种　类	栽培方式
落叶果树	苹果，梨，葡萄，银杏，桃，猕猴桃，冬枣等	露天/保护地
常绿果树	柑橘，荔枝，香蕉，菠萝，杨桃，橄榄等	露天

（四）试验地块的区划

在采集基础土壤样品之后，可进行整地、施肥、区划试验地小、设置保护行等试验准备。在诸多的试验设计方案中，为了便于农事操作、更方便地统计数据，通常采取随机区组设计的方法。结合我国果农小户经营、果园面积相对较小的特点，小区面积：露天果园小区面积一般为 30～50 米²，如幼龄树可小些，成龄树可大些；保护地果园小区面积一般为 20～30 米²，试验处理和每小区果

树株数不能太多。

为保证试验的精度，减少人为因素、土壤肥力和气候的影响，田间试验一般设3～4个重复（或区组）。采用随机区组排列，区组内土壤肥力、地形等条件应相对一致，区组间允许有误差。

“3414”试验有14个处理，在露天栽培果园中，寻找面积符合要求的试验地设置3～4次重复是可以的，但是在保护地栽培中因棚室面积很小，试验小区增多将带来试验管理和实施的难度。因此，从果园测土配方施肥田间试验的要求来看，不一定需要在每一个试验点设置重复，可以通过多年（2～3年）多点（最终20～30点）重复的办法。

六、果园田间试验记载与数据分析

（一）田间试验结果记录

如表6-20、表6-21、表6-22所示。

（二）田间试验结果记录具体内容和要求

1. 试验地基本情况　基本情况包括以下几项：

①地址信息。省、县、乡、村、邮编、地块、果农姓名。

②位置信息。经度、纬度、海拔。

③土壤分类信息。土类、亚类、土属、土种。

④土壤信息。土壤质地（沙土、壤土、黏土）、土层厚度（>50厘米、20～50厘米、<20厘米）和土壤障碍因素（易旱、易涝、盐害、碱害）。

2. 试验地养分测试　有机质、全氮、速效氮、有效磷、速效钾、有效中量元素、微量元素、pH、土壤水分及其他土壤理化性状的测试。

3. 植株营养诊断　植株全量氮、磷、钾、钙、镁、及硼、锌等营养元素的测试。

4. 气象因素的监测　多年平均及当年气温、降水、日照、湿度等气候数据。

5. 田间施肥情况调查 记录试验地前3年果树施肥情况、肥料种类、来源、肥效、价格等。

6. 田间管理信息 灌水、中耕除草、修剪、病虫害防治等农艺管理措施。

7. 田间土壤和植株样品采集与制备及测试 测试方法略。

（三）田间试验数据的统计与分析

常规试验和回归试验的统计分析方法参见肥料效应鉴定田间试验技术规程（NY/T 497—2002）。

第三节 果园测土配方施肥中确定施肥量的基本方法

果树专用肥料的配方设计，首先要确定氮、磷、钾肥料三要素的用量及相应的肥料组合与配方，然后通过配制与提供果树配方肥料或发放配肥通知单，指导果农科学施肥。果树配方肥料用量的确定，要采用先进的果树营养诊断技术和现代电子信息技术，以养分平衡（目标产量）法、肥料效应函数法、土壤与植株测试推荐施肥方法和土壤养分丰缺指标法等为基本方法，快速而准确地计算和配制最佳施肥量与施肥方案。

一、养分平衡法

养分平衡法又称为目标产量法，目标产量就是计划产量。该法是根据果树长势、产量和质量的构成要素，以果实的目标产量所需养分量与土壤供肥量之差，作为估算目标产量施肥量的依据，达到养分的收支平衡。因此，该方法应用最为广泛，计算方便。施肥量的计算公式为：

$$\underset{（千克/公顷）}{施肥量}=\frac{\underset{（千克/公顷）}{目标产量}\times\underset{吸收量（千克）}{单位产量的养分}-\underset{（千克/公顷）}{土壤供肥量}}{所施肥料养分含量（\%）\times肥料利用率（\%）}$$

养分平衡法涉及果实的目标产量、施肥量、果园土壤供肥量、肥料利用率和肥料中有效养分含量等五大参数。其中土壤供肥量即为“3414”方案中处理1（$N_0P_0K_0$）的果树养分吸收量，目标产量确定后因土壤供肥量的确定方法不同，形成了地力差减法和土壤有效养分校正系数法两种。

1. 地力差减法　地力差减法是根据果实目标产量与基础产量之差计算土壤供肥量和施肥量，计算公式为：

$$\text{施肥量（千克/公顷）}=\frac{（\text{目标产量}-\text{基础产量}）\times \text{单位经济产量养分吸收量}}{\text{所施肥料中养分含量（\%）}\times \text{肥料利用率（\%）}}$$

基础产量即为“3414”方案中处理1（$N_0P_0K_0$）的产量。

2. 土壤有效养分利用系数法　土壤有效养分利用系数法是通过测定土壤有效养分含量来计算施肥量。计算公式为：

$$\text{施肥量（千克/公顷）}=\frac{\text{单位产量养分吸收量}\times \text{目标产量}-\text{土壤测试值}\times 2.25\times \text{有效养分利用系数}}{\text{所施肥料中养分含量（\%）}\times \text{肥料利用率（\%）}}$$

3. 有关参数的确定　养分平衡法的优点是概念清楚，应用方便，便于推广。但是须要结合当地果树生产的实际情况、果园土壤肥力特征、果树需肥规律及果实商品价格特点，确定必要的参数，才能取得满意的结果。此外，若施用大量有机肥料，应在计算出的施肥量中适当扣除一部分养分量，否则，容易造成过量施肥而带来不良后果。

（1）目标产量。可采用平均单产法来确定，以当地前3年平均产量为基础，露天果园栽培一般再加20%左右，保护地果园栽培再加30%左右的增产量为果实的目标产量。

目标产量（千克/公顷）＝（1＋增产量）×前3年平均产量

（2）单位产量养分吸收量。单位产量养分吸收量是指果树生产每一单位（如每100千克）经济产量（果实）从土壤中吸收的养分量参照表6-7。

（3）土壤供肥量。土壤供肥量可以通过测定基础产量和土壤有效养分校正系数两种方法估算。

一是通过基础产量估算（如“3414”处理1的产量）。以不施肥（空白）区果树所吸收的养分量作为土壤供肥量。

$$\frac{\text{土壤供肥量}}{\text{（千克/公顷）}}=\frac{\text{不施养分区果实产量（千克/公顷）}}{100}\times\frac{\text{每千克产量}}{\text{所需养分量}}$$

二是通过土壤有效养分校正系数估算：为了使土壤测定值（相对量）更具有实用价值，应将土壤有效养分测定值乘以系数进行调整，以表达土壤“真实”的供肥量。

将土壤测试值引入土壤供肥量计算式，简便易行的土壤有效养分测试就可代替烦琐的生物试验测定，以解决令人莫测的土壤供肥量。著名土壤测试科学家曲劳将“肥料利用率”引入土壤有效养分的利用中，假如土壤有效养分也有个“利用率”问题，那么土壤测试值乘以“利用率”即得土壤真实的绝对的供肥量。为避免“土壤有效养分利用率”与“肥料利用率”在概念上相混淆，我们暂以“土壤有效养分校正系数”来代替。因此土壤供肥量计算公式即变为：

$$\frac{\text{土壤供肥量}}{\text{（千克/公顷）}}=\frac{\text{土壤养分测定值}}{\text{（毫克/公顷）}}\times 2.25\times\frac{\text{土壤有效养分}}{\text{利用系数（\%）}}$$

式中的2.25是毫克/公顷换算成千克/公顷的系数。因为每公顷20厘米的耕层土壤约为225万千克，所以将土壤养分测试值（毫克/千克）换算成每公顷土壤有效养分含量（千克）的换算系数为2.25。

土壤有效养分利用系数的计算公式为：

土壤有效养分利用系数（%）＝不施养分区果树吸收的养分量（千克/公顷）×100%/土壤测试值（毫克/千克）×2.25

本方法提出后，美国、前苏联、印度等国的肥料工作者纷纷研究土壤有效养分校正系数，并以此确定各国推荐施肥公式，并在果树生产实践中得到广泛应用。

①美国 Truog-Stanford 式。

$$N_f = N_c - \frac{E_s N_s}{E_f}$$

式中：N_f——总需氮量；

N_c——计划产量的吸氮量；

N_s——土壤有效氮测定值；

E_f——肥料氮的当季利用率；

E_s——土壤有效氮利用系数。

②印度 Ramamoorthy 式。

$$推荐需肥量 = \frac{单位指标产量所需养分量 \times 指标产量}{肥料利用率} - \frac{土壤有效养分校正系数 \times 土壤养分测试值}{肥料利用率}$$

③前苏联养分平衡式。

$$D = A - \frac{2.25BK_1}{K_2}$$

式中：D——总需养分量；

A——计划产量所吸收的养分量；

2.25——把毫克/千克换算成千克/公顷的换算系数；

K_1——土壤有效养分的利用率即校正系数；

K_2——肥料利用率。

由公式可知，本法中的目标产量所需养分量，肥料中养分含量和肥料利用率皆与养分平衡法相同，唯有土壤有效养分校正系数要进行研究。

确定土壤有效养分系数的方法：

①设置田间试验。试验方案需设置 NP、NK、PK、NPK 4 个基本处理，要有足够的试验点以保证其应用价值。供试树种、品种、树龄等应统一，果实成熟后计产，再计算出需养分总量及无氮、无磷、无钾区的土壤供 N、P_2O_5、K_2O 量。为准确起见，现

在许多科技人员自测果树需肥系数，这就要进行大量的土壤测试工作。

②测定土壤有效养分含量。在设置田间试验的同时，采集不施任何肥料的土壤样品（“3414”方案中的$N_0P_0K_0$即空白处理）。测定土壤中的碱解氮（碱解扩散法）、土壤有效磷（Olsen 法）和有效钾（火焰光度法）。

③确定土壤有效养分校正系数。按土壤有效养分校正系数计算公式，计算出每一个果园土壤有效养分的利用系数。应注意土壤有效养分利用系数不一定都是小于 1 的数，也可能是大于 1 的数，这将取决于养分浸提量的大小。

④进行回归统计。以土壤有效养分利用系数 Y 为纵坐标，土壤有效养分测定值 X 为横坐标，作出散点图，根据散点图分布特征进行选模，以配置回归方程式（图 6-8、图 6-9）。

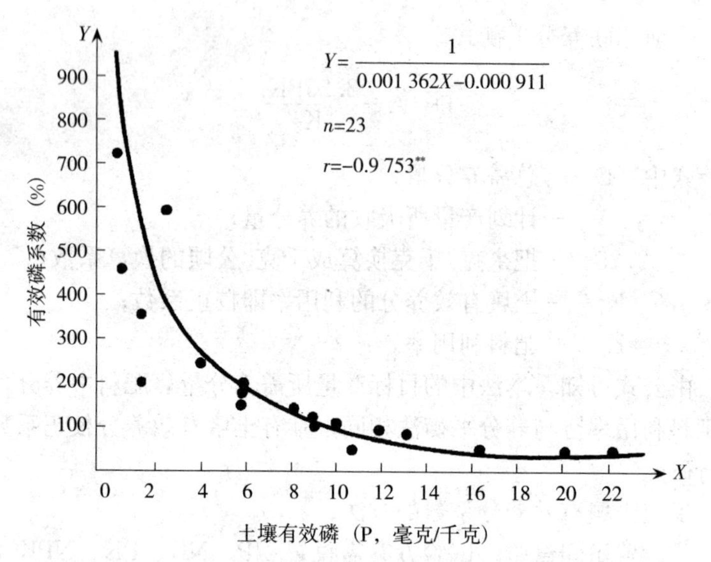

图 6-8　吉林省主要土壤的有效磷校正系数与测土值的关系

⑤编制土壤有效养分校正系数换算表。对于基层科技工作者和果园管理者来讲，需要直观明了的分档数据，以便随时随地计算土

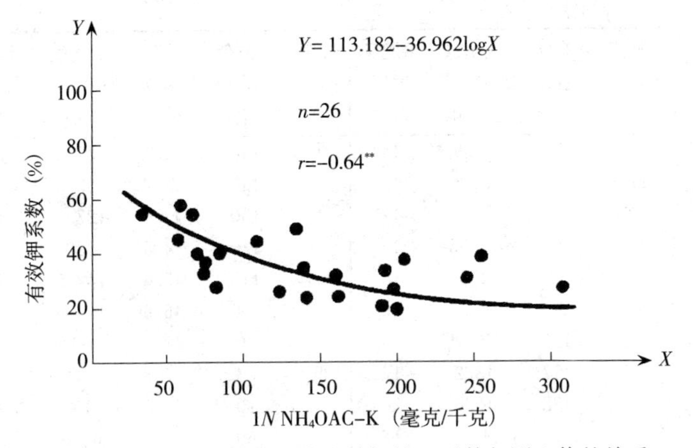

图 6-9　浙江省红壤的土壤有效钾校正系数与测土值的关系

壤供肥量。目前，有关果树生产区的土壤有效养分系数换算表较少，可参考大田作物土壤养分系数、土壤测试值与肥料利用率之间的关系（表 6-27）。

表 6-27　浙江省红壤有效磷、有效钾的土测值与养分系数之间的换算（作物：玉米）

磷肥力等级	土测值（P，毫克/千克）	养分系数（%）	土壤供磷量（千克/公顷）	磷肥利用率（%）	钾肥力等级	土测值（K，毫克/千克）	养分系数（%）	土壤供钾量（千克/公顷）	钾肥利用率（%）
高	30	28	18. 75	12	高	250	32.3	181.5	60
	25	32	18.15	12		240	33	178.5	60
	20	39	17.4	13		230	33.7	174	65
中	19	40	17.25	12		220	34.5	171	65
	18	42	17.1	12		210	35.3	168	65
	17	44	16.95	12		200	36.2	163.5	65
	16	46	16.8	12		190	37.1	159	65
	15	49	16.5	13	中	180	38	154.5	65
	14	52	16.35	13		170	39	148.5	70
	13	55	16.05	13		160	40	144	70

（续）

磷肥力等级	土测值（P，毫克/千克）	养分系数（%）	土壤供磷量（千克/公顷）	磷肥利用率（%）	钾肥力等级	土测值（K，毫克/千克）	养分系数（%）	土壤供钾量（千克/公顷）	钾肥利用率（%）
中	12	59	15.9	14	中	150	41.1	139.5	70
	11	64	15.6	14		140	42.2	133.5	75
	10	68	15.3	14		130	43.4	127.5	75
	9	74	14.85	14		120	44.5	120	75
	8	81	14.55	15		110	45.6	112.5	75
低	7	90	14.25	15		100	46.6	103.5	80
	6	101	13.65	15		90	47.4	96	80
	5	117	13.2	16	低	80	47.8	85.5	85
	4	138	12.6	16		70	46.6	75	85
	3	171	11.55	17		60	47.5	64.5	85
	2	228	10.35	17		50	50.4	57	85
	1	—	—	—		40	53.9	48	85

在引入土壤有效养分校正系数时，必须结合当地实际生产情况，做大量田间试验和土壤有效养分测试工作。在积累大量有效数据的基础上进行生物统计，得出显著或极显著的规律性后方可用于测土配方施肥实践。通过实践获取反馈信息校正养分系数，并在实践中不断修正，才能与生产实际相符，以提高测土配方施肥的准确性。

（4）肥料利用率。肥料利用率（系数）是指当果树生长季（年生长周期）从所施肥料中吸收的养分量占施入肥料总养分量的百分数，它也是确定果树最佳施肥量的重要参数。由于受果树树种与品种、砧木、树龄、肥料品质与投入量、施肥技术、土壤肥力及气候条件等诸多因素的影响，所以确定肥料利用率的难度很大。可查阅国内外资料，参考有关数据及通过田间试验和化学分析来求得。

$$\text{肥料利用率}=\frac{\begin{array}{c}\text{施肥区树体内}\\\text{该元素的吸收量}\end{array}-\begin{array}{c}\text{无肥区树体内}\\\text{该元素的吸收量}\end{array}}{\begin{array}{c}\text{所施肥料中}\\\text{该元素的总量}\end{array}}\times 100\%$$

在目前果园管理水平下，果树对化肥的利用率：氮肥 30%～

60%；磷肥10%～25%；钾肥40%～70%。有机肥料利用率为：腐熟较好的人粪尿、禽粪等的氮、磷、钾为20%～40%；猪厩肥的氮、磷、钾为15%～30%；土杂肥或泥肥的氮、磷、钾不足10%；豆科绿肥为20%～30%。研究表明，磷肥利用率最低，但其后效很长，氮、钾肥几乎相当。

在确定肥料利用率后，可按基肥和追肥的比例，分别计算出有机肥和化肥的计划施肥量，但是计划施肥量的计算只是一个粗略的估算值。在果园施肥中还应根据当地肥料的供应情况进行合理的调整，并与其他管理技术相配合进行科学运用，使推荐施肥量更符合实际。

（5）有机肥料施肥量的计算。种植果实商品价值高的适宜果园土壤有机质含量最好达到2%～3%。建立在果园土壤有机质矿化和积累平衡基础上的有机肥料推荐施用量，旨在保持或提高土壤有机质含量水平。若已达到者，则每年只需补充有机质矿化而消耗的数量。例如，土壤有机质含量约为166吨/公顷，而年矿化率为2%左右，每年应补充3.33吨。例如堆肥有机质含量为15%，则每年应施堆肥22.2吨。若要提高土壤有机质含量，则有机肥用量必须高于补充年矿化率的有机肥用量。但补充量应是循序渐进，每年依次增加为好。

二、肥料效应函数法

肥料对果树的增产效应体现在施肥量、果实产量和品质上，可以用数学函数来表示，即肥料效应函数。可采用“3414”设计方案，通过多点多年的果园测土配方施肥田间试验结果，选出最佳肥料配方施肥方案，确定施肥种类、比例与用量，建立当地主栽果树树种或品种的肥料效应函数。

采用多因子回归设计法，进行单因素、二因素或复因素多水平试验，将结果进行数理统计，求得产量与施肥量之间的函数关系。再根据方程式，不仅可以直观地看出不同营养元素的肥料增产效应及其配合施用的效果，而且也可以分别计算出最佳施肥量、施肥上限和下限，作为某一地区不同土壤肥力果园配方施肥的依据。

此法的优点是能客观地反映肥效诸因素的综合效果，精确度高，反馈性好；缺点是有地区局限性，需要在不同土壤肥力的不同果园上布置多点试验，积累多年的相关资料，费时较长。

三、土壤养分丰缺指标法

土壤养分丰缺指标法是测土配方施肥最经典的方法。利用土壤养分测试值与果树需肥量之间的相关性，对不同果园不同树种进行田间试验。将土壤测试值以一定的级差进行分级，绘制果园土壤养分丰缺指标及其应施肥料数量检索表。只要取得土壤测定值就可以对照检索表按级确定肥料用量。此法是以“先测土，后效应”。国内外测土配方施肥实践表明，土壤养分丰缺指标法有一整套土壤化学原理和严密的统计系统，若严格遵循，其建议或推荐施肥量就符合生产实际。具体步骤如下：

1. 进行田间试验 在调查了解本地区果园土壤肥力状况和供试养分含量的分布状况的基础上，进行肥料试验的合理布点。点数越多，其结果越有代表性。土壤养分丰缺指标田间试验也可采用“3414”部分实施方案，如“3414”方案中的处理 1 为无肥区（CK）、处理 6 为氮磷钾区（NPK）、处理 2、处理 4、处理 8 为缺素区（即 NP、NK、PK）。栽培的树种，品种和果园管理技术同一般果园，最后计产。

2. 土壤养分测试 对各试验小区或试验树进行土壤有效养分的测试。

3. 求相对产量 在果实收获后计产，以全肥区（或株）最高产量为 100，将其他各缺素区（或株）的产量换算成相对于最高产量的百分数产量（%）。

4. 土壤养分丰缺指标分级 从缺素区或缺素株产量占全肥区（或株）产量百分数即相对产量的高低来表达土壤养分的丰缺情况。相对产量低于 50%的土壤养分为极低；50%～75%为低；75%～95%为中；大于 95%为高，从而确定出某一地区某种树种果园土

壤养分丰缺指标及对应的施肥量。对该地区其他的果园，只要测定土壤养分含量，就可以了解土壤养分的丰缺状况，提出相应的推荐施肥量。

土壤养分丰缺指标法的优点是直观性强、定肥简便；缺点是精确度较差。与土壤养分指标等级相应的土壤测试值是一个相对值，仅能表达果园土壤中某种有效养分对果树产量的保证程度或该土壤对某种肥料的反应程度（表 6-28）。因此确定了土壤有效养分的丰缺指标，在指导施肥上也仅能达到定性或半定量的程度。欲达到完全定量的水平，还应在不同肥力指标的土壤上设置肥料量试验，确定出各种土壤养分丰缺指标的土壤合理施肥量，用以指导果园管理与施肥。由于土壤理化性质的差异，土壤氮的测定值和产量之间的相关性较差，土壤养分丰缺指标法一般只用于磷、钾肥和微量元素肥的定肥。

表 6-28 土壤有效养分肥力指标及其对肥料的反应

肥力等级	有效养分丰缺程度	对果树产量的保证程度（%）	对肥料的反应程度
高	丰富	＞95	肥效不明显或无效
中	中等	70～95	施肥有一定肥效
低	缺乏	50～70	施肥效果明显
极低	极缺乏	＜50	施肥效果很明显

四、土壤植株测试推荐施肥法

土壤植株测试推荐施肥法技术综合了目标产量法、养分丰缺指标法和作物营养诊断法的优点。对于果树，在综合考虑氮肥施用过量、施肥养分比例失衡、田间管理有别于大田作物的前提下，根据氮、磷、钾以及中、微量元素养分的不同特性，采取不同的养分资源优化调控与管理措施。主要包括氮素实时监控施肥技术、磷钾养分恒量监控施肥技术和中、微量元素养分矫正施肥技术等。

1. 氮肥实时监控施肥技术 氮素实时监控施肥技术是在维持合

理的根层无机氮供应数量的基础上，实现土壤—作物体系中氮素总平衡。这就是说，作物的氮素供应目标值是根据养分平衡原理的原则，主要满足推荐期间作物氮素的吸收数量、作物正常生长所必需的根层土壤无机氮数量以及氮素损失。一般情况下，果树的目标产量越高，氮素供应的目标值就越大；果树的生长期越长，氮素供应目标值就越大；在同样的目标产量下，漫灌条件下的果树氮素供应目标值通常高于滴灌条件。根据当地目标产量确定果树的需氮量，以需氮量的 30%～60%作为基肥用量。还可根据果园土壤全氮含量，同时参照当地土壤养分丰缺指标来确定具体基肥比例。一般土壤全氮含量低时，以果树需氮量的 50%～60%作基肥；在全氮含量居中时，40%～50%作基肥；全氮含量偏高时，30%～40%作基肥。若以 30%～60%基肥比例的用肥量，其计算方法可通过“3414”方案进行田间校验试验。由于在果园土壤中土壤无机氮的残留量差异很大，田块间的无机氮差异有时可达数十倍。所以必须考虑土壤残留氮素，即通过建立果园果树产量与氮肥供应水平梯度的曲线关系，来求得适宜的氮肥用量，也称氮素供应目标值（图 6-10）。

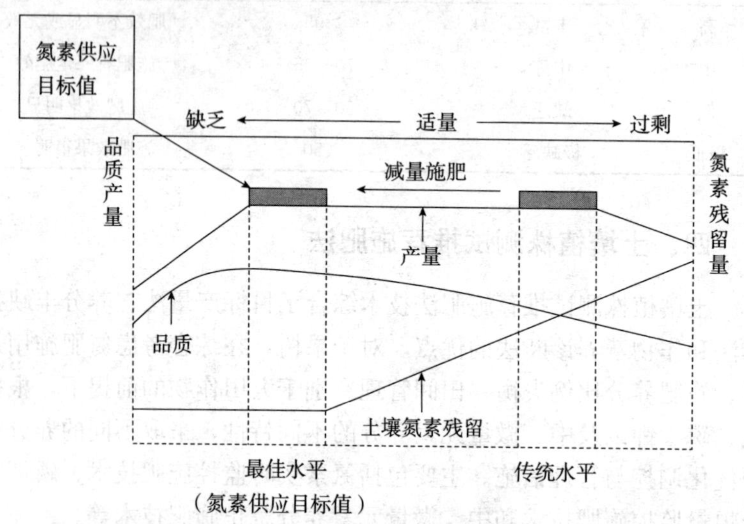

图 6-10　果树产量和品质对不同土壤氮素供应水平的反应

因此，在果园测土配方施肥工作中，可以通过收集资料建立和修正当地果园不同树种的氮肥施用量。一般情况下，在果园土壤中，土壤无机氮（硝态氮＋铵态氮）的70%～95%都是硝态氮，因此有条件的果园或果农可在施肥前只测定0～30厘米土壤无机氮（或硝态氮）以调节基肥用量。

$$\underset{(\text{千克/公顷})}{\text{基肥用量}}=\frac{\left(\underset{\text{需氮量}}{\text{目标产量}}-\underset{\text{无机氮}}{\text{土壤}}\right)\times(30\%\sim60\%)}{\underset{\text{养分含量}}{\text{肥料中}}\times\underset{\text{季利用率}}{\text{肥料当}}}\underset{(\text{千克/公顷})}{\text{土壤无机氮}}$$

$$=\underset{\text{值(毫克/千克)}}{\text{土壤无机氮测试}}\times 2.25\times\text{校正系数}$$

氮肥追肥用量还可根据根层土壤硝态氮测试值来决定和调控氮肥准确用量，这是控制过量施氮或施氮不足、提高氮肥利用率和减少氮素损失的重要措施。

$$\underset{(\text{千克/公顷})}{\text{氮肥推荐施用量 N}}=\underset{\text{需肥量}}{\text{目标产量}}-\underset{\text{土壤硝态氮}}{\text{施肥前根层}}$$

2. 磷钾养分恒量监控施肥技术　通常土壤对磷、钾等元素的供应具有很大的缓冲性，因此，在施用磷、钾肥时不需要像氮素那样非常精确，可以根据土壤有效磷、有效钾的测定值分组并考虑果实带走量进行施肥。磷、钾肥用量的推荐指标与大田作物相似，都根据土壤有效磷、有效钾的测试值确定。对于磷肥用量的确定，应根据土壤有效磷测试结果和养分丰缺指标进行分级。当有效磷水平处在中等偏上时，可以将目标产量需磷量（只包括带出果园的果实）的100%～110%作为果树生长季磷用量；随着有效磷含量的增加，需减少磷肥用量，直至不施磷肥；而随着土壤有效磷的降低，需要适当增加磷肥用量。在极缺磷的土壤上，可以施到需磷量150%～200%。在2～3年后再次测土时，根据土壤有效磷含量和果实产量的变化，再对磷肥用量进行适当调整。钾肥用量的确定，首先需要确定施用钾肥是否有效，再参照上述方法确定钾肥用量，但是必须考虑有机肥和秸秆还田带入的钾量。

第七章

南方果树丰产优质高效施肥新技术

第一节　南方果园常用肥料施用技术

一、有机肥料

1. 传统有机肥料　有机肥料种类很多，主要有人畜尿、厩肥、堆肥、绿肥、饼肥、泥土肥、糟渣肥、腐肥、生活垃圾、污泥等。有机肥是一种完全肥料，含有丰富的有机质和作物所需的多种营养元素，施用有机肥料是农业生产中能量和作物循环不可缺少的环节，也是生产无公害果品的重要措施之一。有机肥料除具有营养作物、增加果树产量、改善果品质量外，在改良土壤和培肥地力方面具有独特的效果。

由于有机肥料施入土壤后需经微生物分解重新合成腐殖质，并释放无机态养分供果树根系吸收，因此肥效迟缓而持久，适合做基肥施用。

有机肥与速效性化肥混合施用可增进肥效，缓急相济，互补长短，充分发挥各自的增产潜力和养地效果。

2. 工厂化有机无机复混肥料　工厂化有机无机复混肥料也称为商品有机肥料，是由有机无机物质混合或化合制成的肥料，是有机肥料深加工和产业化的产物，也是肥料工业的改革与创新的必然趋势。21 世纪工厂化生产的有机肥及有机无机复混肥，在肥料市场中将占有重要地位。应选择来源稳定、质量较高的有机物料，并接种某种有益微生物，如发酵菌、除臭菌等，再配加高浓度的无机肥料，提高总养分的有效性，可达到降低成本提高效益的目的。目

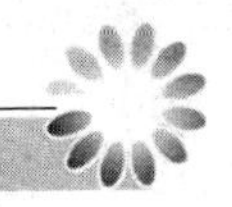

前，我国市售的果树有机无机复混肥，也是生产有机果品的首选肥料品种。

①经无害化处理的禽畜粪便，加入适量的无机营养元素，如氮、磷、钾或铁、锌等制成的有机无机复混肥：如鸡粪、羊粪等与大量或微量营养元素混合加工制成的有机果树专用肥，很受果农欢迎，在各种果树上施用效果都很理想。

②利用动物体废弃物经干燥、粉碎、发酵后，再添加适量矿物质元素制成的果树专用肥：一般利用畜禽的蹄角、毛皮、骨胶等，它们含有丰富的氨基酸、蛋白质等氮素化合物和磷素化合物，可制成固体或液体复合肥，如市售的氨基酸复合微肥，在多种微量元素缺乏的果树上施用效果很好。

3. 发酵肥液干燥复合肥料　发酵肥液干燥复合肥料是以发酵工业废液经浓缩干燥后的残留物为主要原料，配合蘑菇废渣或养禽用的废弃物制成的肥料，如味精厂废液与养鸡场废弃物，添加适量矿质元素制成的果树专用肥，在各种果树上施用效果很好。

二、化学肥料

根据肥料中的养分种类与形态，可分成单质化学肥料和复混肥料。

1. 单质化学肥料　只含有一种营养元素的肥料，其中氮肥、磷肥、钾肥为大量元素肥料；钙肥、镁肥、硫肥为中量元素肥料；锌肥、铁肥、硼肥、锰肥、铜肥、钼肥为微量元素肥料。

2. 复混肥料　含有氮、磷、钾中的两种或两种以上的肥料称为复混肥料：如磷酸二氢钾、磷酸铵等二元肥；以及各种氮、磷、钾养分含量比例的三元复合肥等。

3. 化学肥料的特点　化肥具有养分含量高、肥效快、易被根系吸收利用，适宜做追肥或根外追肥，肥效显著，但其养分易挥发、流失、淋洗、固定等，利用率低，易污染环境。

第二节 现代新型果树专用肥料施用技术

一、果树专用复混肥

复混肥按其用途，可分为通用复混肥和专用复混肥两类。在我国通常把氮、磷、钾养分含量相等的复混肥称为通用肥，如15∶15∶15、16∶16∶16等。这类肥料在各种土壤和作物上均可施用，但是养分比例固定，很难满足某种果树的特殊养分需求。果树专用复混肥是根据某一种果树营养诊断与需肥规律或某一特定果园土壤肥力状况确定肥料配方，具有较强的针对性，可节肥降低成本。在研发果树专用复混肥时，可以将营养特性相似的果树归为一类，如幼龄树以营养生长为主，施肥时以氮素为多，钾少，磷更少；盛果期果树施肥以少氮增磷、钾为原则，并补施适量中、微量元素，同时还要根据区域土壤有效养分测试结果，对肥料配方做适当调整，研制和生产出基本符合果树生长所需求的专用肥。如温州蜜橘专用肥、甜橙专用肥、香蕉专用肥、荔枝专用肥等。

二、果树散装专用掺混肥

散装掺混肥简称BB肥，它是以平衡施肥为基本原理，即根据果树需肥特性、果园土壤肥力状况、肥料增产效益，将两种或两种以上粒径相近的氮磷钾高浓度颗粒肥，按一定的比例经物理的方法掺混制成的配方肥料。BB肥具有养分浓度高、针对性强、成本低、经济效益好等特点。

三、果树缓（控）释肥

缓释肥亦简称CRF肥，是指肥料表面用低水溶性无机物或有机聚合物涂层或将肥料均匀融入于聚合物中，形成多孔网络体系。其特点是养分释放速度与果树养分平衡需求基本一致，淋溶、挥发、固定损失少，利用率高，施用方便，用量少，经济效益高，具

有广阔的发展前景。目前，我国市售的缓释肥料种类相对较少，有进口产品，也有国产品牌。由于生产工艺流程复杂，生产成本和价格高，主要用于效益高的果树。

四、果树多功能专用肥料

果树多功能专用肥料是指具有增强果树的生理功能、提高其抗逆性和防治果树病、虫、草害等诸多功效的肥料。如防病虫害多功能复合肥、除草多功能复合肥、氨基酸多功能复合肥、腐殖酸多功能复合肥等，这类肥料具有杀虫、防病、除草、抗旱、保水、促根、提高养分利用率等多种功效。在配制多功能复合肥时，应特别注意因地制宜，根据当地土壤和果树营养诊断指标与测试值，结合病虫害发生情况及其物候期变化等因素，适时灵活调整肥料配方，以确保施用安全和提高肥效。

第三节　南方果树现代施肥技术

随着我国果品生产的迅速发展和科技的进步，果树施肥在传统方法的基础上又有了新的改进，尤其是概念上的更新，如今已明确了平衡施肥的新概念，同时也发展了测土配方施肥新技术。如穴贮肥水、灌溉施肥（滴灌、喷灌、微灌）、设施果树（传统的大棚温室和智能化温室）的节水调肥、以水控肥、肥药混用、CO_2气肥等，这些新概念和新技术的推广应用，对提高果品产量和改善品质具有很重要的作用。

一、穴贮肥水

在 20 世纪 80 年代由山东农业大学束怀瑞教授研究与推广的一种果树施肥新技术，适用于丘陵山地、坡地、滩地、沙荒地、干旱少雨的旱垣果园土壤的肥水管理，是一种节水节肥和加强自然降水的蓄水保墒新技术。穴贮肥水的主要技术规程如下：

1. 挖穴　于果树春季发芽前，在树冠外缘下方根系密集区内，均匀挖穴直径30～40厘米、深30～50厘米（依土层厚度、根系分布状况而定），穴的数量依树冠大小、土壤状况而定。山地果园或幼龄树的树冠较小时，挖穴3～4个；7～8年生冠径3.0～4.0米时，挖穴4～5个；成年大树挖穴6～8个。

2. 穴贮肥水 把穴挖好后，每穴内直立埋入一直径20～30厘米、长30～40厘米的草把。草把用玉米秆、麦秸、杂草等捆扎而成。并用水、腐熟粪尿混合液或10%尿素液浸泡1.0～2.0天，使其充分吸收肥水。草把上端比地面低约10厘米，在草把四周用混有少量氮、磷、钾肥（每穴用过磷酸钙、硫酸钾各50～100克、尿素50克）的土壤埋好，踏实。草把上端覆少量土，再施入尿素50～100克或以氮、磷、有机肥比例为1∶2∶50的混合肥料与土壤拌匀后回填于草把周围空隙中，踏实，使穴顶比周围地面略低，呈漏斗状，以利于积水。最后每穴再浇水7～10千克，然后将树盘地面修平，以树干为中心覆以地膜，贴于地面，四面用土压好封严，并在穴的中心最佳处捅一孔，孔上压一石块，以利于保墒。覆膜面积依树冠大小、贮肥穴的数量而定。8～10年生的苹果树覆膜为4米^2，成年大树为6米^2（图7-1）。

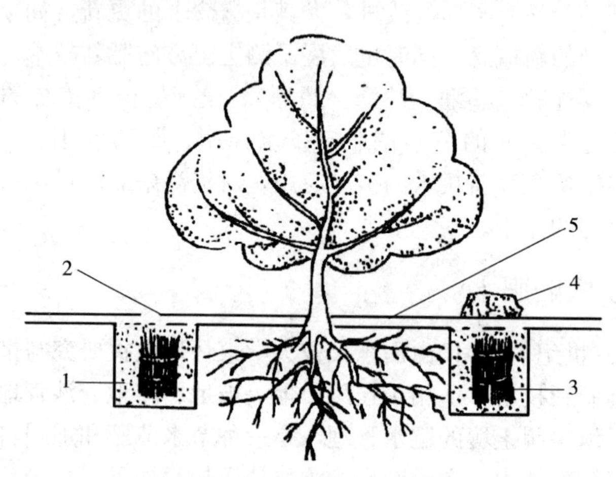

图7-1 穴施肥水加覆膜

1. 施肥穴 2. 浇水施肥孔 3. 草把 4. 石头 5. 塑料薄膜

3. 追肥　覆膜后的施肥灌水都将在穴孔上进行。一般在花后、新梢停长及采果后3个时期，每穴各追施50～100克复合肥或尿素，由小孔施入穴中。土壤瘠薄地，在雨季还可以增施一次化肥。土壤较肥沃的果园，每穴每次追肥50克，肥力低的果园增至100克。覆膜后至新梢旺盛生长后期，每隔10～15天浇水1次，每次每穴3～5千克，由穴孔浇下。若遇雨可少浇或不浇。为防杂草生长顶破地膜，应在覆膜前喷一次除草剂。覆膜后如有杂草生长，可在膜上适当压土抑制杂草生长。

穴贮肥水加地膜覆盖技术可以局部改善果园土壤的肥水供应状况，使1/4的根系能够生长在肥水充足而稳定的环境中。贮肥穴内的草把可作为肥水的载体，可以改善土壤的通透状况，增加土壤有机质含量，促发果树新根大量形成，增强了根系吸收合成能力，树势健壮，产量高，质量好。

实践证明，穴贮肥水技术简单易行，取材方便，投资少，节水省肥（一般可节水70%～80%，省肥30%左右），增产、增质、增效显著。

二、灌溉施肥技术

灌溉施肥是将灌溉与施肥结合起来的一项新技术，也称为加肥灌溉，即通过灌溉系统进行施肥。由于灌溉施肥是肥料随灌溉水进入土壤，具有肥效快、节水省肥降低生产成本的特点，它是果园测土配方施肥的最佳施肥技术。特别适合缺水少雨的丘陵山区和沙漠土壤、盐碱地及经济效益高的花卉、果树、蔬菜、保护地栽培等应用推广。因为灌溉施肥投资大，对肥料质量和输送管道、肥水调控电子设备等要求很严格，所以在现代高智能自动化温室群中多采用滴灌和微灌施肥法，而在大田和大棚中推广应用多采用喷灌施肥法，效果都很理想。

随着我国水资源危机的日益加剧，我国北部、西北部绝大部分旱地果树主栽区节水灌溉已成为果品产业中急待解决的难题之一。广大旱地果品产区的果农因地制宜地创造出许多节水省肥的肥水管理新技术，产生了极大的经济效益。

灌溉施肥最适用的是化学氮肥，其次是钾肥和微量元素肥料。由于磷肥在灌溉水中易产生沉淀，不仅降低肥效，还会堵塞过滤器和喷头，因此，磷肥一般不宜采用灌溉施肥。在石灰性土壤上施用铵态氮肥也易引起氨的挥发损失。

1. 叶部喷灌施肥技术 喷灌施肥是将含有一定量的化肥溶于水中，以机械（如水泵）为动力将灌溉水或肥液（或农药）压入输送管道（用钢管或耐压塑料管制成）系统，直接喷洒于果树上的一种施肥新方法，也是测土配方叶部施肥自动化、精准化发展的结果。通过管道系统有效地施用肥料、农药等，多用于露地种植的大型果园（图 7-2），可节约化肥 10%～30%，节水效果也很明显，且成本低，效益高，是现代化果园配套管理技术之一。其缺点是当风速大或喷嘴发生故障时可能会使肥料分布不均。

图 7-2 果树喷灌施肥

2. 根部灌溉施肥技术

（1）管道滴灌施肥。管道滴灌施肥是将含有化肥的灌溉水在低压情况下，借助于滴灌管道系统，通过等距离细管和滴头将可溶性肥料直接输送到果树近根的土壤中。进入土壤的肥液，在滴头附近的土壤中养分浓度较大，可借助毛管力的作用逐渐扩散到根围土壤而直接被根系吸收，肥效高，节水省肥。通过控制滴头数量和流速

的方法来调控用水施肥量。目前，这项技术要求投资大，科技含量高，多用于经济效益高的大型果园和智能化温室群内果品生产中（图 7-3）。滴灌施肥一般比喷灌施肥节水约 60%，节能和减少养分流失。同时在果树生长旺盛期需要大量养分时，可及时将养分输送到近根周围的土壤中，起到了节水省肥的双重作用。由于滴灌施肥的滴头堵塞与管道维护是问题的关键，所以一定要把握好肥料质量、肥液配制、灌水水质等技术难关。

图 7-3　果树滴灌施肥

滴灌系统由 3 部分组成。

①首部枢纽。自压滴灌必须修建压力池，机压滴灌必须由水泵加压。首部附属设备有流量表、化肥罐、压力表、过滤器等。

②管路系统。一般分干管、支管、毛管 3 级。

③滴头。

滴灌施肥时，依果树根系吸收强弱、需肥特性和肥料种类而确定施用浓度。如钾肥浓度为 2 毫克/千克时，供肥后继续滴灌 4～5 小时，5 天后钾可向下层土壤移动达 80 厘米，向四周移动达 150～180 厘米以上。硝酸铵浓度 1～2 毫克/千克时，供肥后向土壤下层移动达 100 厘米以上，向四周移动达 120 厘米。

（2）简易滴灌施肥。制作塑料袋贮肥水器：容肥水量为 30～

50千克的塑料袋（可用不漏水的化肥袋代替），并准备一些扎捆用的细铁丝。滴管为直径3毫米的塑料管。每株树需要3～5个水袋（依树冠大小而定），每袋需配备10～15厘米长的塑料滴管。

把塑料滴管短截成10～15厘米的小段，其中一端剪成马蹄形，在马蹄形的端部留一3～5毫米（高粱粒大小）的小孔，其余部分用火烘烤黏合，把滴管的另一端平剪插入塑料袋1.5～2.0厘米，然后用细铁丝扎紧固定。捆扎时要特别注意掌握好松紧度，过紧出水慢，过松出水快或漏水。出水量在2千克/小时左右，合110～120滴/分钟。

埋设塑料袋贮肥水器：在树冠外围垂直投影的地面上挖3～5个等距离的坑，深20厘米左右，倾斜度25°，宽依水袋大小而定，将制作好的水袋放入坑内。水袋不要平放，因平放压力小出水难。放好后将滴管埋入40厘米深的土层中。滴管所处位置应在树冠外缘的下方，这样有利于肥水被根系吸收。为防止塑料袋老化，可在袋上覆膜或用旧化肥袋或薄土等物遮盖。

实践证明，采用塑料袋滴灌施肥的苹果树，在需肥期滴灌两次尿素（浓度0.3%～0.5%），叶绿素含量、坐果率均比滴灌不施尿素有所提高。

（3）简易渗灌施肥。简易渗灌施肥技术是山东省沂蒙山区和山西省运城县、临猗县果农根据当地的实际生产条件，在管道滴灌的基础上，改进兴起的一种节水灌溉施肥方法。此法对矫治果树缺素症效果特别好。

修建蓄水池：地上部修建蓄水池，半径为1.5米、高2.0米，容水量为13吨左右。渗水管为直径2厘米的塑料管。每隔约40厘米处两侧及上方打3个针头大的小孔（孔径1.0毫米），渗水管埋入地下40厘米左右。行距3.0米的果园，每行可埋一条；行距4.0米以上的每行埋2条。每个渗水管上安装过滤网，以防堵塞管道。渗幅纵深90～100厘米，横向155厘米。根据果树长势需要施肥时，可将化肥直接投入贮水池，也可先将肥料溶解过滤后再输入流水道，肥液随水流渗入果树根际土壤，直接被根系吸收，肥效

快，省工节水。

渗灌也可利用果树皿灌器（已获国内发明专利），皿灌器是一种陶罐，可容水 20 千克，将肥料投入罐内随水慢慢渗入果树根部土壤层内。渗水半径为 100 厘米。贮肥液 15 千克，7 天渗完。

（4）根系饲喂施肥。根系饲喂施肥技术是借助渗灌施肥的原理，在果树缺乏某种微量元素，采用其他施肥方法难以奏效时所应用的急救措施。特别是石灰性土壤果树黄化病的矫治，效果特别明显。

操作方法：早春于果树萌芽前，将装有相当于叶面喷施适宜浓度肥液的瓶子或塑料袋（内装肥液 200～300 毫升），埋于距树干约 1.0 米（视树冠与水平根扩展面积大小而定）处，将粗约 5 毫米的吸收根剪断放入瓶或塑料袋中，埋好即可。

根系饲喂施肥法在石灰性土壤上栽培的苹果、梨、桃、柑橘等矫治缺铁黄化病，效果特别好。施用最佳期为果树落叶后或第二年春季萌芽前。果树生长期灌根时，必须严格掌握肥液浓度，以防发生肥害。

三、树干强力注射施肥技术

1. 树干强力注射法施肥原理　树干强力注射施肥技术是将果树所需肥料从树干强行直接注入树体内，靠机具持续的压力，将进入树体的肥液输送到根系、枝条和叶子中，直接为果树吸收利用，并可贮藏在木质部中，长期发挥效力，还可及时矫治果树缺素症，减少肥料用量，提高利用率，降低污染环境的负面影响。

2. 树干强力注射机　由中国农业科学院果树研究所和西南交通大学合作研制。

3. 操作方法　先用钻头的曲柄钻在树干基部（愈靠近根基愈好）垂直钻 3 个孔，深为 3～4 厘米，然后用扳手将针头旋入孔中，针头与树干结合要紧密牢固，针头尖端与孔底要留有 0.5～1.0 厘米的空隙。摇动拉杆，将注泵和注管吸满肥液，排净空气，连接针头，即可注肥。注射中应观察压力表读数，使压力恒定在 10～15

兆帕，以保证肥液连续进入树体。

目前，多用此法注射铁肥，以治疗果树失绿症。配制好的0.5%左右的硫酸亚铁溶液，pH应为3.8～4.4，淡蓝色透明，不宜久存。若出现红棕色沉淀，应调节pH使沉淀消失，否则不能应用。铁肥用量依树体大小和失绿症程度而定。一般是树体大，失绿严重，注肥量大，反之，注肥量可酌情减少。干周40厘米以上的果树，硫酸亚铁注射量20克/株以上，失绿严重时可注射30～50克/株。

4. 注射时期 以春、秋两季效果最好。春季自春芽萌动前愈晚注射愈好；秋季以果实采收后愈早愈好。因为此期树液流动好，肥液在树体内分布均匀。生长旺季注射铁肥，若浓度和方法不当易产生肥害，造成叶片焦枯死亡，树势急剧变弱。

5. 注射效果 石灰性土壤上的苹果、梨、桃等缺铁黄化树，强力注射铁肥复绿剂后，第三天黄化叶脉复绿，5～6天叶面开始变绿，长出的新叶也呈绿色，且有光泽，一次注射有效期可达4年以上。

试验证明，苹果和梨树在花前20天左右，每株强力注射磷酸二氢钾3克＋尿素5克＋葡萄糖2克＋200毫升水的营养液，对短果枝叶片均有明显的增大和增厚作用，坐果率也有所提高；桃树强力注射硫酸亚铁2克＋硫酸锌1.5克＋葡萄糖2克＋200毫升水的营养液，可矫治缺铁缺锌症；樱桃盛花期强力注射磷酸二氢钾2克＋尿素1.5克＋稀土4克＋葡萄糖2克＋200毫升水的营养液，可提高坐果率13%，果实色泽鲜艳，含糖量高，裂果明显减少。

第八章

南方果树配方施肥指南

第一节　柑橘配方施肥技术

柑橘是世界六大果树之一，其果品居世界总产量的第一位。我国是世界柑橘主要原产地，有4 000余年的栽种历史，资源丰富，优良品种繁多。近几十年来，随着南方果品产业的兴起与发展，柑橘栽培面积迅速扩大，总产量约居世界水果的第三位。南起海南岛、台湾，北至陕西汉中、甘肃武都，东起山东临沂、福建，西至西藏均有广泛栽培。其中主栽区有广东、广西、福建、浙江、湖南、湖北、四川、海南、台湾等21个省（自治区、直辖市）。

柑橘果树长寿、丰产、稳产、经济效益高，是我国南方果树的主栽树种，为南方果农主要经济来源。柑橘果实营养丰富，色、香、味兼优，广受消费者的青睐。由于我国自然生态条件优越，适宜种植的地域辽阔，栽种技术不断进步，南方各地已创建了许多高产、稳产、优质柑橘园，其产量水平和经济效益大幅度提高。但是还存在不少建园质量差的问题，如重栽植轻管理，成龄树橘园的肥水管理、病虫害防治失时，导致“小老树”、低产树较多，产量低、品质差、商品性不好，国内外市场销售疲软。为了建设规范化的高标准橘园，做好橘园土肥管理尤为重要。

一、柑橘的需肥特性

（一）柑橘营养特性

柑橘、橙和柚统称为柑橘类果树，属灌木、小乔木或乔木，是

典型的热带、亚热带多年生常绿果树。在条件适宜时全年均可生长，没有明显的深休眠期，因此比一般落叶果树需肥量大；而且柑橘种类、品种繁多，当砧木与立地条件不同时，对施肥的要求也不尽一致。

柑橘整个生命周期可分为幼龄树、成龄树（结果树）和老年树3个阶段。一年中（年生长周期）又可分为抽梢期、花芽期、幼果期、果实成熟期。柑橘树的主要营养器官生长特性如下：

1. 根系的生长特性 柑橘根系依扦插苗（包括高压生根）或实生苗而异。扦插苗的主根不发达，侧根和须根较多，而实生苗的根系有较强的主根。

柑橘幼苗定植后，首先生长垂直根，然后分出侧根，并横向伸展为水平根，而后才盛发须根。乔化性较强的品种，垂直根生长时间较长，水平根和须根网的形成较晚。这时地下部分大于地上部分，即T/R值小，因此，嫁接的幼树定植后3～5年亦不易开花。矮化性较强的品种，垂直根生长时间比较短，很快便过度至水平根和须根的生长，甚至没有垂直根，即T/R值较大，因此，开花较早，甚至在苗圃便能开花。在一般栽培条件下根毛很少，主要靠须根吸收土壤中的水分和养分。根系具有内生菌根，能显著地促进其吸收养分的能力。在透气良好且富含有机质的土壤环境中促发多而粗壮的须根，并会密生成团。根系是吸收水分和养分、固定树体的主要器官，培养深、广、密的根群，是柑橘丰产的重要基础。因此，增施有机肥促生柑橘须根的效果很明显。

柑橘根系一年中有3～4次生长高峰，与枝梢生长高峰互为消长。我国南方热带、亚热带地区冬春季温暖，土壤温、湿度均较高，春梢抽发前已开始发根；待春梢大量生长时，根群生长微弱；春梢大部分转绿后根群又趋活跃；夏梢发生前根群达生长高峰，以后在秋梢发生前和转绿后又各出现一次根的生长高峰。干旱年份，早春先发春梢后发根。

柑橘根系的分布广度、深度与品种、砧木、繁殖方法、土壤条件等因素密切相关。例如，土壤性质和土层厚度对柑橘根系结构影

响甚大，同是酸橘砧，在水田种植时骨干根呈水平方向分布，没有垂直根，可提早开花结果；在深翻改土后的坡地或河流冲积土上栽植，则垂直根强大而早开花结果。此外，土壤水分过多或过少，或土壤养分过剩或不足，地上部有机营养供应不及时等，都将使根系生长严重受阻。

2. 芽的生长特性　柑橘的芽为复芽，没有顶芽，只有侧芽生长在叶腋中，营养充足可萌发2～6个芽，一年能萌发多次。芽的形成与外部环境条件、枝条内部营养状况关系密切。若早春温度低，树体积累养分不足，春梢基部侧芽不充实，往往形成隐芽；夏季高温多湿，营养生长旺盛，枝粗叶大，也会形成不充实伏芽；立秋前后，我国南方地区雨量适中，气候温和，有利于形成健壮充实的侧芽；晚秋和冬季气候干旱，温、湿度降低，所发的芽不够充实，徒耗营养。

3. 枝梢的生长特性　普通柑橘有明显的主干，是根系和树冠营养转运的交通要道。粗大的主干可以形成丰产的树冠。柑橘的枝梢按其功能可分为营养枝、结果母枝和结果枝。营养枝与结果枝往往转化交替生长，其比例失掉平衡就会出现大小年结果现象。不同年龄时期对结果母枝利用不同。在年生长周期中，枝梢又可分为春梢、夏梢、秋梢和冬梢。

4. 叶片的生长特性　柑橘叶片寿命一般为1.5～2年，最长可达3年。从萌芽至叶片大小定型约需6周，至完全转绿老熟约需2个月。春梢叶片的各个发育期需时长，夏秋梢叶片则需时短。新生叶展叶后随叶龄的增加，其光合效能亦随之增高，成熟后达高峰。衰老叶片光合效能低。对老熟叶片而言，每年从4月开始光合效率迅速上升，5月达高峰，而后较长时间维持这一水平，直至入冬前开始下降。

5. 花的生长特性　柑橘一般自花授粉结果，而沙田柚自花不易结实，异花授粉可提高产量。果实发育时间长，大致可分为幼果期、果实膨大期和果实着色成熟期3个发育阶段。从花谢后至落果基本结束为止为幼果期；从生理落果基本停止后至果实开始着色为止为果实膨大期；从果实着色至完全成熟（橙红色）为果实成熟期。

（二）柑橘的需肥特性

柑橘生长发育需要9种大量元素和7种微量元素，除碳、氢、氧来源于空气和水之外，其余大部分靠地下部根系从土壤中吸取。地上部的叶片、枝梢、果实和主干等各部位也能不同程度地吸收养分。据测定，生产100千克柑橘果实，需吸收氮（N）1.8千克、磷（P_2O_5）0.6千克、钾（K_2O）2.4千克，N∶P_2O_5∶K_2O=1∶0.3∶1.3，需氮、钾较多。新梢对氮、磷、钾的吸收，春季开始增长，夏季达到高峰，秋季下降，入冬后基本停止。果实对磷的吸收高峰出现在8～9月，对氮、钾的吸收高峰出现稍晚，在9～10月，以后趋于平缓。

1. 根系对养分的吸收　柑橘根系能够从土壤中吸收多种无机态养分和有机态养分。如无机养分硫酸铵、硫酸钾、过磷酸钙等，它们都能溶于水，在土壤溶液中呈离子状态，极易被根系吸收。而有机养分则需要经过土壤微生物的分解，才能被根系吸收利用，如蛋白质分解的氨基酸、尿素分解的酰胺、纤维素分解的糖类、核糖核酸和维生素等。根系对这些养分的吸收是有选择性的，而且需要消耗能量，这种能量来自地上部光合作用的产物，所以，地上部叶片光合作用的强弱，直接影响根系主动吸收养分的情况。由于根系吸收的氮、磷、钾等大量营养元素最多，其次是钙、镁、硫，而对铁、锰、锌、硼等微量元素吸收极少，这种选择性吸收的结果，会使土壤养分失去平衡，需要通过施肥来调节和补充养分。

柑橘根系从土壤中吸收养分的多寡，取决于土壤环境条件、根系数量与活力等因素。果农为了使柑橘根系发达并具有活力，同时使土壤肥沃，往往采取深耕改土、增施有机肥料和地面覆盖、及时灌溉等一系列农业技术措施，为根系建造一个水、肥、气、热协调的土壤环境条件。同时，还要通过土壤诊断和叶片营养诊断以选择正确的配方施肥技术与果园管理措施。

2. 叶片对养分的吸收　实践证明，柑橘的叶片不仅具有吸收和转运养分的功能，而且还能进行光合作用制造和贮藏营养物质，约有40%的氮素营养贮藏在叶片中。我们常用的根外追肥，即叶面喷施肥料，如无机态养分硫酸铵、磷酸二氢钾、硼酸等，以及分子量较大的有机态养分氨基酸、酰胺等各种各样的叶面肥料，就利用了叶片能够吸收养分的特点。叶片吸收养分可分为3个阶段：吸附；进入到叶肉组织内部；转移到树体其他部位。

在进行叶面喷肥时，一是应注意喷施到叶片背面，因为叶背面有许多气孔，容易吸收养分，可提高叶面肥的利用率。二是应选择适宜时期，最好在新梢叶展开初期，即叶片蜡质层尚未形成时喷施，养分易被叶片吸收。对老叶喷施应添加附着剂，如石灰和洗涤剂等，可增加养分在叶面上的附着力，并延长其附着时间，提高叶面肥的喷施效果。叶片吸收养分需在低浓度条件下进行，若养分浓度过高，容易引起反渗透，造成肥害，使叶片失水凋萎而脱落。

叶面喷施肥料的优点是肥料用量少，见效快，不受土壤条件的限制，经济效益高。缺点是费工费时，养分吸收量少，只能作为根部施肥的补救措施。

（三）柑橘对土壤环境的要求

1. 土壤反应　我国柑橘主栽区的果园土壤以红壤为主，此外还有黄壤、赤红壤、砖红壤、石灰土、紫色土、潮土等，这些土壤大多偏酸性。土壤的pH对土壤微生物活动、有机物的分解、氮磷钾、微量元素等的有效性转化与释放关系密切。据欧阳洮（1986）对我国红壤地区7个省（自治区、直辖市）107个柑橘园的土壤pH进行调查，土壤呈强酸性—酸性反应的柑橘园占98%以上，其中，土壤呈强酸性反应的果园占60%，还有个别果园土壤pH低于3.68。在这种土壤上的柑橘，其根系生长受阻，根尖呈褐色，树体濒临于死亡。通常认为柑橘树对土壤pH的适应范围较广，实际上最适宜柑橘生长的pH为5.5～6.5。

2. 土壤养分含量　土壤中氮、磷、钾的含量是决定柑橘果实产量和品质的重要因素。高产、稳产的柑橘园不仅需要较多的氮、磷、钾供应，而且还需要较高的氮、钾比例。柑橘园土壤养分的丰缺状况，可作为配方施肥时确定氮、磷、钾等用量的参考。

3. 土层厚度 土层的深浅直接影响柑橘根系的结构与分布。土层深厚，根系发达，且分布深而广，吸收水分和养分的面积增大，促使树体生长健壮，抗旱、抗寒能力强，产量高，寿命长；土层浅薄，根系伸展受阻，分布范围小而浅，易受外界高温或低温的影响，树势弱，产量低。由此看来，土层深厚、结构良好的土壤有利于柑橘根系的生长。

4. 土壤通气 柑橘属菌根系果树，需要疏松且通透性能良好的土壤，才有利于菌根和其他有益微生物的活动。若土壤黏重板结、排水不良、空气缺乏，会抑制菌根和有益微生物的繁衍生息，不利于土壤养分的有效转化和根系对养分的吸收。同时，空气缺乏也会产生有毒有害的还原性物质，从而抑制根系的呼吸作用，导致缺氧烂根。

5. 土壤质地 沙质土壤保肥保水性能差，容易漏水脱肥，致使柑橘生长势弱，果实小，皮薄，着色差，酸味淡；土壤黏重，保肥蓄水能力强，肥劲足，树体长势旺盛，果大皮粗，酸味浓。

(四) 柑橘营养诊断与施肥

1. 氮素营养与施肥 氮素是柑橘生长发育所必需的三要素之一。柑橘吸收的氮素大部分分配到叶片中，约占全树体的40%；枝干中约占30%；果实中约占20%；根系中约占10%。分析柑橘叶片含氮量可以诊断氮素供应状况。叶片含氮适宜量，温州蜜橘为2.5%、柑为2.8%～3.2%、甜橙为2.5%～3.2%。蒋人明等(1990)分析了广西灌阳县5个温州蜜橘叶片低氮含量平均2.4%，最低为2.2%。叶片中含氮量对产量和品质的影响显著。每公顷产量45 000千克以上温州蜜橘，叶片含氮量均在2.7%～3.1%；每公顷产量22 500千克以下，叶片含氮量只有1.58%～2.23%。氮素供应不足，柑橘树体各器官含氮量降低，新梢短小细弱，叶片小而薄，叶绿素少，呈黄绿色。当新生组织得不到充足的氮素供应时，首先老叶片中的蛋白质便分解为氨基酸或酰胺，向新生组织转移，使老叶枯黄脱落，叶龄缩短，继而树势衰弱，枯枝增多，落花落果严重，果实小而着色差，含糖量低，含酸量高，产量低，品味劣。氮素供应过量会引起营养生长过旺而枝叶徒长，花芽分化受阻，落花落果加剧，果实着色延迟，果皮粗厚而味淡，耐贮性降低。例如，氮肥过量会使温州蜜柑的浮皮果加重，特别是在果实发育后期更为明显。

实践证明，通过柑橘营养诊断和配方施肥，可以确定氮素适宜用量与施用时期，避免氮素缺乏与过剩症状的发生。

2. 磷素营养与施肥 磷在柑橘树体内的含量与分配与氮素相似。磷素含量以种子、花、新梢、新叶、根尖等器官中为最高，枝干、老的器官中较低。在不同生育期，随生长中心的转移，各器官的含磷量也随之变化。开花期以花的含磷量最高；谢花、幼果期以新生的嫩叶为最多；果实膨大期以后则以果实和新生叶为最多。分析柑橘叶片含磷量可以诊断磷素供应状况。叶片含磷的适宜量，温州蜜橘为0.1%～0.2%，柑橘和甜橙为0.12%～0.18%。每公顷产量45 000千克以上蜜橘叶片含磷量为0.12%～0.19%，每公顷产量45 000千克以下者为0.064%～0.1%。在柑橘生长过程中，若磷素供应充足，则枝条发育充实，根系生长良好，形成的花芽多而饱满，果实色泽鲜艳、皮薄而光滑、果肉酸甜适口，耐贮性好。若磷素缺乏，则新梢和根系生长不良，花芽分化少，果实汁液少、味酸涩。但磷素过剩，由于元素间的拮抗作用而使柑橘表现出缺铁、缺锌或缺铜的症状。

3. 钾素营养与施肥 柑橘树体中含钾量远比磷高，叶片含钾量为1%；果实为0.2%；根系、树干、枝梢为0.3%～0.4%。分析柑橘叶片含钾量可以诊断钾素供应状况。叶片含钾的适宜量，温州蜜橘为1.0%～1.6%，柑橘为0.71%～1.8%，甜橙为1.2%～1.7%。钾可增强光合作用，促进光合产物的转运，能提高产量，改善品质。钾素供应充足，树势健壮，枝条充实，果实大，成熟较早，且耐贮藏。钾素缺乏，蛋白质合成受阻，树势弱，枝条不充实，并伴有枯梢现象，抗寒和抗旱能力下降；叶片小而薄，沿中脉皱缩；在果实膨大期缺钾时，会加重果实发育不良，果实小，产量低，贮藏后味淡，易腐烂。但钾素供应过多时，则会抑制柑橘对钙、镁的吸收，枝梢生长受阻，节间短，表现矮化，叶片硬化。着色延迟，果皮厚而粗糙，果汁少，酸度大，糖酸比值低。

4. 钙素营养与施肥 柑橘不同器官中含钙量差异很大，例如，温州蜜橘根系和枝干含钙量为1.0%，果实仅为0.1%，而叶片中钙的含量高达3.0%以上，老叶高于新叶。在一般情况下，土壤全钙（CaO）含量大于3%，每百克土壤中代换态钙（Ca）含量3厘摩尔/千克以上时，柑橘即不致缺钙。欧阳洮等（1990）分析了红壤土区48个柑橘园的土壤，代换态钙（Ca）含量为2.40厘摩尔/千克±2.30厘摩尔/千克范围内，叶片中含钙（Ca）量为2.68%，表明在这样土壤上生长的柑橘有缺钙症状，而紫色土、潮土等钙含量较丰富的土壤，代换态钙含量较高，可达到5～10厘摩尔/千克或更高，叶片中含钙（Ca）量可达3.41%～3.90%，在这样土壤上生长的柑橘则不易表现缺钙。柑橘缺钙时表现叶片边缘褪绿，并逐渐扩大至叶脉间，叶黄区域会发生枯腐的小斑点，枝梢从顶端向下死亡；果实小，畸形。

5. 镁素营养与施肥 柑橘叶片和枝梢中含镁量高于其他器官。在温暖而湿润的地区，由于镁易被淋溶，表土中的镁往往向下层土壤移动，造成柑橘缺镁。土壤营养诊断表明，土壤中代换态镁的含量与土壤pH呈正相关。当土壤pH小于5时，代换态镁（Mg）常低于50毫克/千克；而当土壤pH大于6.5时，代换态镁（Mg）常大于80毫克/千克。因此，柑橘缺镁症状常出现在酸性土壤上。在代换态镁（Mg）丰富的土壤上生长的柑橘，叶片含镁（Mg）量常保持在0.3%以上。根据郑家基（1989）调查芦柑叶片镁的含量与柑橘生长及产量的关系，生长正常且丰产的柑橘叶片镁的含量为0.291%～0.388%，生长正常且产量中等的柑橘叶片含镁量为0.277%～0.279%，而生长势较弱、老叶略有些缺镁症状的柑橘叶

片镁的含量只有0.201%～0.240%。柑橘缺镁，成熟叶片常自叶的中间以上部位开始，在与叶脉平行的部位褪绿，然后逐渐扩大，但叶片的基部往往还保持绿色。缺镁严重时会造成落叶、枯梢、果实味淡、果肉的颜色较淡。

发生缺镁症状时，追施镁石灰或根外追肥补充镁，可以明显提高叶片中的镁含量（表8-1），解除柑橘缺镁症状。

表8-1 喷施镁肥对柑橘叶片镁含量的影响

项目	0.5%硫酸镁	1%硫酸镁	1.0%硝酸镁	清水
温州蜜橘的叶片含镁量（%）	0.264	0.272	0.372	0.111
金弹的叶片含镁量（%）	0.214	0.220	0.224	0.114

6. 硫素营养与施肥 柑橘缺硫的症状类似缺氮，新生叶发黄，成熟叶片淡绿色；开花和结果率降低，成熟期延迟。

7. 微量元素营养与施肥 在生产实践中常出现因缺乏微量元素而出现的营养失调症，其缺素症的矫正方法是：喷肥，隔7～10天喷1次，一般3～5次即可，或者直至转绿为止，也可将肥料施入土中。

在诊断叶片缺素症时，必须区别病虫危害、排水不良或某些栽培措施不当等不同因素引起的叶片症状，因为这些症状常与缺素症状有许多共性。

（1）铁素营养与施肥。缺铁的典型症状是新梢幼嫩新生叶片薄，叶肉呈黄白色，明显呈极细的绿色网状脉，有枯梢现象。果色淡，风味也淡。

①缺铁原因。我国柑橘分布的主要地区土壤有效铁（Fe）的含量一般在9毫克/千克以上。欧阳洮等（1990）分析了83个样点的柑橘叶片含铁量平均为120毫克/千克，处于适量范围。但是在滨海的盐渍土和石灰性土壤上的柑橘园，由于土壤呈碱性反应，pH多在8.0～8.5，土壤水分过多和透气性差，土壤低温，碳酸氢根离子含量高，营养元素不平衡（磷、钙、锰、锌、铜及其他重金

属），品种和砧木对铁的敏感有差异，特别是砧木对铁非常敏感，都是缺铁的诱因。柑橘叶片含铁量只有10～40毫克/千克，柑橘常表现缺铁。

②缺铁矫治。石灰性土壤缺铁是难以矫治的，柑橘缺铁喷0.05%～0.2%柠檬酸铁或硫酸亚铁有局部效果。

根系饲喂吸铁法是当前防治柑橘缺铁的有效方法。中国农业科学院柑橘研究所根系饲喂吸铁法掌握浓度0.5%柠檬酸+15%硫酸亚铁，或15%～20%尿素+15毫克/千克萘乙酸均有良好的效果。但对病虫严重危害树、衰老树和土层浅薄树无效。浙江根系饲喂吸铁法，4%柠檬酸+6%硫酸亚铁，5～7月饲喂效果均好。

红橘、枸头橙、本地早、朱栾等砧木，均较枳砧不易发生缺铁症，其原因是每株靠接砧木2～3根的缘故。

多施有机肥，每公顷施15 000～22 500千克，并按每株施硫酸亚铁1～1.5千克与有机肥混匀条施，也可取得良好的效果。

国外柑橘土施螯合铁矫治柑橘缺铁行之有效，中性土和石灰性土每株施Fe-EDDHA 15～20克；酸性土每株施Fe-EDTA 20克，都能取得满意效果，但成本太高。

（2）硼素营养与施肥。据广西、福建、江西、浙江、湖南、四川等地柑橘园的调查结果，土壤有效硼含量0.08～0.29毫克/千克，明显低于缺硼的临界值（0.5毫克/千克），因此可以认为我国南方柑橘园普遍存在缺硼的问题。柑橘缺硼的典型症状是新生叶叶柄有水渍状小斑点，呈半透明状，枝梢丛生并伴有枯梢现象；落花落果严重，成熟果畸形，果实中有胶状物。

①缺硼原因。柑橘缺硼常出现在酸性土、碱性土、低硼土以及有机质含量低、施用石灰过量的土壤上，干旱的气候条件易引起柑橘缺硼。

②缺硼矫治。各地进行的柑橘喷硼或基施硼肥的试验均有较明显的增产效果。喷施0.1%～0.2%硼酸或硼砂，可矫治柑橘缺硼症。花期喷硼是关键时期，一般7～10天喷1次，1～2次即可取得良好的效果。

(3) 锌素营养与施肥。锌是碳酸酐酶的组成成分，在叶绿素的合成中锌是不可缺少的微量元素。柑橘叶片含锌 (Zn) 量在 20 毫克/千克以下时，新叶的叶脉间会出现黄色斑点，并逐渐形成肋骨状的鲜明黄色斑块。严重缺锌时，细胞分化与生长受到抑制，上部枝梢节间缩短，新生叶变小，叶呈丛生状，果实也变小。缺锌的柑橘叶肉细胞的细胞质稀少，叶绿体受到破坏。叶绿体中含有淀粉粒，细胞核的结构无明显变化。

①缺锌原因。柑橘最普遍的营养失调是缺锌，仅次于氮。缺锌在酸性土、轻沙土发生较广泛，其他因素如碱性土，施肥导致含磷量高。氮肥、土壤水分、过量的钾和钙以及其他元素不平衡，都会引起缺锌。土壤中有效锌 (Zn) 含量低于 1.5 毫克/千克（酸性土用 0.1 摩尔/升 HCl 提取）或 0.5 毫克/千克（石灰性土用 DTPA 提取）时，柑橘有缺锌的可能。

②缺锌矫治。新梢萌发喷施锌肥能取得较好的效果。3 月下旬、7 月下旬，叶面喷施 0.3%硫酸锌加 0.2%尿素；4～6 月根系生长旺盛时期，每株树施 0.1 千克硫酸锌与猪牛粪拌匀进行土壤施肥，矫治效果也较好。

(4) 钼素营养与施肥。钼是硝酸还原酶的组分，因此缺钼时柑橘树体内硝态氮会大量积累而受害。缺钼的典型症状是新枝的下部叶或中部叶的叶面上出现圆形或椭圆形的橙黄色斑点，叶背面斑点呈棕褐色，有胶状物溢出，叶片向内侧弯曲形成杯状。严重缺钼时叶片变薄，斑点变成黑褐色，叶缘枯焦。

①缺钼原因。我国南方红壤、紫色土以及潮土上的柑橘园土壤有效钼含量为 0.05～0.08 毫克/千克，一般低于缺钼临界值 (0.15～0.20 毫克/千克)。淋溶石灰土柑橘园的土壤有效钼含量较高，平均为 0.17 毫克/千克左右，处于缺钼临界值的附近。

②缺钼矫治。在易出现缺钼的柑橘园及时喷施 0.1%～0.2%钼酸铵水溶液，间隔 7～8 天喷施 1 次，连续喷施 2～3 次。

(5) 锰素营养与施肥。

①缺锰原因。柑橘栽培区普遍发生缺锰现象，一般酸性土和碱

性土均易发生缺锰。酸性土缺锰是由于淋溶损失，碱性土缺锰是由于锰的溶解度很低。

②缺锰矫治。5～8月喷0.2%～0.3%硫酸锰溶液，3～5次即可矫治。国外多用0.5%硫酸锰+0.25%氢氧化钙，钙质土用0.3%硫酸锰+0.1%氢氧化钙。

根据柑橘叶片营养元素的含量（表8-2）进行配方施肥。

表8-2　柑橘叶片营养元素的含量

元素	缺乏	适量	过剩	品种	来源
氮（%）	<2.0	3.00～3.50	—	温州蜜橘 椪　柑 柑　橘	成慎坤等，1985 陈菊鸣等，1986 俞力达，1985
磷（%）	—	2.70～3.30	—	温州蜜橘 椪　柑	成慎坤等，1985 陈菊鸣等，1986
钾（%）	<0.3	1.00～1.60	—	温州蜜橘 柑　橘	陈菊鸣等，1986 俞力达，1985
钙（%）	<2.0	2.3～2.7	—	椪　柑 宽皮柑橘	陈菊鸣等，1986 俞力达，1985
镁（%）	<0.25	0.25～0.38	—	椪　柑 温州蜜橘	陈菊鸣等，1986 欧阳洮等，1985
硼（毫克/千克）	<10.0	26	170	温州蜜橘 红　橘	欧阳洮等，1985 俞力达，1985
锰（毫克/千克）	<20.0	25～100	800～1 000	温州蜜橘 伏令夏橙	俞力达，1979 欧阳洮，1988
铜（毫克/千克）	<3.6	5～12	20	甜　橙	Smith，1966
锌（毫克/千克）	<15.0	25～100	—	温州蜜橘 本地早	成慎坤，1985 俞力达，1985
钼（毫克/千克）	<0.06	0.1～0.49	—	温州蜜橘	欧阳洮，1985

二、柑橘配方施肥技术

柑橘施肥的目的就是调节树体内的营养平衡，使营养生长和生

殖生长协调进行，既要培育健壮的树势，又要达到高产、稳产与优质的目的。

（一）柑橘施肥的原则

柑橘是典型的热带、亚热带多年生常绿果树，在条件适宜时全年均可生长，没有明显的深休眠期，因此比一般落叶果树需肥量大；而且柑橘树种类、品种繁多，砧木与立地条件不同，对施肥的要求也不尽一致。

柑橘施肥总的原则是：有机肥与无机肥相结合；迟效肥与速效肥相结合；氮肥与磷钾肥及中、微量元素肥料相结合；深施与浅施及根外喷施相结合；其中，以有机肥、迟效肥施用为主，无机肥、速效肥为辅；有机肥、迟效肥以深施为主，无机肥、速效肥以浅施和根外追肥为主。因此，应根据不同树势和土壤供肥情况合理施肥。此外，湿度、降水量等气候因素不仅直接影响柑橘根系吸收养分的能力，而且对土壤有机质的分解矿化速率及养分形态也有影响，同时与土壤微生物的活动也有很大关系。所以施肥还应结合气候因素的变化灵活掌握。为了以最低的施肥成本获得较高的经济效益，正确判断柑橘的营养状况是非常必要的。以叶片分析为主，配合土壤测试和田间试验，可以较准确地提供柑橘营养水平的基础数据，以此为依据确定柑橘施肥的种类及施肥量比较可靠。因此，在柑橘施肥中应综合考虑树龄、品种、树势状况、产量要求及土壤条件、水分状况和病虫防治等，才能达到施肥合理，获得优质、高产的目的。

（二）施肥方法

施肥方法对提高肥效和肥料的利用率，起着十分重要的作用。施肥方法不当，不仅浪费肥料，甚至会伤害果树，造成减产。施肥方法有两种，即土壤施肥和叶面施肥。

1. 土壤根际施肥　柑橘是深根系作物，根主要分布在60厘米左右的深度，更多的根系分布在15～40厘米的深度。施肥的位置应在树冠外围滴水线下的土壤处（图8-1），因吸收根分布在树冠外缘的土层中，并注意东西南北对称轮换施肥位置。施肥一般施于15～40厘米深处为好，并随着树冠扩大，施肥穴逐渐往外移。

(1) 施肥方式。幼树挖环状沟施肥（图8-2），成年结果树多挖条状沟施肥（图8-3），梯地台面窄的果树挖放射状沟施肥（图8-4）。沟的深度：追肥宜浅，挖10～20厘米；基肥宜深，挖30～40厘米。沟宽30～40厘米，长度以树冠大小而定，一般1米左右，沟底要平，肥料施入沟中，待吸干后再行盖土。

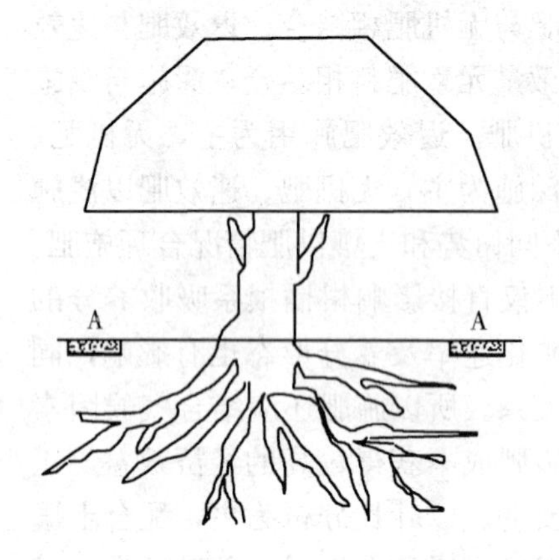

图8-1　土壤施肥的位置
A. 施肥位置

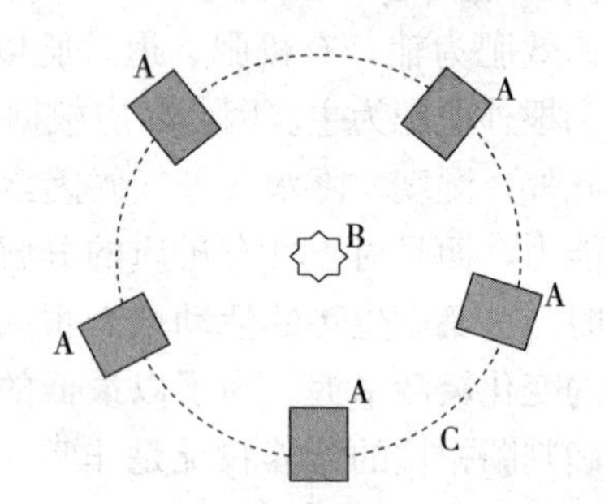

图8-2　环状施肥方式
A. 施肥位置　B. 树干　C. 树冠冠周

(2) 有机肥料和化肥混合施用。肥效长短结合，充分发挥肥效。同时，有机质分解产生的腐殖质有吸附铵、钾、镁、钙、铁等离子的能力，可减少化肥的损失。特别是氮、磷肥应和有机肥混合深施，使根群易于吸收，并防止土壤固定或流失。

柑橘果园大量施用有机肥，可改良土壤物理特性，提高土壤肥力，改善土壤深层结构，有利于根系生长，不易出现缺素症。在柑橘植株生长的旺盛季节，对营养的要求高，化肥作追肥施用，能及时提供给植株需要的养分，保证柑橘正常生长发育。

柑橘园土壤施肥需根据具体条件灵活掌握，雨前或大雨时不宜

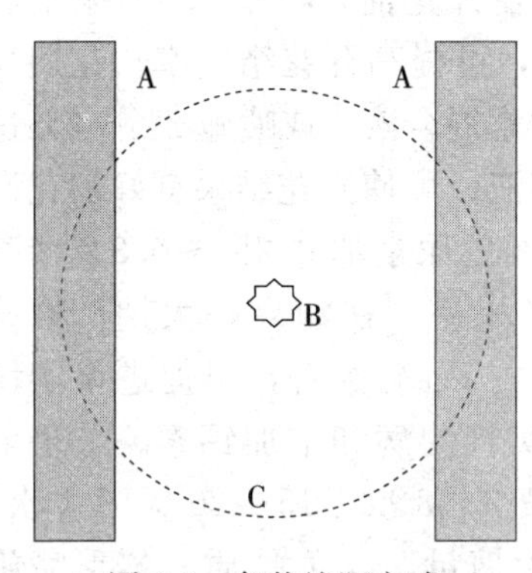

图 8-3　条状施肥方式
A. 施肥位置　B. 树干　C. 树冠冠周

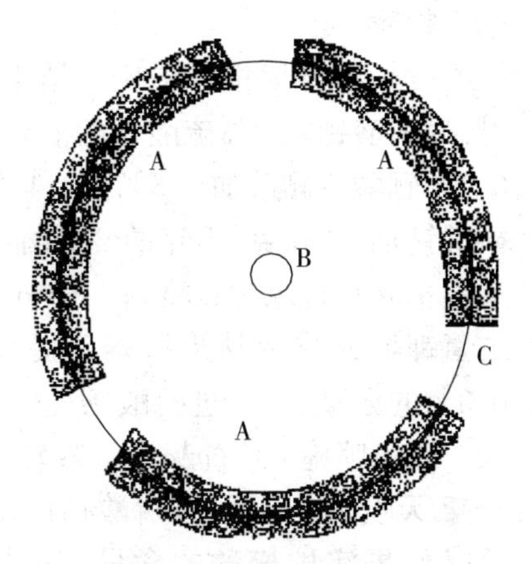

图 8-4　放射状施肥方式
A. 施肥位置　B. 树干　C. 树冠冠周

施肥，雨后初晴应抢时间施肥；雨季肥料干施，旱季灌水施肥或施肥后随即灌水。沙性土壤保肥保水能力差，应勤施肥、薄施肥，并且要浅施；质地黏重的土壤可重施肥，深浅结合，并要保持表层土壤疏松；山地红壤应深施肥，采用条施或沟施的方法，既改良了土壤又可引导根系向深层发育，有利于抗旱和抗寒。在柑橘发根盛期（一般为 6～7 月）结合促进根系发育可浅施氮肥，如果此时深施浓肥反而会引起新根截断过多和烧伤新根。由于氮素施入土壤后易于流失，因此，氮肥宜施在柑橘根系的主要分布深度，且一次用量不宜太多。

2. 根外追肥　若柑橘树出现中、微量元素缺乏症，根部生长不良，引起叶色褪绿，树势太弱或保花保果，结果太多，暂时脱肥等都可以采用根外追肥，补充根部施肥的不足。根据柑橘在不同生育时期对营养的需求，以土壤施肥为主，配合根外追肥。综合各地经验，将柑橘根外追肥综述如下。

（1）幼年树根外追肥。幼年树各次抽梢后，可以喷施 0.3％尿素。8 月停止根部氮素供应后，喷 2％～3％过磷酸钙，加 2％硫酸钾或 3％～5％草木灰，促进枝条生长充实，为翌年提早结果贮藏营养物质。

（2）结果树根外追肥。结果树在开花前，喷施0.5%尿素和2%过磷酸钙及2%硫酸钾的混合液，可提高开花结实率。花期喷0.1%硼酸或硼砂加0.3%～0.4%尿素混合液，或喷施1%～2%过磷酸钙加10毫克/千克的2，4-滴溶液，可使开花结果良好。花谢后春梢叶片转绿时，喷0.4%～0.5%的尿素加0.2%～0.3%磷酸二氢钾，可减少幼果脱落，提高坐果率。在幼果膨大期，喷施0.3%的尿素、3%过磷酸钙、0.5%～1%硫酸钾，可促进果实增长。还可喷施2%石灰水，减轻果实日灼病和增加钙素。采果前1～2天喷1%～2%过磷酸钙浸出液2～3次，15～20天喷1次，可降低果实柠檬酸的含量，增加含糖量，改善品质。冬季喷施0.3%～0.5%磷酸二氢钾或3%过磷酸钙，可促进花芽形成，增加花数。

实践证明，在进行根外追肥的同时，结合喷施生长素，可以取得更好的保花保果和果实生长的效果。福建结合根外追肥，在幼果期喷10毫克/千克的2，4-滴或50～100毫克/千克的萘乙酸2次，可提高坐果率1.94%～14.07%。果实膨大期，喷10～20毫克/千克的2，4-滴溶液3次，果径增大0.44厘米。湖北对温州蜜柑橘谢花3/4时，喷施50毫克/千克赤霉素比对照提高坐果率4倍。四川重庆柑橘园谢花期喷0.5%尿素和5～10毫克/千克的2，4-滴，生理落果期喷0.2%尿素和15～20毫克/千克的2，4-滴，15～20天喷1次，共喷2次，可提高坐果率。四川在锦橙花芽分化期喷400毫克/千克的赤霉素，对花芽分化起着显著的抑制作用。因此，对生长不正常，存在大小年的柑橘园，在大年花芽分化盛期，喷200～600毫克/千克的赤霉素，抑制花芽分化；小年谢花后喷50～100毫克/千克的赤霉素，可提高坐果率，对克服大小年有一定的效果。

根外追肥和喷生长素，应掌握适宜浓度和用量，过浓过多都会引起肥（药）害或其他副作用，过低过少则效果不佳。目前，生产上肥料和生长素使用的浓度如表8-3所示。

表 8-3　肥料和生长素使用的浓度

名称	使用浓度	名称	使用浓度
尿素	0.3%～0.5%	硫酸锌	0.2%
尿水	20%～30%	硫酸锰	0.2%
硝酸铵	0.2%～0.3%	硫酸铜	0.01%～0.02%
硫酸铵	0.3%	硼砂	0.1%～0.2%
过磷酸钙	1%～3%	硼酸	0.1%～0.2%
磷酸二氢钾	0.3%～0.5%	钼酸铵	0.05%～0.1%
硫酸钾	0.5%～1.0%	柠檬酸铁	0.05%～0.1%
硝酸钾	0.5%～1.0%	2，4-滴	10～20 毫克/千克
氯化钾	0.3%～0.5%	萘乙酸	50～100 毫克/千克
硫酸镁	0.2%	2，4，5-T	20 毫克/千克
硫酸亚铁	0.2%	赤霉素	50～100 毫克/千克

（三）幼树施肥

未进入结果期的柑橘幼树，其栽培目的在于促进枝梢的速生快长，培养坚实的枝干和良好的骨架，迅速扩大树冠，为早结丰产打下基础。所以幼树施肥应以氮肥为主，配施磷、钾肥。氮肥施用的重点，着重攻春、夏、秋 3 次枝梢，特别是攻夏梢。夏梢生长快而肥壮，对扩大树冠起很大作用。因此幼树施肥的重点如下。

1. 增加氮肥施用量　因为柑橘幼树主要是营养生长，要迅速扩大树冠，需施用大量的氮素。根据各地试验，一般 1～3 年生幼树全年施肥量，平均每株可施纯氮 0.18～0.5 千克，合尿素 0.35～1.0 千克，具体施用应从少到多，逐年提高。同时还应配合适量的磷、钾肥。随着树龄增大，树冠不断扩大，对养分的需求不断增加。因此，幼树施肥应坚持从少到多、逐年提高的原则（表 8-4）。

表 8-4　1～3 年生幼树施肥量

（中国农业科学院柑橘研究所，1989）

项目	树龄（年）	氮［克/（株·年）］	磷酸［克/（株·年）］	氧化钾［克/（株·年）］	备注
中国农业科学院柑橘研究所	1～2	138～175	35～70	—	
浙江黄岩柑橘研究所	1～3	40～80	38～76	25～50	
广东	1～3	75	20～30	30～35	
重庆	1～3	35～50	10	10	
福建省果树研究所	1～3	175～500	—	—	每年加一倍
华中农业大学	1	80	20	40	
日本	1～3	75	75	37.5	
印度	1～3	50～150	40～80	45	

2. 施肥期　着重在柑橘各次抽生新梢的时期，特别是 5～6 月促生新梢，应作为重点施肥期。7～8 月促进秋梢生长也是重要的时期。

3. 施肥次数　柑橘幼树根系吸收力弱，分布范围小而浅，又无果实负担。因此，一次施肥量不能过多，应采用勤施薄施的办法，即施肥次数要多，每次施肥量要少。一般每年施肥 4～6 次或更多。

4. 间作绿肥，培肥土壤　柑橘幼年果园株行间空地较多，为了改良土壤，增加土壤有机质，提高土壤肥力，防止杂草，应在冬季和夏季种植各种豆科绿肥，深翻入土后具有改土培肥的作用。

（四）结果树施肥

柑橘进入结果期后，其栽培目的主要是不断扩大树冠，同时获得果实的丰产和优质。这时施肥也就是调节生殖生长和营养生长的平衡，既能健壮树势，又能丰产优质。为了达到此目的，必须按照柑橘的生育特点及吸肥规律，采用测土配方施肥技术科学施肥。

1. 施肥时期　柑橘在结果年生长周期中，抽梢、开花、结果、果实成熟、花芽分化和根系生长等都有一定的规律，施肥期还应根

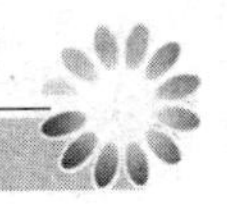

据土壤、气候、品种、砧木、树势、产量和肥源等情况来确定，进行施肥，其主要施肥期如下：

（1）花期肥。花期是柑橘生长发育的重要时期，这时既要开花又要抽春梢。花质好坏影响当年产量，春梢质量好坏既影响当年产量，又影响翌年产量。因此施花前肥是柑橘施肥的一个重要时期。为了确保花质良好，春梢质量最佳，必须以速效化肥为主，配合施有机肥。通常在2月下旬至3月上旬施肥，占全年施肥量的30%左右。一般每株柑橘树可施腐熟的有机肥10～20千克、尿素0.5千克＋过磷酸钙0.6千克＋硫酸钾0.3千克或高含量（40%）的氮磷钾专用复混肥1.0千克，再配施适量果树生物肥更好。

（2）稳果肥。稳果期正是柑橘生理落果期和夏梢抽发期，为了提高坐果率，控制夏梢突发，避免在5～6月大量施用氮肥，否则刺激夏梢突发，引起大量落果，影响当年产量。因此一般不采用土壤施肥。为了保果，多采用叶面喷施0.3%尿素＋0.2%磷酸二氢钾＋激素（激素浓度因品种而异），10～15天喷一次，喷2～3次能取得良好的效果，占全年施肥量的5%左右。

（3）壮果肥。柑橘在这个时期的生长发育特点是果实不断膨大，形成当年产量；抽生秋梢，秋梢是良好的结果母枝，影响翌年花量和产量；花芽分化一般在9月下旬开始，直到第二年开花，因各地气温不同，时间略有差异。花芽分化的质量直接影响第二年的花量和结果，因此，壮果期是柑橘施肥的又一重要时期。为了果大、秋梢质量最佳、花芽分化良好，必须以速效氮、磷、钾肥为主，配合施用充分腐熟的有机肥，时间一般为7月至8月上旬，占全年施肥量的35%左右。一般每株柑橘树可施尿素0.7千克＋过磷酸钙1.0千克＋硫酸钾0.5千克或高含量（40%）的氮磷钾专用复混肥1.0～2.0千克。

（4）采果肥。柑橘挂果期很长，一般为6～12个月，因此消耗水分养分很多，导致树势衰弱。为了恢复树势，继续促进花芽分化，充实结果母枝，提高抗寒力，为翌年结果打下基础，因此，采果后必须施肥。此时（10～12月）因气温下降，根系活动差，吸收力弱，应以有机肥为主，大量施用有机肥配合适量的化肥。时间一般为10月下旬至12月中旬，占全年施肥量的30%左右。一般每株柑橘树可施腐熟的有机肥15～25千克、尿素0.3千克+过磷酸钙1.0千克+硫酸钾0.5千克或高含量（40%）的氮磷钾专用复混肥1.0～1.5千克，还可配施适量果树生物肥。

需要特别注意：除果实挂树贮藏或晚熟品种可在采果前施肥外，一般采果前不宜施肥，特别是氮肥，否则会严重影响果实的耐贮性，贮藏1～2个月腐烂率会高达15%～22%。

由于各地气候、品种、土壤、栽植方式等不同，施肥期和施肥次数略有差异。全国统计施肥次数一般为3～6次，实际追施3～4次。广东省在柑橘采果、谢果、幼果、秋梢、壮果、壮梢各期施肥，全年共施6次。各生育期施肥比例如表8-5所示。

表8-5　柑橘各生育期施肥量　（%）

省份	时期			
	花期	穗果期	壮果期	采果期
浙江	40～45	—	20～25	35
广东	15～20	—	40	30～35
福建	20	10	35	35

施肥时期和次数要因地制宜，如有些柑橘主产区，柑橘密植、墩小、根浅、气温高、蒸发量大，多采用勤施薄施。花多、果多、梢弱、叶黄和受到灾害的植株，可随时补施肥料；结果很少而新梢很好的植株，可以少施1～2次，以抑制营养生长过旺，防止翌年花量过多或花而不实；早熟品种应提早施肥，晚熟品种可以延迟施肥，符合柑橘发育对营养的平衡要求；夏季干旱时可配合抗旱灌水采用灌溉施肥技术。

2. 施肥量及比例　施肥量的多少，受品种、树龄、结果量、树势强弱、根系吸收能力、土壤供肥状况、肥料特性及气候条件的综合影响。一般瘠薄土壤多施，肥沃土壤少施；大树多施，小树少施；丰产树衰弱树多施，低产树强壮树少施；甜橙耐肥多施，橘类

耐瘠宜略少施。依据养分平衡原理可以采用目标产量法计算施肥量，计算公式为：

$$施肥量（千克）=\frac{吸收量（千克）-土壤自然供肥量（千克）}{肥料利用率（\%）}$$

如柑橘每公顷产量52 500千克，需要吸收氮素21千克，一般土壤可供果树吸收的氮素约占1/3（即7千克），氮肥的利用率一般为50%（0.50），则施肥量为：

施肥量（纯养分N量）＝（21－7）/0.50＝28（千克）

普通柑橘园的施肥量可根据产量水平而定，如每公顷产果实45 000千克的柑橘园，可施氮（N）25～30千克、磷（P_2O_5）10～15千克、钾（K_2O）25～28千克；每公顷产果实45 000千克以上的柑橘园，可施氮（N）40～65千克、磷（P_2O_5）30～40千克、钾（K_2O）30～40千克。

实践证明，丰产园的实际施肥量比理论施肥量大1～1.5倍。由此说明施肥量受许多因素的综合影响。有关柑橘丰产园施肥量及氮、磷、钾的施用比例如表8-6、表8-7、表8-8所示。

表8-6　柑橘丰产园施肥量①

（千克/株）

单位	尿素	过磷酸钙	菜饼	花生麸	骨粉	猪粪	绿肥	厩肥
福建省果树研究所	0.5	2.50	—	5.0	—	40	5.0	—
浙江省柑橘研究所	1.9～2.2	0.50	3.5	—	0.75	150	—	30.4
广东省澄海县上华乡	0.43	0.20	—	0.50	—	30	—	—
广州市郊区罗岗乡	1.05	0.31	—	4.2	—	75	—	—
广东省杨村柑橘场石岗岭分场	1.50	3.0	—	3.0	—	30	—	—

注：①产量每公顷37 500～75 000千克时，栽植密度为每公顷1 050～1 500株。

表8-7　国内外氮、磷、钾施用量及比例①

［千克/（公顷·年）］

单位	尿素	磷酸	氯化钾	氮：磷：钾
中国农业科学院柑橘研究所	225～300	112.5～150	225～300	1：0.5：1

（续）

单位	尿素	磷酸	氯化钾	氮：磷：钾
福建省果树研究所	750	525	525	1：0.7：0.7
广东	150～210	—	—	—
浙江省柑橘研究所	525	367.5	367.5	1：0.7：0.7
福建亚热带作物研究所	375～450	187.5～225	375～450	1：0.5：1
台湾	200	200	250	1：1：1.2
美国加利福尼亚州	100～300	100	100～200	1：1：1
日本	300	180	240	1：0.6：0.8

注：①以每公顷1050株折算。

表8-8　温州蜜柑不同树龄施用量①

（千克/公顷）

树龄	需肥量		
	氮	磷	钾
1年生	41.25	9.75	21.0
5年生	80.25	30.00	40.5
10年生	120.0	60.0	80.3
15年生	159.75	101.25	120.0
20年生	199.50	124.50	162.0

注：①以每公顷570株折算。

第二节　香蕉配方施肥技术

香蕉是世界著名的热带、亚热带水果，具有早产、高产、味美、供应期长等特点。香蕉树姿优美、花色鲜艳，也可作观赏树种。我国海南、广东、广西、台湾、福建、云南、四川等省均有栽培。近十几年来香蕉的种植面积迅速扩大，但高投入低产出，产量低质量差，制约香蕉生产的持续发展。香蕉为大型多年生常绿草本植物，植株高大，生长迅速，对肥料反应敏感。香蕉的果实为浆果，其发育状况与气候、肥水管理有直接的关系。

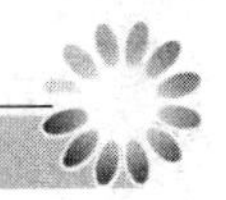

一、香蕉需肥特性

（一）香蕉的生物学特性

香蕉为大型多年生常绿草本植物，具有一个多年生的粗大地下茎，无主根，地上部为层层紧压的覆瓦状叶鞘重叠而形成的假茎，其高度因品种及栽培条件而异。植株结实后，地上部便枯萎，由地下茎萌发的吸芽来延续后代生长。

1. 香蕉营养生长特性

（1）根系与地下茎（球茎）。香蕉没有主根，由地下球茎（蕉头）抽生出细长肉质不定根，向水平方向发展的称为水平根，垂直方向发展的称为垂直根。香蕉的根系在表土层10～25厘米深的范围分布最多，分布到下土层的较少。因此，香蕉根系的生长受土壤质地和土壤温、湿度的影响较大。以物理性质良好、富含有机质、疏松、土层深厚、水分充足而排水良好和地下水位较低的黏壤土、沙壤土，尤其是冲积壤土或腐殖质壤土为最适宜。根系最适宜的生长温度为20～30℃，最适土壤pH在6.0以上。立春后，气温回升，土壤湿润，新根萌发。谷雨后根系逐渐进入旺盛生长期，直至11月以后不再长新根，蕉农称为“收根”，根系进入相对休眠状态。此时，地上部生长缓慢，新叶相继停止抽发。

球茎是根和吸芽着生的部位，也是贮藏营养和繁殖的器官。因此，球茎的生长发育与地上部的长势及产量密切相关。球茎大，植株生长健壮，产量高；球茎发育最快的时候，也是地上部的生长旺盛期。

球茎上的芽眼生长发育成吸芽，吸芽的早期生长依靠母株地下茎的营养，不久会形成自己的地下茎和根系。

（2）假茎。假茎也称为蕉身，即香蕉的干，是由覆瓦状叶鞘重叠而形成的，起到支持地上部生长与运输养分的作用。假茎的大小是由叶片的大小和数量决定的，与肥水管理水平有关。肥水充足，叶片大而多，假茎粗大。

（3）叶片。香蕉的叶片又宽又长，叶片螺旋式互生排列，叶鞘接近叶片的部分逐渐收缩为叶柄，叶片的生长发育和花芽分化、结果的关系密切。叶片总面积大小与果实的数量、重量、品质成正比，与果实发育所需的时间成反比。在结果期间保持10～12片以上完整叶片，并不断供给所需肥水，则果实成长快而产量高。因此，叶数多而大，枯叶少，组织膨软，浓绿而有光泽，是香蕉丰产的象征。

（4）吸芽。香蕉的吸芽从母株地下球茎的腋芽萌发而成。吸芽在2月开始萌发，在高温高湿的4～7月萌发最多最快，9月以后较少，生长也较慢。吸芽的抽生时期、数量、深浅与母株的强弱及管理水平有关。肥水充足，母株健壮，吸芽萌发多，生长快。

（5）果实。香蕉的果实为浆果，由雌花子房发育而成。果实的发育与气候、肥水管理有直接关系。在夏秋高温多雨季节及土壤养分供应充足的条件下，生长发育快而均匀，果实肥大，成熟快，品质好。而低温干旱季节，果实发育慢而细小，品质差，产量低。

2. 香蕉各生育期生长特性 香蕉植株的生长发育过程，根据其形态和发育特点，可分为4个时期。

（1）苗期。以吸芽萌发出土至抽出大叶之前，2～3个月增大叶面积，形成自己独立的球茎及根系，最后脱离母体。苗期生长缓慢，需要养分较少。

（2）营养生长期。从开始抽出大叶至花芽分化之前，5～6个月是营养生长期。此时叶数和叶面积同步快速增加，光合作用增强。大量积累营养物质，为花芽分化奠定基础。

（3）孕蕾期。从花芽分化至抽蕾，需3～4个月。主要生育特征是中层叶片逐渐变为黄绿色，叶柄增粗，叶距变密，假茎肥大，蕉农称之为“孕胎”。此期生物产量占全生育期的30%～35%。

（4）果实发育成熟期。由雌花分化完成至果实成熟。果实迅速增大，中下部叶片开始枯黄，生长势减弱，并渐衰老。果实的生长速度、饱满度、产量和质量等，与顶部叶片的同化面积和光合效率有关。此期生物产量占全生育期的53%左右。

（二）香蕉的需肥特性

香蕉植株高大，生长速度快，产量高，需肥量大，对营养反应敏感。在整个生长发育过程中，孕蕾期前对氮素需求量大，后期对磷、钾需求较多。香蕉是耐氯作物，施用含氯化肥不会对其产量和品质产生不良影响。

实践证明，香蕉叶片的色泽、大小、厚薄和生长势均能充分反映营养供应状况。

1. 养分分布与含量　据测定，中秆型高产香蕉采收期各器官三要素分布状况：氮、磷：果穗＞叶片＞假茎＞球茎＞果轴；钾：假茎＞果穗、叶片＞球茎＞果轴。

同一器官各元素含量差异很大。叶片和茎含钾、磷、铁、钙较高，叶尖中含氮、锰、镁等较高。随叶龄的增加，叶中氮、磷、钾、铜、钠等含量下降，而钙、铁、锰、锌、镁等含量上升，硫、硼、氯等相对稳定。当缺氮、磷、钾时，下部叶中的氮、磷、钾即可向顶叶转移，以保持顶端优势，而下部叶片则会出现缺素症状（表 8-9）。

表 8-9　香蕉叶片营养诊断标准

元素	单位	缺乏	准缺乏	临界值	适宜	高量
氮	%	＜2.60	2.60～2.80	2.60	2.80～4.00	
磷	%	＜0.13	0.13～0.19	0.20	0.20～0.25	
钾	%	＜2.50	2.50～3.00	3.00	3.10～4.00	
钙	%	＜0.50	0.50～0.70	0.50	0.80～1.20	
镁	%	＜0.20	0.20～0.30	0.30	0.30～0.46	
硫	%	＜0.10	0.10～0.20	0.23	0.23～0.27	
钠	%			0.005	0.01～0.10	
氯	%			0.60	0.80～0.90	
铜	毫克/千克			9	7～20	
锌	毫克/千克	＜14	3～7	18	21～35	＞35

（续）

元素	单位	缺乏	准缺乏	临界值	适宜	高量
锰	毫克/千克	<10	14～20	25	1 000～2 200	4 000～6 000
铁	毫克/千克			80	70～2 200	
铝	毫克/千克				50～240	
硼	毫克/千克	<10	10～20	11	20～80	80～3 000
钼	毫克/千克			1.50～3.20		

2. 香蕉吸收养分比例　在每公顷产量60吨的蕉园中，每吨香蕉需养分比例如表8-10表示。从表8-10中可以看出：

①香蕉是典型的喜钾作物，需钾量最大，其次是氮，对磷需求较少。

②3个品种全生育期氮、磷、钾三要素吸收比例大致相同，平均比例为1.0∶0.19∶3.72。

③要想获得相同产量的果实，矮香蕉由于茎叶干物质积累少，需氮、钾量为中把或矮脚遁地雷香蕉的80%。

表8-10　香蕉不同品种氮磷钾吸收量及比例

品种	部位	质量		养分吸收量（千克/公顷）			养分吸收比例
		千克/株	千克/公顷	N	P_2O_5	K	N∶P_2O_5∶K
中把	果穗	15.0	27 000	57.6	12.6	205.5	
	叶片	1.23	2 220	39.6	7.2	57.6	
	假茎	1.48	2 670	54.0	7.2	333	
	球茎	0.56	1 006	7.2	1.8	14.4	
	合计	—	—	159.0	28.8	610.5	1∶0.18∶3.84
矮脚遁地雷	果穗	27.0	48 600	98.4	26.0	261.0	
	叶片	2.37	4 260	73.2	11.6	150.0	
	假茎	2.39	4 305	69.6	11.0	463.5	
	球茎	1.54	2 775	46.7	5.1	183.0	
	合计	—	—	288	53.6	1 057.5	1∶0.18∶3.67

（续）

品种	部位	质量		养分吸收量（千克/公顷）			养分吸收比例
		千克/株	千克/公顷	N	P_2O_5	K	N∶P_2O_5∶K
矮香蕉	果穗	25.0	49 875	111.3	29.1	286.5	
	叶片	1.91	3 810	58.8	11.0	134.9	
	假茎	1.28	2 550	42.5	8.0	342.0	
	球茎	0.86	1 710	27.5	3.6	132.6	
	合计	—	—	241.5	51.6	895.5	1∶0.21∶3.71
3个香蕉品种平均							1∶0.19∶3.72

（三）香蕉营养诊断与施肥

1. 土壤营养诊断与施肥　以广东省香蕉园土壤养分状况普查数据为例，用第二次全国土壤普查评价标准进行评判结果如下：广东蕉园土壤有效磷、有效铁、有效锌含量丰富；速效钾、缓效钾、有效硫含量较高；土壤有机质、有效镁含量为中下水平；有效钙为中上水平；有效锰含量丰富与缺乏情况均存在；有效硼含量较普遍缺乏。

广东香蕉园土壤养分缺乏分布情况：惠州蕉园土壤主要缺钾和硼；茂名蕉园土壤主要缺锰和镁；阳江蕉园土壤主要缺镁和硼；肇庆、东莞、潮州、汕头蕉园土壤主要缺硼。由此不难看出，广东蕉园土壤缺硼现象较普遍。经过多年的耕作和培肥，广东蕉园土壤养分状况已发生很大变化。土壤有机质含量明显下降，有效磷和有效钾含量则大幅度提高，这与蕉农施肥习惯有关。

据广东省农业科学院土壤肥料研究所对蕉农施肥情况进行调查，珠江三角洲蕉农施肥以氮、磷、钾为主，较少施用有机肥，极少施用中、微量元素肥料；奥西产区蕉农则在常用氮、磷、钾化肥的前提下，特别重视有机肥料的施用，但是几乎不施用中、微量元素肥料。这些调查结果与广东蕉园土壤普遍缺乏中、微量元素的现状相吻合。由此看来，在土壤营养诊断的基础上，我国南方香蕉主产区要特别重视有机肥料和中、微量元素肥料的合理施用，尤其是要加大推广测土配方施肥技术。

2. 植株营养诊断与施肥

（1）氮素营养与施肥。由于香蕉产品的经济效益高，蕉农对氮肥直观效应的片面追求，目前南方蕉园土壤缺氮现象并不普遍，但是，因香蕉氮肥过量而产生肥害的实例则屡见不鲜。氮肥过多的症状有假茎徒长，叶片宽大而肥厚，叶色浓绿，果实贪青迟熟，耐贮性差。

在高温高湿的雨季，南方蕉园管理不到位，杂草丛生，施肥不及时，香蕉根系与杂草竞争养分，常发生氮素缺乏症。叶距缩短出现“莲座状”簇顶，叶色淡绿，叶片中脉、叶柄、叶鞘带红色。通常情况下，可结合灌水或雨前适时适量施用尿素、硫酸铵、硝酸铵等速效氮肥，每次每公顷追施氮肥45～75千克，每年3～5次。在干旱或发生缺氮症状时，可叶面喷施2%～3%尿素水溶液，间隔7天喷1次，连续喷施2～3次。

（2）磷素营养与施肥。香蕉对磷的需求量较少，2～5月龄期是吸收磷素最快的阶段，抽蕾期后吸收的磷素约为营养生长阶段的20%。磷素充足，香蕉地下球茎肥大，地上假茎和叶片健壮，果实甜味足，口感好。若磷素供应不足，地下茎和地上部分生长受阻，首先老叶边缘失绿，继而叶面上出现紫褐色斑点，相继蔓延形成“锯齿状”枯斑。缺磷严重时，幼嫩叶片呈深蓝绿色，较老的叶片卷曲，叶柄易折断。通常情况下，在种植香蕉前要施足基肥，每公顷有机肥30 000～45 000千克与过磷酸钙100～150千克混合施入定植穴内。若发现有缺磷症状时，叶面喷施过磷酸钙1%～3%或磷酸二氢钾0.3%，间隔7天喷1次，连续2～3次。

（3）钾素营养与施肥。由于我国钾素资源匮乏，国产钾肥供不应求，进口钾肥价格高。随着香蕉产量的提高，土壤钾素的投入不足以补充果实携出的钾量，因而南方蕉园缺钾现象尤为突出。香蕉是喜钾作物，钾素是香蕉生命活动中的一个关键性营养元素。缺钾的典型症状是生长量减少，叶片小，老叶早黄，叶缘有紫红色斑块

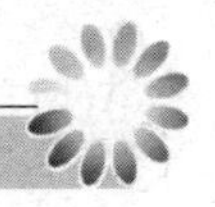

或呈焦枯状，中脉弯曲。抽穗较迟，果穗小，产量低，品质差。

蕉园缺钾的防治措施：一是增施有机肥料，以改善土壤理化性状，提高根系吸收钾的能力。二是加强土壤管理。如生草法、有机物覆盖法以及良好的土壤水分管理，均能减少土壤中有效钾的淋失。实践证明，在坡地蕉园当收获2～3代果实后，将遗留的假茎及其废弃物埋入地下，腐烂后能提高土壤有效钾的含量。三是增施钾肥。通常每公顷施硫酸钾或氯化钾375～750千克。有缺钾症状时，叶面喷施硫酸钾或氯化钾1%～1.5%或磷酸二氢钾0.5%溶液，每次间隔7天喷1次，连续2～3次，对矫治缺钾也有一定效果。

(4) 钙素营养与施肥。香蕉对钙的需求量较大。南方蕉园酸性土壤易引起有效钙的淋失，蕉农又很少施用钙肥，故导致香蕉缺钙现象经常发生。香蕉最初缺钙的症状表现在幼叶上，靠近中脉的侧脉变粗，叶缘出现失绿叶斑，继而向中脉扩展，呈锯齿状叶斑。有时还会发现“穗状叶”，即一些叶片变形或几乎没有叶片。

蕉园缺钙的防治措施：一是蕉农必须重视中量元素肥料钙、镁、硫的施用。二是南方蕉园酸性土壤必须经常施用石灰，调整土壤pH为6～8。遇干旱应及时浇水，为香蕉根系的生长创造良好环境，以利于根系对钙的吸收。通常每公顷施石灰3 000～7 500千克，沙壤土少施，黏壤土多施。对石灰性土壤的蕉园，若土壤pH在8.5以上，一般每公顷施石膏240～3 000千克。有缺钙症状时，叶面喷施硝酸钙0.3%～0.5%溶液，间隔5～7天喷1次，连续2～3次，对矫治缺钙也有一定效果。最好喷施氨基酸螯合钙1 000～1 500倍液，虽然价格偏高，但效果明显。

(5) 镁素营养与施肥。香蕉需镁量较高，南方多年连茬种植老的蕉园最易出现缺镁现象。缺镁症状大多发生在香蕉生育中后期，尤其以果实形成后多见。首先是叶序发生改变，叶缘中脉逐渐变黄，叶鞘边缘坏死，叶柄出现紫色斑点等。

蕉园缺镁的防治措施：一是要平衡施肥，严格控制铵态氮肥和钾肥的用量，以免影响对镁素的吸收。二是施用镁肥。对于因土壤过酸引起香蕉缺镁，最好施用镁石灰，既可降低土壤酸度，又能提供镁营养，一般每公顷用量为750～3 000千克，也可施用硫酸镁，按镁（Mg）计30～60千克/公顷。每年施用基肥时，有机肥料与钙、镁、磷肥混合施用，一般每株香蕉施入钙、镁、磷肥1千克，对防治缺镁症也有良好效果。发生缺镁症状时，叶面喷施硫酸镁钙1%～2%溶液或硝酸镁0.5%～1%溶液，间隔7～10天喷1次，连续3～4次，至缺镁症状消失。

（6）硫素营养与施肥。香蕉在营养生长期吸收养分的速率最快，抽蕾后减缓。果实生长发育所需硫素主要由叶片和假茎供给，因此，植株缺硫会导致果穗很小或难于抽生，幼叶严重失绿呈白色。

蕉园缺硫的防治措施：重视含硫肥料的施用，如每年定期施用硫酸铵、硫酸钾、过磷酸钙等每公顷500千克。如发生缺硫时，结合追肥增施含硫化肥或叶面喷施含硫液肥0.5%～1%，间隔7～10天喷1次，连续2～3次，矫治缺硫症效果明显。

（7）铁素营养与施肥。生长在石灰性土壤的香蕉缺铁症状非常普遍，其典型症状是首先幼叶失绿，继而整个叶片变成黄白色，夏季较轻，春秋季较重，干旱时更严重。

蕉园缺铁的防治措施：蕉园为石灰质土壤必须经常施用铁肥。每年施用基肥时，注意腐熟的有机肥料或绿肥与硫酸亚铁或硫磺粉混合施用，以降低土壤pH，矫治缺铁症效果较明显。发生缺铁现象时，可及时叶面喷施0.3%～0.5%硫酸亚铁或腐殖酸螯合铁，间隔7天左右喷1次，连续喷施2～3次。

（8）硼素营养与施肥。土壤有效硼含量较低的蕉园常出现缺硼症状。经测定，成土母质含硼量低的土壤开发成的蕉园，发病区土壤有效硼含量只有0.01%～0.14%。缺硼典型症状是香蕉植株叶面积变小，叶片畸形、卷曲，叶背面出现特有的垂直于叶脉的条纹。

蕉园缺硼的防治措施：除选育抗缺硼品种、不要过量施用石灰及防止土壤干旱外，还应多施有机肥料和硼肥作基肥。种植前有机

肥与硼肥混施于栽植穴内，一般硼砂用量为每公顷 7.5～15 千克。在幼果期前叶面喷施硼砂 0.2%～0.3%，间隔 7～10 天喷 1 次，连续 2～3 次，均有较好的防治效果。

（9）锌素营养与施肥。石灰质土壤或过量施用石灰的土壤 pH 偏高，常出现香蕉缺锌症状，植株幼叶变小，变为披针形，叶背面有花青素显色，随着幼叶的展开而逐渐消失，叶片展开后出现交错性失绿。有时果实呈淡绿色，果形扭曲。

蕉园缺锌的防治措施：矫治缺锌常用的锌肥是硫酸锌，叶面喷施硫酸锌 0.2%～0.5%与尿素 0.5%混合液或含锌的氨基酸复合微肥 600～800 倍液，间隔 7 天左右喷 1 次，连续 2～3 次，均有较好的防治效果。

（10）锰素营养与施肥。香蕉生长在富含碳酸盐的土壤，质地轻、有机质少的淋溶性土壤，以及在低温、弱光照和干燥气候的环境条件下，极易发生缺锰症。首先，第二片或第三片幼叶叶肉淡绿色并出现极细的网纹，继而叶缘“锯齿状”失绿，叶脉仍保持绿色。

蕉园缺锰的防治措施：一是对石灰性土壤上香蕉产生缺镁症时，可在增施有机肥料的同时，掺施硫磺粉，提高土壤酸度。二是基施或喷施硫酸锰。基施硫酸锰每公顷 15～30 千克，喷施硫酸锰 0.2%～0.5%与尿素 0.5%混合液或含锰的氨基酸复合微肥 600～800 倍液，间隔 7 天左右喷 1 次，连续 2～3 次，防治效果较好。

二、香蕉配方施肥技术

（一）香蕉施肥方法

合理的施肥方法应根据气候条件、土壤类型，并结合根系生态、芽的发生规律和肥料的特性灵活运用。

1. 勤施薄施重点施肥法　在高温多湿季节，正是香蕉地上部旺盛生长期与花芽分化期，此期需肥量大，但施于根部的肥料易流失和分解。因此，应根据香蕉周年生长的特点及多造蕉栽培要求，要勤施薄施，并结合重施，才能及时满足香蕉这两个重点营养期的需肥量，充分发挥肥效。因为营养生长期和花芽分化期是施肥的关键时期，勤施重施薄施相结合，是最佳的施肥方法。

2. 以有机肥为主，有机无机肥料混合施用　实践证明，有机肥可改良土壤结构，调节土壤水肥气热理化性状，有助于香蕉根系生长发育。化肥肥效迅速，但肥劲短而不稳，有机肥与化肥配合施用，可使蕉株健壮，抗性强，生长快，结果早，品质优。

3. 施肥深度与位置　掌握的原则：一是肥随芽走，即施在萌芽位置；二是经常轮换施肥位置，并施于根群活动区。春、秋季深开穴，夏季可浅开穴，肥多大穴，肥少小穴，施后覆土踏实，防止流失。

（二）香蕉施肥时期

香蕉 18～40 叶期的生长好坏对香蕉产量与质量起决定性作用。

1. 施肥关键时期

（1）营养生长中后期（叶期 18～29 片，春植植后 3～4 个月，夏秋植植后 5～7 个月）。这时对肥料反应最敏感，重施追肥可促进植株早生快发，培育成叶大茎粗的蕉株，进行高效的同化作用，积累大量有机物质，为花芽分化奠定基础。

（2）花芽分化期（叶期 30～40 片，春植植后 5～7 个月，夏秋植植后 8～11 个月）。此时正处于香蕉的营养生长转入生殖生长的花芽分化过程，需大量营养供给，重施追肥，可促进花芽分化过程中，陆续抽出的 11 片功能叶得以最大限度的进行同化作用，制造更多的有机营养，为形成穗大果长的花蕾提供充足营养。实践证明，促进花芽分化以早施重施追肥为好，尤以 29 片叶期前施用效果最佳。如遇正造蕉的植株，每年春暖后已进入 26～29 片叶期，即将花芽分化，上年越冬与当年早春重施肥，能促使蕉株越冬后迅速生长，及时制造大量有机营养，满足幼穗分化的需求。

2. 不同蕉园类型　施肥应根据不同蕉园类型和香蕉生育期施用适宜的肥料品种与配比。

当年新植蕉园和宿根蕉园的施肥时期如下：

（1）新植蕉园的施肥。新植蕉园依定植期不同而异。在华南地区，香蕉一年四季均可定植，但以春植为主，秋植其次，夏冬植较少。香蕉种植一次可多年收获，所以不论其种植季节如何，施基肥是重要的环节。正如蕉农所说，“香蕉好坏看头年”。定植后，追肥原则是“薄肥勤施，关键期施重肥”。

①春植蕉施肥。春植香蕉种植后，20天左右即开始长新根，这时要进行第一次追肥，若管理得当，2～3月定植，9～10月抽蕾，翌年2～3月可收获“雪蕉”，品质和产量都很理想。若用苗高1米以上，已抽有9～10片叶的大吸芽种植，通过施肥促叶抽蕾，当年8～9月即可开花，12月可采收蕉果。如果生育进度显示不能赶上收蕉果时，则在夏秋季要适当控制肥水，以免在冬季抽蕾开花而受冻害。

②秋植蕉施肥。秋植蕉种植后距冬季降温尚有3～4个月，要求入冬前苗高1～1.2米时，翌年夏季才能开花结果。因此，早春回暖后应抓紧施足“促苗肥”，到花芽分化前重施一次“促花肥”，到抽蔓时再施一次“促果肥”，采蕉果后再施一次“促芽肥”。

花芽分化是施肥的关键时期，以此为临界期，此生育前期施肥量应占总量的70%～80%，后期仅占20%～30%。据庄伊美（1990）报道，台湾南部郊区的施肥期：第一次于种后1个月，施年总用肥量的10%；第二次于种后2个月，施总肥量的15%；第三次于种后3～3.5个月，施总肥量的25%；第四次于种后4.5～5个月，施总用肥量的30%；第五次于种后6.5～7个月，施总用肥量的20%。

（2）宿根蕉园的施肥。宿根蕉园（也称为旧蕉园），占蕉园面积的比重大，施肥期也较复杂。宿根蕉又分宿根单造蕉与宿根多造蕉。

①宿根单造蕉的施肥时期。一般在冬季苗管理的基础上施肥，开春后于2月、4月、7月、11月各施4次肥。

②宿根多造蕉的施肥期。一般要施5次肥。第一次于2月施促苗肥，此期是早春回暖后新根新叶速长期，需要充足营养促其早生

快发。第二次于4月施促花肥，此期气温回升快，植株进入生长量最大，生长速度最快的旺长期，根系吸收养分快而多，促进有机营养大量积累，为花芽分化提供足量的营养物质。因此，这是施肥的又一关键时期。肥料用量要大，施肥为培养健壮植株，提高产量奠定基础。第三次于6～7月花序分化时施足促果肥，花序分化后约1个月即抽蕾、开花，这次肥也应加大用量，为提高单果重提供充足营养。第四次于母株蕉果采收前施促芽肥，以促进吸芽的萌发和速长，以代替原母株；第五次于母株收获后施过冬肥，以增强吸芽的抗寒能力，为翌春蕉苗的茁壮成长打好基础。因此，宿根蕉施肥重点是要保证花芽分化和果实发育期对养分的需求，即施好和重施促花肥和促果肥。

（三）香蕉常用施肥量

施肥量依地区、土质、气候、宿根与新植、种植密度、栽植目的不同而异。我国蕉区多为降水量大、养分淋失量严重的海南、华南红壤土，施肥量应较大田作物多些。确定施肥量应进行大量的田间试验、土壤测试和植株营养诊断，并通过生产实践反复矫正而得。我国各省（自治区、直辖市）的蕉园施肥量如表8-11所示，香蕉施用氮、磷、钾三要素的比例大致为1：（0.5～1）：（1～2）。台湾省香蕉研究所长期肥效定位试验得出的肥料三要素推荐施肥量，第一年纯氮（N）130～180克/（株·年）、P_2O_5 120～160克/(株·年)、K_2O 400～450克/（株·年），三者比例为1：（0.5～1）：3，第二、三年适当减少磷用量。香蕉体内钾含量最高，增施钾肥有明显的增产效应。据梁孝衍等的试验表明：珠江三角洲冲积土3年生宿根蕉适宜的每公顷用氮量为900千克，用钾量为120千克。黄宝孙（1987）在广西的坡地红壤蕉园，每公顷栽2 250株“矮把香蕉”，3年试验结果证明：采用肥料三要素1：0.5：1.5的比例配方比1：0.4：1.2的增产41.2%，株施肥量分别为N 0.4千克、P_2O_5 0.2千克、K_2O 0.6千克。华有群等（1989）用“矮把香蕉”在湛江市缺P、K的土壤上试验结果：以

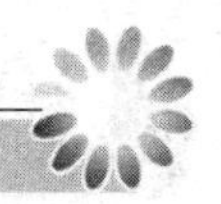

株施氮300克，N∶P_2O_5∶K_2O=1∶（0.2～0.4）∶1.5，比习惯用肥增产13.9%～19.1%。周修冲（1991）在广东惠阳试验结果（表8-12）表明，增施钾肥增产达极显著水平。

表8-11　我国香蕉主栽省（自治区）三要素施用量与比例

省（自治区）	施用量（千克/亩）			氮∶五氧化二磷∶氧化钾
	氮	磷	钾	
广东	51.4	27.0	86.4	1∶0.53∶1.86
广西	56.8	22.5	54.4	1∶0.40∶0.96
福建	37.8	16.3	25.4	1∶0.43∶0.67
台湾	20.6～27.5	3.4～4.6	41.3～55.0	1∶0.33∶2.85

（摘引庄伊美资料，1990）

表8-12　矮香蕉NPK配比对产量的影响

（周修冲等，1991）

处理组合	蕉果产量［千克/（年·亩）］		平均产量［千克/（年·亩）］
	第一造	第二造	
N_{60}　P_{16}　K_0	476	1 204	840
N_{60}　P_{16}　K_{60}	1 929	2 920	2 425
N_{60}　P_{16}　K_{80}	2 004	2 827	2 416
N_{60}　P_{16}　K_{100}	1 938	2 600	2 269
N_{60}　P_{16}　K_{120}	2 063	2 783	2 423
N_{80}　P_{16}　K_{80}	1 800	2 676	2 238
N_{80}　P_{16}　K_{80}	2 058	3 004	2 531

（LSD_1 0.05=206.3，0.01=289.2；LSD_2 0.05=262.4，0.01=367.9）

（四）香蕉常用肥料特性与合理施用

1. 有机肥　香蕉常用的有机肥料有厩肥、人粪尿、垃圾、饼肥、麸粪、草木灰等。冬春一般施迟效性的有机肥。

（1）厩肥。猪、牛、羊、马粪，最好与磷肥混合堆沤充分腐熟后可作过冬肥和春肥施用，可在离蕉头50厘米左右开20～30厘米深的沟或穴，沟施或穴施。东莞蕉农有采用开灰粪穴“用肥引芽”的做法，有意识的选择在蕉头适合的空旷位置，开灰粪穴施下厩肥，以促使吸芽萌发，从灰粪穴位置先长出来，以便留芽。

(2) 人粪尿。主要用作追肥，腐熟后穴施或浅沟施，离蕉头30～40厘米处施下。

(3) 饼肥、麸粪。先将饼肥或麸粪加入水或人粪尿充分发酵后，离蕉头50厘米左右于开花前2个月穴施或随水施入，并立即盖土。

(4) 草木灰。除含有大量钾外，还含有效磷和钙，因其呈碱性，有中和土壤酸性的作用，是香蕉最好的氮、磷、钾肥料。大量施用时应分多次施入。但不要与人粪尿、铵态氮肥混施以免损失肥分。

2. 化学肥料 化肥有硫酸铵、硫酸钾、尿素等。化肥易作追肥，肥效快，效果好。

(1) 固体化肥。如硫酸铵、硫酸钾、氯化钾等，可结合灌溉或雨后撒施，也可环状沟施或条施，施肥沟距蕉头30厘米，宽约20厘米以上。随株生长及树盘扩大，施肥沟与蕉头的距离也应逐次适当远离，逐渐扩展到75～90厘米远的地方，但沟的深度宜渐浅。追肥期一般多在春夏追肥。

过磷酸钙和骨粉等磷肥，最好与厩肥、有机秸秆堆沤后施用，主要用作基肥和过冬肥效果最好。

(2) 液体肥料。畜尿、人尿、沼气水、固体肥料配制的各种肥液，可结合抗旱，在夏秋旱季开浅沟薄施。施肥沟开在根系易吸收到的位置最佳，并常轮换施肥位置。

(3) 根外追肥。在生长过程中，若发现缺素症状应及时补施相应肥料以及时矫治，采取根外追肥方法既省肥又见效快，尤其生长后期叶面喷施效果更佳。蒋世云（1989）报道，宿根蕉断蕾时每隔10天喷施一次1%氯化钙，连喷5次，可使砍收后的香蕉延迟5天成熟，延缓5～6天腐烂。

一般将尿素兑水，比例为千克尿素兑水50千克喷叶，或磷酸二氢钾1%，喷后25分钟，在空气湿度大的情况下，即能吸收

65%，到夜间达100%。可提高产量，改善品质。对缺铁黄化病株喷施0.4%的硫酸亚铁（$FeSO_4$）1～3次，重病株均能转绿增产。

第三节　菠萝配方施肥技术

一、菠萝需肥特性

菠萝又名凤梨，是热带和亚热带地区重要水果，也是我国外销创汇的著名果品之一。菠萝为多年生常绿草本植物，对土壤的适应性较广，但土壤的理化性状对其产量和品质影响很大。菠萝的需肥特性与品种、土壤、气候、栽培制度等诸多因素有关。

（一）菠萝营养特性

菠萝为多年生常绿草本植物，矮生，高0.5～1.0米，无主根，具纤维质须根；肉质茎为螺旋着生的叶片所包裹，叶剑形；花序顶生，着生许多小花；肉质复果由许多子房聚合在花轴上而成。

1. 营养生长特性

（1）根系营养生长特性。实生苗的根由种子胚根发育而成，无性繁殖的芽苗根系由茎节上的根点直接发生。根点萌发成气生根及地下根，气生根若接触土壤后即成地下根。地下根属纤维质须根群，由粗根、细根和须根组成。粗根和细根都是永久性的根。须根是临时性的吸收根，密生根毛，吸收能力强，生长旺盛而形成了庞大的根系，是吸收肥水的重要器官。菠萝根群好气根浅生，若积水、通气不良或栽植过深，均会引起生长衰弱，易受旱、涝、冷害。地下根共生着菌根，它不仅具有吸收肥水及抗旱的能力，而且还能分解土壤中的腐殖质供给营养的能力。菠萝的根系多分布在表层土下40厘米左右，90%集中在10～25厘米土层中，水平分布约100厘米，以距植株40厘米范围内为最多。

（2）茎的营养生长特性。茎为白色肉质的圆柱体，直径2.0～6厘米，长20～25厘米，有地上茎与地下茎之分。地上茎顶部中央生长点营养生长阶段分生叶片，生长发育阶段分化花芽，形成花序。花序抽出时茎伸长增快，近顶部的节间也逐渐伸长。成长的茎，每个叶腋有个休眠芽和许多根点。定植时，茎的下半部埋于土中，很快长出地下根后成为地下茎，一般被气生根和粗根缠绕。发育期茎上的休眠芽相继萌发成裔芽和吸芽，由于吸芽着生部位逐渐上升，气生根不易伸入土中而造成植株早衰，因此，经常培土是菠萝果园土壤管理的重要措施。

(3) 叶的营养生长特性。菠萝的叶片簇生在茎上，叶片多而大，光合面积大，制造积累的有机物质也就多，果实大而饱满。叶片生长随气候而变化。据调查，在4～8月生长旺盛期，华南地区的菠萝平均每月长出新叶3～4片，9月之后气候干旱转冷，新叶发生渐少，甚至受冻枯死。菠萝植株抽生的绿叶数、总叶面积与果实大小、重量关系密切，在一定范围内，叶片多而大，茎头和果实也大。一般品种具有40张叶片就能开始花芽分化，叶面积达0.8～1.0米^{2}时(30～40片叶)，可产果实1.0千克，每增加3片叶，果重增加20克左右，但果重在1.75千克以上者，增叶与增重关系不甚规律。

菠萝叶片对光很敏感，遇阳光直射过度或遇干旱等不良条件时，常失去原有的绿色而呈现黄色。

2. 菠萝对土壤条件的要求 菠萝对土壤的适应较广，由于根系浅生好气，故以疏松、排水良好、富含有机质（表8-13），pH 5.0～5.5的沙壤土或山地红土较好。瘠瘦、黏重、排水不良及地下水位高的土壤均不利于菠萝生长。在广东菠萝主产区土壤多属较瘠薄的红壤，建园前必须深翻和增施有机肥料（表8-14），或覆草种植绿肥进行改土（表8-15），可获得较好效果。

表8-13 华南菠萝园土壤养分含量

地区	速效氮（毫克/千克）		速效磷（毫克/千克）		速效钾（毫克/千克）		有机质（%）	
	表土	心土	表土	心土	表土	心土	表土	心土
福建乌浦山	20.00	7.50	10.00	5.00	100.00	125.00	1.64	1.04
广东省果树研究所	15.34	11.16	8.85	9.44	36.99	33.16	1.38	1.02
广州市郊水西	5.35	3.37	0.64	1.71	237.88	96.34	—	—

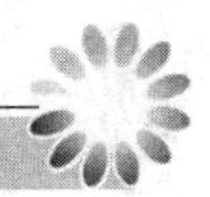

表 8-14　菠萝园覆盖对土壤温度和湿度的影响

（福建大南坂农场，1976）

处　理	地温℃（0～5 厘米）		土壤含水量	土壤结构与土色
	7 月	1 月	9 月（%）	
稻草覆盖	38.2	18.5	21.2	土色较黑，表土有小团粒
套种灰叶豆	39.4	16.0	19.9	土色较黑，表土疏松
无覆盖	41.2	5.3	16.7	土色较黄，较为板结

表 8-15　覆盖对菠萝产量的影响

（福建大南坂农场，1976）

覆盖物种类	普通覆盖					套种绿肥			
	沥青纸	稻草	绿肥	野草	无覆盖	日本草	巴西苜蓿	灰叶	无覆盖
产量	2 155	1 508	1 053	866	617	1 237	1 234	1 206	876

土壤的理化性状对菠萝的产量和质量影响极大。一般以沙土和黏土的比例各占一半为宜。多雨地区黏土含量要低于 20%。据罗岗区果农的经验，以黄泥沙和黑泥沙地为最适宜。

（二）菠萝需肥特性

1. 菠萝的需肥特性　菠萝为多年生草本植物，在自然气候条件下，当菠萝有一定生长量时，每年有 3 个自然开花期：从 2 月初至 3 月初抽蕾，6 月底至 8 月初成熟的称为正造花（又称为正造果），约占年总量的 62%，这期果实的果柄粗短，果实较小但品质较好；4 月底至 5 月底抽蕾，9 月成熟的称为二造花（又称为二造果），约占年果量的 25%，此期果形和品质与正造果不相上下；7 月初至 7 月末抽蕾，10 月以后采收，亦有延迟至翌年 1～2 月成熟的称为三造花（三造果，又称为翻花果），约占年果量的 13%，此期果形大，糖分低，酸度高，纤维多，香气淡，品质差。

菠萝的生育期可分为小苗期、中苗期、大苗期、催花现红期、小果膨大期、成熟期。各生育期的长短因品种、定植期、气候等诸多因素而异。

（1）小苗期。从定植至抽出 10 张叶片左右为小苗期。此时根系已形成完整的结构，植株直立完全，能抵抗风吹雨刷，吸收养分速度逐渐加快，应及时施用攻苗肥，促生叶片抽生快长，加宽加厚。

（2）中苗期。中苗期是菠萝茎、叶生长及积累养分的重要时期，随生长量的增加，茎、叶中的各种养分含量反而降低（因稀释效应），而光合作用增强，干物质积累增加。在菠萝封行前，可结合培土施追肥，促进根系的增生、扩展，提高其对土壤养分的吸收面积，为大苗期的生长提供充足养分。

（3）大苗期。此期菠萝已长高长快，形成一定的自荫环境。在气温持续升高时，仍生长迅速，并很快积累干物质，叶片抽生多而快，叶形宽而厚、挺立、健壮；若气温降低时，叶片抽生速度减缓，茎中的钾氮比提高。茎的尖端逐渐进行花芽分化，叶片开始下垂，田间因全部封行而管理困难。可适量适时使用激素，促其早进入生殖生长阶段。

菠萝在苗期的生长状况直接影响产量的形成，因而要特别注意苗期的肥水管理。一般从小苗到大苗，根际追肥2～3次，根外追肥3～4次，促使菠萝生长快而壮，叶宽而厚，茎粗而重，为高产优质奠定基础。

（4）催花现红期。菠萝经自然花芽分化或人工催花约经1个月后，从株心茎尖开始呈现花芽的特有的淡红色，这就是进入生殖生长阶段的标志。随后从株心处逐渐抽出花蕾，花蕾上的小花簇生而成。每个花序上的小花数与品种、株体强弱有关。“巴厘”种小花数较少，“无刺卡因”种较多。小花数多意味着果眼多，果实大。一个花序一般是基部小花先开，顺序向上开花，需15～20天，整个花序才开完；气温高，光照足，开花时间短。

（5）小果膨大期。菠萝的果实是聚花肉质果，由花序的肉质中轴（果心）、小花的肉质子房、萼片和苞片发育而成。菠萝的小花谢后即开始充实果实，故菠萝果实的膨大与开花有一个重叠期，此阶段对磷、钾的吸收达到最高峰，比催花期高出1倍多。在小果膨大期，各种芽体大量抽生，叶节间的吸芽、果柄上的裔花、托芽和

果实顶部的冠芽均与果实争夺养分，影响果实的膨大。果实需要的营养特点是：磷、钾含量比正常偏高，而氮偏低；芽体需要的营养特点与此相反，因而在施肥上要控制氮肥，增施磷、钾肥。叶面喷施磷酸二氢钾肥液0.5%～1.0%，可促进花期集中，果柄伸长，以提高果实对养分的竞争能力，并能有效地控制芽体的抽生，增加果实重量。还可以人工摘除高位芽、裔芽、托芽及冠芽或喷施生长调节素，以抑制裔芽和吸芽的生长，促进果实增大。

（6）果实充实期（成熟期）。小花全谢后小果逐步充实膨大。此时菠萝对钙、镁的吸收也达到最高峰，叶片中的氮、钾含量逐步上升，以维持较强的光合作用；茎中的各种养分含量普遍下降，养分逐渐向芽体和果实中转移。

菠萝成熟后应及时采收，收果后及时施肥，以促进吸芽迅速生长。适时将母株割碎还田培土，并选定替代吸芽苗，清除高位吸芽苗，促进第二造苗快速生长封行，夺取下一造果的大丰收。

2. 影响需肥量的因素

（1）菠萝品种。卡因类对肥料需求量大，比较耐肥水，因此可大量施肥；皇后类对肥水要求较低，施肥量可少些。在土壤测试的基础上，土壤有效养分供应不足时，少量施肥效果就很明显。但该施肥量一般不会使菠萝疯长，只要适时催花，均能结果，但报酬递减。

（2）菠萝苗的素质。吸芽苗根系抽生快，生长迅速，对施肥要求较多，追肥量和次数要多。裔芽、冠芽的根系抽生慢，在施足基肥的基础上，追肥量和次数可少些，可充分利用土壤有效养分。

（3）土壤条件。严格讲，菠萝对土壤肥力要求不很高，在任何土壤类型上，只要施肥改土，均可生长良好。一般是土壤有机质含量高，土质疏松，施肥量可少些；而黏重土壤，施肥量要大些，对特别黏重土壤，氮肥停用时间可早些。沙质土壤类型，保肥能力差，施肥量要少而次数要多，且要巧施，才能收到良好效果。

（4）气候条件。若是秋季种植，翌年秋季催花，菠萝的营养生育期有一年的时间，在施足基肥的前提下，第二年春夏再追肥2～

3次，可充分利用土壤中自然养分，追肥量可适当少些。若是冬春季种植，秋季催花，菠萝的营养生长期稍短，对土壤自然肥力利用少，追肥量应多些。

在高温高湿的气候条件下，菠萝生长旺盛，对营养元素需求量大，根系活力强，对养分吸收强度也大，平衡施肥尤为重要。但在干冷的气候条件下，菠萝生长缓慢，根系活力下降，对养分吸收能力也降低。因此，可将速效肥与缓效肥配合施用，如厩肥、粪尿肥与过磷酸钙、窑灰钾肥等配合使用，效果更好。

（三）菠萝营养诊断与施肥

菠萝从幼芽定植到花芽分化前为营养生长阶段，此期是植株各器官体积迅速增长，需要有充足的养分和水分供应，尤其是氮素供应有利于长根和扩叶，施肥时要重施氮肥，配施磷肥。从花芽分化至果实成熟为生殖生长阶段，此期花果发育同样需要大量养分供应。抽蕾时间长短，小花数目多少与营养条件密切相关。营养充足，果实大，成熟早，质量高，因此，结果期不仅施足氮、磷肥，还要多施钾肥，并配施中量元素和微量元素肥料。

1. 氮素营养与施肥 氮素对菠萝的果实产量起决定作用，适量增施氮肥，叶片氮素含量增加，果实产量相应增加。菠萝幼苗期缺氮，叶片呈红色；中、后期缺氮，植株生长缓慢，叶小叶黄，老叶叶尖易坏死，果实小，产量低，质量差。氮素过量，植株生长过旺，叶色浓绿，叶片薄、大而软，徒长会延迟开花结果或不易结果，有时引起鸡冠顶、肉瘤状变形果。在果实膨大期过量施用氮肥，造成果实膨大过快，果肉含氮量过高，极易患黑心病和造成裂果，耐贮性差，品质降低。

菠萝氮素失调的防治措施：采取测土配方施肥技术，在施足有机肥的前提下，注意配施钾、钙肥。在果实膨大期要少施用氮肥和生长激素，以防黑心病的发生。发现缺氮症状，应及时追施速效氮肥，也可叶面喷施尿素或硫酸铵1%～3%，间隔7天左右喷1次，连续2～3次。氮素过剩时，喷施氨基酸复合微肥800～1 000倍

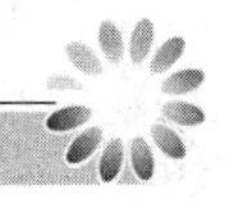

液，间隔7天左右喷1次，连续2～3次。

2. 磷素营养与施肥 磷素营养充足能明显促进初期根系生长，但后期表现不明显。缺磷时，植株生长势弱，枝梢细弱，吸芽萌发少，根系不发达。老叶叶色变褐，叶缘和叶尖干枯，显棕红色，并向主脉扩展。果实酸度大，汁液少，口感差。增施磷肥，能提高叶片中磷素含量，改善果实酸甜比，适口性好。磷肥过量类似氮肥过量，严重时会诱发缺锌、铁、钙、硼等症状，裂果率上升。

菠萝磷素失调的防治措施：定植前，施足有机肥，配施磷肥。磷素缺乏，应及时追施速效磷肥如过磷酸钙、钙镁磷肥等。还可叶面喷施磷酸铵或磷酸二氢钾1%～3%，间隔7～10天喷1次，连续2～3次喷1次。磷素过剩时，两年内停止施用磷肥，增施有机肥、钙肥、微量元素肥料。

3. 钾素营养与施肥 钾素对菠萝的产量和品质均有重大影响。增施钾肥不仅能明显提高产量，而且还能提高叶片含钾量和果实糖酸及维生素C含量，可减轻黑心病危害。缺钾时，植株生长缓慢而矮小，发芽少。叶色暗绿，叶片窄而薄，叶尖枯焦卷曲。果实畸形，风味不佳。若氮肥过剩会引起钾素不足，叶片钾素浓度低，少开花或延迟开花。

菠萝钾素失调的防治措施：重视有机肥与钾肥的施用。缺钾时，及时追施钾肥，叶面喷施硫酸钾或氯化钾、磷酸二氢钾2%～3%，间隔10天左右喷1次，连续2～3次。

4. 铁与锰素营养与施肥 菠萝对锰很敏感，也需要适量的铁。锰过剩与缺铁症伴随而发生，锰过剩会抑制对铁的吸收，会诱发缺铁症。据研究（1988），土壤中交换性锰含量过高，锰吸收过量会抑制菠萝体内铁的还原和促进铁的氧化，从而降低铁的有效性及锰与铁比例失调，锰铁比在5以上便可诱发生理性缺铁，引起叶片失绿黄化病。首先上部幼嫩叶失绿黄化。严重时菠萝的正常生长受阻，整株叶片失绿黄化，但叶片仍有绿色条纹，继而会整株死亡。

菠萝铁锰素失调的防治措施：定植时前，定植穴内施足有机肥。若发现有缺铁症状，及时喷施硫酸亚铁1.0%～1.5%或氨基酸螯合铁 1 000 倍液，间隔 7～10 天喷 1 次，连续 2～3 次，至症状消除。

5. 锌素营养与施肥 菠萝缺锌的症状，叶片有黄色斑点，继而呈杂斑色，表皮层硬化。

菠萝锌素失调的防治措施：缺锌时叶面喷施硫酸锌 1.0%～1.5%，防治效果较好。

6. 硼素营养与施肥 菠萝缺硼的典型症状，叶片畸形，叶尖端干枯。顶芽抽生极少，托芽多。缺硼易造成裂果，小果皮厚，小果之间易爆裂，并充斥着许多果皮分泌物。

菠萝硼素失调的防治措施：除基施硼肥外，叶面喷施硼砂或硼酸 0.3%～1.0%，间隔 7～10 天喷 1 次，连续 2～3 次。

二、菠萝配方施肥技术

（一）施肥时期

菠萝是一次种植收获 2～3 造果实的多年生草本果树，只要光温适宜，一年四季均可种植。施肥期按生育期划分，可分为基肥、攻苗肥、花芽分化肥（催芽肥）、攻果肥、壮芽肥。

定植时要施足基肥，以有机肥为主，50%的磷肥、100%的镁肥、适量氮肥、钾肥混合均匀一同施下。营养生长期的施肥量占整个生长期的 80%以上。花芽分化肥、攻果肥据天气、植株生长情况，灵活掌握施肥时期与施肥量，同时要结合根外追肥。壮芽肥是关系到下一造果的产量及收获期的关键，其施肥量约占总施肥量的 5%。

（二）施肥方法

1. 基肥 菠萝一般种植在有机质含量低、干旱贫瘠的山坡地上，定植时一次性施足基肥是菠萝高产优质的基础性环节。基肥要与深耕做畦同时结合进行。“一基胜三追”，这是果区的果农对基肥重要性的认识。基肥一般是土杂肥、猪羊等圈肥、秸秆与枯枝落叶、堆肥等农家肥，与过磷酸钙沤制后，沟施或穴施后覆土定植。

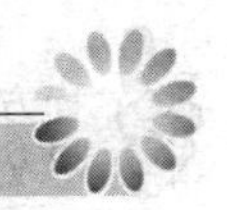

钙、镁、磷肥不能与有机肥沤制施用，可在施完有机肥后沟施或穴施于定植行内。硫酸镁、氯化镁每公顷施 150～300 克，随基肥施用。

徐贵业（1987）报道，广东在缺磷低钾的砖红壤上，“巴厘种”冠芽苗重施基肥的做法是：每公顷施牛栏肥 60 吨、化学磷肥 3 000 千克、钾肥 450 千克、复合肥 450 千克、豆饼 1 500 千克。其施肥方法是将有机肥与磷肥混匀施于沟底，钾肥、复合肥撒施其上，后覆土 5 厘米，种植后为菠萝生长创造疏松、透气的良好土壤环境，为高产稳产奠定基础。

采果基肥施用方法：先将果柄、干枯叶片、杂草压于行间，每公顷在行株间撒施土杂肥 30 000 千克、复合肥 300 千克、饼肥粉 450 千克，施后立即培土。

2. 追肥　菠萝营养生长期长，约占整个生育期的 60%以上，是形成产量的关键施肥期。根据各生育期需肥特性及生产经验，根际追肥每年 2～4 次。

（1）促蕾肥。在抽蕾之前（12 月至翌年 2 月）施足肥促花壮蕾。每公顷施用钙镁磷肥 450 千克与腐熟的农家肥 15 000 千克混合，开沟或穴施于茎基周围，然后培土。

（2）壮果催芽肥。4～5 月施下，促进花果发育和各种芽的抽生。每次每公顷用尿素 300 千克、复合肥 450 千克、钾肥 300 千克混匀施于行株间，施后轻培土。

（3）壮芽肥。7～8 月采果后施下。此时正造果已采完，二造果将成熟，母株上的吸芽迅速成长，需要较多的养分供应，若此时肥料供应不足，则吸芽抽生迟，不健壮，将推迟翌年的结果期。此时应以速效液肥为主，公顷施用尿素 75 千克，兑水 15 000 千克或用腐熟的人粪尿 22 500 千克施于基部叶的叶基处，施后培土。

若只收单造果的菠萝园，可在 9～10 月于大行间犁深 10～15 厘米的条沟或开穴施下猪牛粪、有机秸秆及土杂肥，每公顷 15 000～30 000 千克，混合 150 千克过磷酸钙、225 千克钾肥。

（4）花前肥。菠萝花芽分化期大量集中在12月中下旬，故在11月中下旬可增施一次速效肥，可以增加小花层数、果重和结果率，增强植株抗寒能力。花前肥以磷、钾肥为主，配施适量氮肥。也可用1∶1∶1的尿素、磷酸二氢钾、硝酸钾进行根外追肥，或用1%～2%的硫酸钾或5%的草木灰浸出液叶面喷施。若进行催花，在乙烯利中加入1%～2%的硝酸钾液，可提高抽蕾整齐率。

各省（自治区）菠萝产区每年每公顷施肥情况如下：

①福建大南板农场。火烧土3 750千克，有机秸秆4 125千克，硫酸铵375～750千克，过磷酸钙75～150千克，花生饼75千克；

②广西南宁园艺场。年公顷施牛栏粪、草皮灰混合肥37 500千克，尿素375千克，复合肥150千克，氯化钾150千克。

3. 根外施肥 菠萝具有特殊的贮水结构和吸收机能，根外追肥效果好，尤其在密植封行后根际追肥困难时，根外追肥是更为合理的施肥方式。丰产经验表明，抽蕾开花后除去根际追肥的月份外，其余各月均可每月喷施1次，通常1%～2%尿素液加1%～2%的氯化钾全株喷布或灌心，公顷用液量1 125～2 250千克不等。也可用腐熟的人畜尿水，1∶10兑水配制，也可用1%～2%窑灰钾肥液或5%草木灰浸出液喷施，效果甚至超过氯化钾液。据广东（1974），在“卡因”谢花后于5月中旬、6月中旬、7月中旬分别各喷2%窑灰钾肥液、2%硫酸钾液、5%草木灰浸出液3次，果实含糖量均有所提高。

综上所述，菠萝在施足基肥的前提下重施促蕾肥和壮芽肥，配合促苗壮果催芽2～3次根外追肥，构成了一个以攻叶、攻果、攻芽3个中心目标的施肥体系是比较合理的。

（三）菠萝施肥量

由于菠萝需肥特性的复杂性和影响因素的多样性，计量施肥难度较大。施肥量确定方法，主要有养分平衡法和田间试验法。

1. 养分平衡法 菠萝因品种、种植密度、土肥水管理水平不同，计算方法各异。其计算公式同柑橘。

$$各种肥料用量=\frac{需施入的各种养分量}{各种肥料养分含量\times肥料利用率}$$

2. 田间试验法　此法最能反映当地菠萝需要的养分供给量。据养分平衡原理，先算出菠萝各种养分需求量，然后据此数据制订田间肥效试验，对各养分进行高肥量、低肥量试验，据试验结果，再提出适合当地气候条件下的施肥比例与用量。综合各地施肥方案，菠萝的施肥量与比例如表 8-16 所示，属高钾或中钾、中氮、低磷的水平。由表 8-16 看出，要确定某一产区的合理、经济及最佳施肥量与比例，必须通过多年多点试验及对植株与土壤养分测试而定。一般热带地区的温、光、热、水优越，土壤较肥沃，施肥量较少，产量也较高；而南亚热带地区，由于土壤贫瘠及有季节性干旱、低温等因素，施肥量虽较多，产量并不高。

表 8-16　世界及我国菠萝产区三要素施肥量及比例

产区	氮	磷	钾	氮：磷：钾
台湾省	450～675	75～150	300～600	1：0.2：0.8
广西壮族自治区	636	402	577.5	1：0.62：0.9
广东省	583.5	135	310.5	1：0.23：0.5
泰国道尔公司	1 365	315	262.5	1：0.23：0.18
美国夏威夷	142.5	57	232.5	1：0.4：1.6
南非东开普省	547.5	150	697.5	1：0.3：1.3
马来西亚	78	51	205.5	1：0.7：2.7

（引自刘佩珍《菠萝及其栽培》，1987）

第四节　荔枝配方施肥技术

荔枝为亚热带常绿果树，原产于我国南方，已有 2000 多年的栽培历史，主产地有广东、广西、福建 3 省（自治区），其次为四川、台湾、海南等省，云南、贵州也有栽培。

一、荔枝需肥特性

（一）荔枝的营养特性

1. 根系营养生长特性 荔枝除实生苗有主根外，高压苗无主根，侧根密集连接成根盘，须根网状并有菌根共生，根系一年四季没有自然休眠期，吸收养分的能力和范围都较大。根系在年生长周期中有3次生长高峰，其生长量与土层深浅、地下水位高低、温度、土壤肥力密切相关。

荔枝根系生长发育期间要求高温高湿。对山地红壤、黄壤土，平地沙壤土，冲积土，甚至黏土均可适应。但以土层深厚、富含大量冲积物和有机质、土质疏松、排灌与保肥性能良好、能促进菌根繁衍的酸性（pH5～6）沙壤土为好。

2. 枝梢营养生长特性 荔枝通过抽发新梢来更换结果枝。一年中要多次抽发新梢，一般幼树年抽梢3～5次，10～20年生适龄结果树年抽梢2～3次，几十年生的中老树每年只抽梢1～2次。相同树龄抽梢早迟、次数、长度等均与树体的营养状况有关。营养充足的健壮树，枝梢抽发早、次数多且时间长。

3. 叶片营养生长特性 叶片为羽状偶数复叶，小叶2～4对互生或对生，叶片的寿命为1～2年，老叶在新梢萌发期相继脱落，新叶和老叶更替使荔枝消耗较多养分。

4. 果实生长发育特性 荔枝为圆锥花序。在果实发育过程中，各阶段都会发生落果的可能。以幼果期落果最严重，此期也称为生理性落果。据钟扬伟等（1983）观察，糯米糍营养状况不良，在果实发育至第一阶段结束时落果率高达90％以上；进入种子发育期，养分缺乏会导致胚死亡并引起第二阶段落果；据相关调查资料，幼果期因营养失调，胚中途死亡率占54％～76％。用^{32}P示踪检验表明落果与缺磷有关。当磷素不足，日间温度过高，失水过快，即使授粉受精正常的幼果也会落果；果实发育后期，营养物质转移并向果实中积累，若中期养分不足，就会导致采果前发生第三期落果。由此看来，保证这一阶段有足够的营养供应，是获得荔枝丰产优质的重要措施。

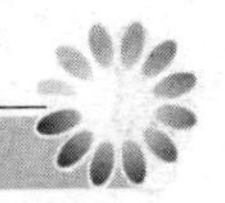

（二）荔枝的需肥特性

1. 荔枝各器官中营养元素分布规律和需肥特性　了解荔枝不同器官与部位的营养元素含量水平，是研究荔枝营养特性与需肥规律以及科学施肥的基础。据梁子俊等（1984）测定，荔枝树体各器官中的三要素含量分布规律：花器官＞叶片＞枝条＞根系。各器官中钾素含量特别高（表8-17）。在每株每年施氮1千克以内，各器官中氮含量随施氮量的增加而提高，磷钾含量则随施氮量的增加而降低。

表8-17　“陈紫”荔枝不同器官中三要素含量

器官	氮（%）	磷（%）	钾（%）
叶片	1.610	0.153	0.880
枝条	0.875	0.192	1.450
花器官	2.030	0.290	1.200
根系	0.350	0.068	—

吴定尧等（1985）对19年生淮枝不同器官及部位的营养元素测定结果表明（表8-18），氮、钾、硼、钼在淮枝鲜果的果肉、果皮、种子3部分含量与分配相对较平衡。而磷和铜的48.0%以上集中分布在果肉内。果皮除含有全果大约1/3的氮、钾、硼、钼外，镁的49.6%、钙的97.0%、锰的88.0%、铁的73.6%都集中在果皮中，而果皮含水量只占全果的17%，这一特点说明荔枝果皮是各种养分集中分布的部位。

表8-18　淮枝不同器官部位矿质元素含量（干物质平均）

采样部位	样品数（个）	钾（%）	钙（%）	镁（%）	铁（毫克/千克）	锌（毫克/千克）	铜（毫克/千克）	锰（毫克/千克）	硼（毫克/千克）	钼（毫克/千克）
幼果	8	1.112 2	0.133 1	0.195 0	20.6	15.4	1.6	50.9	40.2	0.70
果肉	8	0.822 1	0.002 2	0.063 3	7.9	2.9	2.1	2.7	19.4	0.79

（续）

采样部位	样品数（个）	钾（%）	钙（%）	镁（%）	铁（毫克/千克）	锌（毫克/千克）	铜（毫克/千克）	锰（毫克/千克）	硼（毫克/千克）	钼（毫克/千克）
果皮	8	0.724 3	0.202 7	0.174 5	15.5	13.7	1.5	31.7	31.5	1.15
种子	8	0.637 1	0.003 4	0.094 1	1.5	1.7	0.65	1.4	21.5	1.00
嫩叶	4	0.909 3	0.194 2	0.140 2	12.6	12.2	7.2	43.5	28.6	0.72
秋梢	4	0.380 6	0.578 9	0.194 6	10.7	9.0	3.1	67.6	35.5	1.24
老叶	2	0.373 8	0.811 8	0.183 2	12.5	10.6	3.4	68.1	28.5	1.47

据倪耀源（1986）测定，幼果中养分含量顺序为氮＞钾＞镁＞钙，嫩叶中氮比钾含量高 2.75 倍，比磷高 8.4 倍，钙和镁的含量也较高。在秋梢老叶中，除氮含量最高外，钙仅次于氮，其次为钾、磷、镁。微量元素中以锰、硼较多地集中在梢叶，铁、锌含量亦相当高，说明每年几次嫩梢抽发需要多种元素的全面供应。

2. 叶片养分含量变化动态与需肥特性 一般而言，叶片能较敏感地反映树体的营养变化状态，通过叶片营养诊断来了解树体的养分转移动态和需肥规律，为配方施肥提供依据。

梁子俊等（1984）对生长在瘦瘠的低丘红壤土 12～18 年生陈紫荔枝树，在施中量肥（每株年施氮 0.5 千克、磷 0.5 千克、钾 1.5 千克）的条件下，连续 4 年，于 3 月、4 月、5 月、6 月、7 月、8 月、11 月，分别取树冠中部秋梢第二复叶的第二对小叶片，测定其氮、磷、钾含量动态变化（表 8-19），结果表明，叶片中三要素含量随不同生育期而呈波动状态。在年周期中以开花、幼果肥大期树体养分消耗最大，此期叶片中养分含量处于低值期。其中，4 月由于开花和随后的大量落花，叶片氮含量降至最低值，而 5 月开始回升。开花后叶片中磷、钾也随之下降，并在 5 月的幼果形成期大量消耗进一步下降到最低值。7 月果实采收后，树体养分消耗得到遏制，叶片中的氮、磷、钾得到回升，至 8 月由于抽发新梢的养分消耗，叶片中三要素含量又都再次下降，其中钾含量降到低于

花果发育期，成为最低点，说明新梢抽发消耗树体大量的钾。到新梢、花芽分化前的11月份，叶片氮、磷、钾又都得以积累并达到最高点。冬季是一年中树体养分积累最高最稳定的时期，蓄积充足养分为翌年花果发育之所需。

表8-19　陈紫荔枝不同月份叶片三要素变化情况

（梁子俊等，1984）　　（%）

元素	3月	4月	5月	7月	8月	11月
氮	1.684 6	1.414 0	1.497 3	1.757 0	1.591 3	1.759 3
磷	0.141 3	0.130 5	0.125 3	0.139 0	0.127 7	0.173 3
钾	1.003 3	0.889 0	0.850 0	1.082 5	0.750 0	1.299 0

从上述叶片养分含量动态变化来看，应在荔枝开花、果实肥大和秋梢抽发3个叶片养分低值期之前，采取科学施肥措施，适时补充树体的养分消耗。

3. 果实发育期果实养分动态变化与需肥特性　荔枝果实发育期树体养分消耗大于积累，即是补充养分的关键时期，也是决定产量的关键期。因此，详细了解这一时期树体养分动态变化很有必要。

倪耀源（1986）分析了幼树与成年树、生长健壮与长势较弱的糯米糍与淮枝两个品种果实发育期，在不同物候期叶片与果实的氮、磷、钾含量的关系：幼果期两个品种叶片中的氮、磷、钾均是壮树高于弱树；同一树势一般糯米糍高于淮枝（表8-20）。而幼果中氮、磷、钾含量与叶片的情况正好相反，两个品种均是弱树高于壮树，尤其是磷含量，弱树比壮树高出一倍多；同一树势一般也是糯米糍高于淮枝。究其原因，弱树的幼果结实量少，叶片营养转移到果实中积存的相对量较多之故。从氮、磷、钾比例来看，同一品种壮树与弱树叶片中的氮、钾比例很接近。而磷则不然，壮树叶片磷占的比值高，弱树占的比值低；幼果中则是弱树占的比值高，壮树低。但是两个品种、两种树势，幼果期的叶片和幼果中均以氮含量和所占比例最高，钾其次，磷最低，说明荔枝在幼果期需氮最多，钾次之。

表 8-20　不同品种幼果期叶片与幼果养分含量比例

（倪耀源等，1986）

树势	品种	叶片干物质（%）			氮：磷：钾	幼果干物质（%）			氮：磷：钾
		氮	磷	钾		氮	磷	钾	
壮树	糯米糍	1.791	0.141	0.227	1：0.08：0.13	1.646	0.224	0.985	1：0.14：0.60
	淮枝	1.460	0.119	0.224	1：0.08：0.15	1.623	0.224	0.867	1：0.14：0.53
弱树	糯米糍	1.430	0.077	0.185	1：0.05：0.13	1.664	0.474	1.080	1：0.28：0.65
	淮　枝	1.305	0.090	0.180	1：0.06：0.14	1.775	0.452	0.880	1：0.25：0.50

随着果实的发育，叶片和果实中氮、磷、钾含量和比例会发生变化。当果实假种皮进入增厚阶段后，果实内矿质养分激增，直至果实成熟期，果实内氮、磷、钾含量达最高值。以壮树为例，此时果实中磷、钾所占比例明显提高，尤以钾的比值提高幅度大而接近于氮。还有一个明显的不同点是成熟期叶片中氮反较幼果期降低，磷几乎不变，钾却明显增加。与幼果期相比，成熟期叶片与果实仍以含氮量最高，钾其次，磷最少，说明荔枝果实成熟期仍不能中断氮素的供应，还应提高磷素、钾素供应幅度（表 8-21）。

表 8-21　不同品种成熟期叶片与幼果养分含量比例

（倪耀源等，1986）

树势	品种	叶片干物质（%）			氮：磷：钾	幼果干物质（%）			氮：磷：钾
		氮	磷	钾		氮	磷	钾	
壮树	糯米糍	1.547	0.142	0.431	1：0.09：0.28	2.494	0.486	2.226	1：0.19：0.89
	淮　枝	1.345	0.124	0.448	1：0.09：0.33	2.459	0.546	2.083	1：0.22：0.85

对荔枝鲜果不同部位的氮、磷、钾含量与分配的分析表明：由于种子发育程度不同，鲜果各部位氮、磷、钾含量和比例发生了有趣的变化（表 8-22）。因为“糯米糍”品种种子败育而形成胶状果核，所以两个品种果皮的氮、磷、钾含量相差不大，而果核与果肉中相差却很大。“糯米糍”果核中氮、磷、钾占全果的比例分别是 0.56%、5.73%、4.66%；而“淮枝”则分别是 37.64%、30.06%、22.74%；果肉情况正好相反，果肉肥厚的“糯米糍”鲜

果肉氮、磷、钾分别占全果的47.37%、66.88%、63.60%；而大核肉薄的“淮枝”分别只占27.77%、42.22%、47.09%。荔枝果实成熟时氮素主要分布在果皮和果核中，磷、钾主要分布在果肉中，说明了在果实皮核发育的中期要注意氮素的供应，而在中后期果肉肥大时要特别注意磷、钾的供应，尤其是钾素的供应不可缺少。

表 8-22　荔枝鲜果不同部位三要素含量与分配比例

（倪耀源等，1986）

品种	部位	鲜重（%）			分配比例（%）		
		氮	磷	钾	氮	磷	钾
糯米糍	果皮	0.059 0	0.008 6	0.047 0	43.07	27.39	31.74
	果核	0.013 1	0.001 6	0.006 9	9.56	5.73	4.66
	果肉	0.064 9	0.021 0	0.094 2	47.37	66.88	63.60
	合计	0.137 0	0.031 2	0.148 1	100.00	100.00	100.00
淮枝	果皮	0.056 8	0.008 9	0.039 4	34.59	25.72	30.17
	果核	0.061 8	0.010 4	0.029 7	37.64	30.06	22.74
	果肉	0.045 6	0.015 3	0.061 5	27.77	44.22	47.09
	合计	0.164 2	0.034 6	0.130 6	100.00	100.00	100.00

（三）营养诊断与施肥

1. 土壤营养诊断与施肥

（1）荔枝园土壤养分含量分级指标。土壤样品送达有资质的检测部门进行养分含量的测试后，一般情况下，测试部门会对养分测试值的高低作出评判，并提供测试报告。还可根据土壤养分测试结果，参考当地荔枝园土壤有效养分分级标准，评判养分的高低，依此作为配方施肥的依据。

（2）我国南方荔枝园土壤肥力状况。

①海南省。据陈明智等（2001）对48个荔枝园土壤样本测试结果表明：土壤有机质平均含量为2.059%，属严重缺乏者仅占

8%。土壤有效氮、有效磷、有效钾分别有2%、100%、100%的样本属于缺乏水平。说明海南省荔枝园砖红壤磷和钾的有效性偏低，氮肥施用过量，很有必要采取少氮多磷、钾的配方施肥方案，提高荔枝园土肥管理水平。

②广东省。据广东省农业科学院土壤肥料研究所对8个市荔枝产区64个土壤样本（深度0～30厘米）测试结果表明：土壤有机质含量在0.51%～6.88%，平均值为1.56%，属于低水平的占47.8%；碱解氮为5.3～152.9毫克/千克，属于低水平的占58.3%；有效磷为2.1～337.8毫克/千克，属于低水平的占10.5%；有效钾为8.3～598.2毫克/千克，属于低水平的占31.4%。说明广东省荔枝园土壤氮最为缺乏，其次是钾，而磷素充足，应采取少磷多氮、钾的配方施肥措施。

广东省荔枝园土壤中量元素测试值：有效钙为15.6～1 576毫克/千克，有79.1%的土壤钙含量小于500毫克/千克；有效镁为14.6～207.4毫克/千克，有98.5%的土壤镁含量小于100毫克/千克；有效硫为9.3～124.0毫克/千克，有15.0%的土壤硫含量小于16毫克/千克。说明广东省荔枝园土壤普遍缺乏钙和镁，必须重视钙、镁肥的施用，调节钾与钙、镁的平衡，是荔枝园土壤养分管理的重要环节之一。

广东省荔枝园土壤微量元素测试值：有效铁平均值为71.4毫克/千克，铁含量最为丰富，没有出现低铁的土壤样本；有效锰平均值为113.3毫克/千克，属于较低水平的有23.4%；有效锌平均值为2.1毫克/千克，属于较低水平的有26.6%；有效硼平均值为0.16毫克/千克，属于较低水平的有98.4%。由此可见，广东省荔枝园土壤缺硼非常严重，栽培中很有必要重视锌、锰肥的施用，特别是硼肥的施用更不能缺少。

③广西壮族自治区。据江泽普（2004）对广西红壤荔枝园37个土壤样本测试结果表明：按贫瘠化指数评价，土壤有机质平均值为1.91%，属中度或重度贫瘠的样本占27%；土壤全氮平均值为0.126%，属中度或重度贫瘠的样本占32%；有效磷平均值为17.4

毫克/千克，属中度或重度贫瘠的样本占75%；有效钾平均值为97.0毫克/千克，属中度或重度贫瘠的样本占67%。说明广西红壤荔枝园必须重视氮、磷、钾肥的平衡供应，才能获得荔枝的高产优质。

2. 叶片营养诊断与施肥

（1）叶片营养诊断取样部位。目前，国内外对荔枝叶片营养诊断的采样部位有3种方法：一是3～5月龄秋梢顶部倒数第二复叶的第2～3对小叶（时间为北半球12月），我国大陆多采用此法；二是秋梢成熟至花穗出现7～15天时，花穗下部的叶片，澳大利亚和我国台湾省较多采用此法；三是坐果后50～70天挂果枝的叶片，此法以南非和新西兰较多采用。

梁子俊等（1984）在福建南安西林对生长在瘦瘠的低丘红壤土12年生陈紫荔枝树不同施氮量的叶片氮量分析测定，并结合叶片色泽、新抽发梢等生育表现进行综合诊断结果：以树冠中部秋梢第二复叶的第二对小叶片作为取样部位，其叶片含氮1.5%～1.7%，是荔枝氮素适量的营养诊断指标。林可涛（1983）于荔枝花谢后10天，测定叶片中养分含量状况，这期间叶片钾含量高低与坐果率有密切关系，当叶片钾低于1.66%（或钾<2%）时不能坐果。另据广西北流荔枝场观察测定，丰产园荔枝的叶片氮为1.76%～1.78%，磷为0.254%～0.273%、钾为0.75%～0.92%。吴定尧等（1983）指出，老熟秋梢叶片钾含量0.4%为缺钾。

（2）荔枝叶片营养诊断标准。首先列出国内外荔枝叶片营养诊断指标参考值，可作为叶片分析结果评价时参考使用。

王仁玑等（1988）在福建红壤荔枝园，对20～30年生的兰竹丰产园分别选取代表性植株30株，研究兰竹丰产的叶片营养元素适宜范围。同一品种在不同地点和年份，叶片营养元素含量存在显著差异（新复极差测验），其中叶片氮含量的变异系数最小，磷、镁、钙、钾变异系数依次增大。元素变异受许多因素影响，参考国内外相关研究进行综合评定：兰竹荔枝丰产的叶片营养元素适宜诊断指标（表8-23）。叶片各营养元素适宜量范围的中值比氮：磷：

钾：钙：镁为1：0.08：0.57：0.30：0.12。鉴于同一品种在不同地点、不同年份的叶片营养元素存在明显差异，参考国内外常用的诊断指标，结合当地荔枝丰产实践，来确定叶片营养诊断指标的方法，必须进行多点多年的采样分析结果才能使所确定的营养诊断指标较为合理与可靠。

表 8-23 "兰竹"荔枝丰产的叶片营养元素适宜诊断指标

（王仁玑等，1988）

元素	适宜范围以下（%）	适宜范围（%）	适宜范围以上（%）
氮	<1.5	1.5～2.2	>2.2
磷	<0.12	0.12～0.18	>0.18
钾	<0.7	0.7～1.4	>1.4
钙	<0.3	0.3～0.8	>0.8
镁	<0.18	0.18～0.38	>0.38

3. 营养失调症与施肥 荔枝营养失调症状诱因非常复杂，如砧木与接穗不亲和极易产生类似缺素症状；在土壤酸性强的南方荔枝园，根系易受铝毒害而吸收养分受阻，致使树势弱易产生类似缺素症的表象；病虫害侵染或不良气候条件影响树体养分的运转，也会产生缺素症的现象。这就是说，营养失调的正确诊断，还必须结合当地生产实际情况，如土壤肥力、气候变化、病虫害防治、土壤管理措施等诸多因素进行综合分析，才能查出生理病害的真正病原，选择正确的配方施肥方案。

（1）氮素营养失调症与施肥。荔枝缺氮的典型症状：树势弱，根系不发达；叶片小而薄，叶色黄化，叶缘微卷，新叶和老叶均易过早脱落；花穗短而弱，果实小且数量少，产量低。荔枝氮素过剩的症状：树势过于旺盛，枝梢徒长，极易感染病虫害；叶片大、薄、软，叶色浓绿；花穗长，果实转色慢，着色差，果肉含水量高，干物质含量少，味淡，耐贮性差。

矫治措施：缺氮时，及时追施速效氮肥，同时叶面喷施尿素、0.5%～1.0%硫酸铵，间隔7天左右喷1次，连续2～4次。氮素

过剩时，一是补施钾肥和钙肥，调整树体内营养平衡；二是加强荔枝园的田间管理，如深翻断根，减少氮素吸收。采取环剥（割）、控梢、防治病虫害等有效措施。

（2）磷素营养失调与施肥。缺磷症状：叶缘和叶尖出现棕褐色，边缘有枯斑，并向主脉发展；枝梢生长细弱，果肉的汁液少而酸度大。磷素过剩症状：类似氮素过剩的症状，严重时会凸显缺锌、缺铁的症状。

矫正措施：缺磷时，注意基肥多施有机肥料与过磷酸钙，及时追施速效磷肥，并喷施磷酸铵或磷酸二氢钾1.0%，间隔7天左右喷1次，连续2～3次。磷素过剩时，重视平衡施肥，加强田间管理，如深翻断根，减少磷素吸收。采取环剥（割）、控梢、防治病虫害等有效措施。

（3）钾素营养失调与施肥。缺钾症状：叶片大小与正常叶片差异不大，只是叶色褐绿，叶片尖端灰白、枯焦，边缘棕褐色，并沿叶缘扩展，叶片易脱落；果实小，果肉糖分含量低，而酸度高。

矫正措施：及时追施速效钾肥，喷施硫酸钾或磷酸二氢钾0.5%～1.0%，间隔7天左右喷1次，连续2～3次。

（4）钙素营养失调与施肥。缺钙症状：新叶片小，沿小叶边缘出现枯斑，造成叶缘卷曲，老叶较脆易折断，当新梢抽梢后顶端易枯死导致大量落叶，严重缺钙时几乎全部落光；根系发育不良，根量明显减少；坐果少，果实耐贮性差。

矫治措施：酸性土壤的荔枝园要经常适量追施石灰，调节土壤pH，提高土壤钙的有效性，有利于根系吸收。适时叶面喷施硝酸钙或螯合钙0.3%～0.5%，间隔7天左右喷1次，连续2～3次，直至症状消失。

（5）镁素营养与施肥。缺镁时，小叶明显变小，中脉两侧出现几乎呈平行分布的细小枯斑。严重缺镁时，枯斑不断增大，并连成斑块。老叶叶肉呈淡黄色，叶脉仍显绿色，整个叶片呈鱼骨状失绿，并且极易脱落。

矫正措施：必须重视钾、钙、镁等合理搭配，平衡施肥，并及时叶面喷施硝酸镁或硫酸镁0.5%，间隔7～10天喷1次，连续2～3次。

（6）硫素营养与施肥。缺硫时，首先老熟的叶片上出现褐灰色斑点，继而坏死，叶片质地脆，易脱落。

矫治措施：必须重视有机肥料与含硫肥料的配合施用，并及时叶面喷施硫酸钾或硫酸铵0.5%，间隔10天左右喷1次，连续2～3次。

（7）锌素营养与施肥。锌元素在树体内流动性很小，缺素症状易在幼嫩器官显现出来，如顶端幼芽易产生簇生小叶（称为小叶病），叶片呈青铜色；枝条下部叶片的叶脉间失绿，叶片小，果实也小。

矫治措施：叶面喷施硫酸锌0.25%或氨基酸螯合锌800～1 000倍液，间隔7～8天喷1次，连续2～3次。

（8）硼素营养与施肥。缺硼典型症状：生长点受损坏死，幼嫩枝梢节间变短，叶片变厚而质脆，叶脉木栓化或坏死；花粉发育不良，不易受精，坐果率降低。

矫治措施：在缺硼的荔枝园土壤管理过程中，必须注意硼肥的施用。发现有缺硼症状，应及时叶面喷施硼砂或硼酸0.3%～0.5%，间隔5～7天喷1次，连续3～4次。

二、荔枝配方施肥技术

我国荔枝栽培历史悠久，长期以来，施肥还是依据传统经验，随着对果品产量和质量需求的提高，经验式的施肥已不能适应我国农村经济快速发展的要求。因此，测土配方施肥技术的推广应用势在必行。

荔枝虽是长寿果树，但其一生中与其他果树一样，经历着幼年、壮年和老年诸树龄期，不同树龄期有不同的生育特点和对营养的需求，施肥技术也有区别。

（一）定植穴施足基肥

我国南方荔枝园大多建在丘陵山地，尤其是粮果产区新植荔枝

要向上丘、坡地发展，土壤存在着旱、酸、瘠、黏（或沙）、水土流失等严重问题，有机质含量低，在荔枝幼苗定植前，必须进行土壤改良与熟化，施足基肥，为根系创造肥沃疏松、通风透气、保肥蓄水强的土壤环境，促进新植树体根深叶茂，是夺取高产稳产的物质基础。

在定植前2个月左右挖好70～100厘米的定植穴，穴底填施一些绿肥、堆肥、厩肥、草皮土等有机物料，让其腐解沉实一段时间。定植时，一般每个定植穴再施用腐熟有机肥25千克、复合生物肥1千克、钙镁磷肥2～3千克、石灰粉3～5千克，先将其混匀后再覆盖表土，然后移栽荔枝苗。

（二）幼树的施肥

荔枝栽培后快的经7～8年投产，慢的要经10年左右才能投产。从定植到投产前属幼树阶段，幼树栽培管理的中心是培养树势、蓄积营养。良好的树势应是根群发达、分枝点较低，各级主枝分布均匀，生长平衡，树冠成半圆形，树势健壮而矮化。通常采用高压苗或嫁接苗，其发育阶段在幼苗期就已通过，定植后第一年就有开花结果的能力。但为了培育树势，在幼树阶段控制其过早投产，凡抽生的花穗要把它疏剪掉，以免徒耗养分而延缓树冠的建成，倘急于提前投产，会使树林负载过重而造成树体受伤，即使勉强留果最终也会大量落果，反而延误了投产期。但如幼树管理得好也会缩短幼树培养的年限，甚至定植后5年即达投产。幼树施肥就是要围绕中心目标来进行。

1. 扩穴改土　幼年树扩穴改土次数一般每年3～4次，可在树干不同方向挖沟，沟长、深各50厘米，每次每株施腐熟有机肥30～40千克、生物肥1千克、过磷酸钙1～2千克。挂果后的荔枝树每年扩穴改土最佳时间为采果后和冬至前后两次，每年各在两个方向挖环状沟，与幼龄树相同。

2. 适时追肥　采用少量多次的方法，施肥量都是由少到多、由稀到浓逐渐增加。福建果农在定植后头3年内每年施肥6次，广东果农则在定植后头1～2年每月追肥1次，第三至第四年时每季度追施1次。幼树栽后1个月左右新根就可生长，此时即可开始进行追肥。新根幼嫩对肥料浓度反应敏感，故初期可用稀薄的粪水浇施。随后每次每株追施尿素0.1～0.15千克、过磷酸钙0.05～0.1千克，在秋梢萌动前加施一次氯化钾0.2～0.3千克；第二年、第三年氮肥用量增加1～2倍，施用钾肥次数增加2～3次。

（三）结果树的施肥

荔枝进入结果投产期后，栽培管理的中心既要力争当年果实丰收，又要顾及翌年和以后的荔枝丰产。就荔枝的年物候期来说，通常是12月至翌年1月花芽分化，2～4月开花，5～6月果实发育，6～7月成熟采收，8～9月秋梢抽生，10～11月秋梢老熟。所以，在7月之前，施肥管理以实现当年果实丰收为中心目标，采果后到年底前，中心目标则转为促进结果后的树体尽快恢复，培养健壮秋梢，作为下一年度的结果母枝。根据各地经验，荔枝施肥重点是抓好3次肥，即：

1. 促花肥 促花肥又称为花前肥。主要是增强开花前树体营养，促进花芽分化，使花穗发育健壮，增加雌花数，减少幼果发育后的第一期生理性落果，提高坐果率。这次肥料宜在开花前10～20天施下。据福建农学院果树组观察，"元红"品种在福州10月11日至11月20日为花芽分化期，"兰竹"在漳州10月中旬至2月中旬为花芽分化初期。但品种、地区气候和年份等条件不同花芽分化期有所不同。季作梁（1985）在广东东莞观察，"糯米糍"荔枝于12月15日至1月5日期间花芽分化，在那里促花肥则应在11月25日至12月25日期间施。一般认为，早中熟品种宜在1月上旬"小寒"前后施，迟熟品种宜在1月下旬"大寒"前后施。肥料宜将迟效性农家肥与速效性化学氮肥配合施用，通常每株用腐熟人粪尿50～100千克，配施化肥氮0.13～0.25千克；也可以速效化肥为主，每株施专用肥2～3千克或尿素0.3～0.5千克＋磷肥0.4～0.6千克＋钾肥0.3～0.5千克，撒施或穴施均可；另外，在

花穗长10～15厘米时，每株施硼砂50克、硫酸锌80克、硫酸镁200克、磷肥0.2～0.25千克、钾肥0.3～0.5千克，撒施或穴施均可。

2. 壮果肥　壮果肥又称为保果肥。主要是补充开花带来的树体养分消耗，促进果实发育，促果壮果，增进果实品质，减少第二期生理性落果。这次肥料宜在开花后至第二期生理性落果之前施用，即早熟种在4月上旬清明，迟熟种在5月下旬小满左右追施，主要用氮、磷、钾化肥与腐熟的有机肥料交替施用，并增施磷、钾肥，施肥量与促花肥相当。果农还可观察树势适时适量追肥，例如，当看到叶色淡绿、老叶浅黄时，及时追施专用肥1～2千克或尿素0.1千克+磷肥0.1～0.2千克+钾肥0.2～0.3千克；当看到叶色浓绿时不要施氮肥，磷肥减半。第二次追肥，主要以腐熟的有机肥料为主，如稀薄粪尿、饼肥的肥液配施少量磷、钾肥；还可于幼果膨大期用0.3%～0.5%尿素进行根外追肥，每隔7～10天喷1次，连喷2～3次，特别对老树、弱树和当年开花结果多的树体肥效显著。

3. 促梢肥　促梢肥也称为采果肥。主要是补充因结果和采果后树体的养分消耗，促进树体恢复，适时萌发秋梢作为第二年的结果母枝，并抑制冬梢的萌发等作用。这次肥料对早熟种、健壮树宜在采果后施，晚熟种、弱树和挂果多的树体宜提前在采果前10～15天施用。有经验的果农都很重视这次追肥，而且这次肥料要重施。广西苍梧果农促梢肥每株施用人粪尿50～75千克，猪粪25～50千克，施肥量视树势强弱和果实产量不同水平而酌量增减。据梁逸飞报道（1982）：广西地区于1～2月荔枝抽穗现蕾前后追一次肥以促进花蕾茁壮生长。

许多研究指出，促梢肥的重要性提醒人们要准确把握其施用量与施肥期，主要是促进作为第二年结果母枝秋梢的抽发，如用肥过量、施肥期过早或过迟，不但起不到促秋梢作用，反而会促进人们所禁忌的冬梢萌发。因而应根据品种、树势、负载量以及当地的气候、土壤条件因地制宜地确定具体施肥时间及施肥量。陈新

(1982) 认为，对迟熟种荔枝而言，以 9 月上中旬抽出的秋梢成花最好，又不易有冬梢出现，促梢肥宜在采果后 15～20 天施，施后 25～30 天可抽出秋梢。而对挂果多、衰弱的荔枝树则最好在采果前 10 天左右加施 1 次“采前肥”。季作梁认为 (1985)，要以花芽分化开始期来确定最适宜的结果放梢期。据观察：“糯米糍”荔枝在广东东莞于 12 月中旬花芽分化，因而要控制秋梢在 11 月中旬 (最迟在 12 月上旬) 达到老熟，要达到这一要求，对一般结果树来说，采取修剪、采果后重施肥料等措施，秋梢要在 9 月中下旬抽出，才能在 11 月中旬 (或 12 月上旬) 达到老熟，因而对一般结果树可在采果后施促梢肥，使秋梢在 9 月中下旬抽出。如是弱树、老树或当年结果多的树则应提早施采果后肥料，有时甚至要提前在采果前施肥。因为衰弱树、老树，结果不能及时补充营养、恢复树势，到了该抽秋梢时抽不出秋梢，势必要推迟抽梢时间，倘若推迟到 12 月大抽梢即成了冬梢，此时花芽分化适期已过，翌年必是成为少花的小年。

荔枝是树干粗大的果树，需肥量多而且养分全面。戴良昭等 (1984) 在福建南安县用 15 年“兰竹”荔枝做氮、磷、钾单施与配施的肥效试验，株年施氮 0.5 千克，氮∶磷∶钾为 1∶1∶4，年施肥量分别于 3 月、5 月、7 月 3 次沟施，3 年产量结果如表 8-24 所示。

表 8-24　“兰竹”荔枝 NPK 配施对产量影响

处理	产量（千克/株）			3 年平均（千克/株）
	1982	1983	1984	
CK	12.1	28.9	16.0	19.0
K	26.7	41.6	25.7	31.3
N	15.9	36.7	23.5	25.4
NK	27.8	45.2	26.6	33.2
NP	29.1	32.9	25.2	29.1
NPK	25.9	45.7	33.7	33.7

试验结果表明：凡施入氮、磷、钾三要素肥料的某一种或两、三种配合施用，均比不施肥的明显增产，但以施钾肥的肥效最明显，氮次之，磷再次之。株施2千克K_2O平均增产荔枝果12.3千克，折每千克K_2O增产荔枝果3.7千克，可见钾对荔枝的良好效应。另据测定，施肥区都不同程度地提高了荔枝的总糖、糖酸比，降低了含酸量。广东新兴县土肥站（1987）用19年生的“新兴荔枝”做氮肥用量试验，按每百千克果施氮（N）0.5千克、1千克、1.5千克、2千克，配施磷（P_2O_5）0.5千克、钾（K_2O）1千克，分3次于7月12日作促梢肥、3月6日作促花肥、6月4日作促果肥施用，与当地群众习惯施肥（只施少量氮肥）相比，结果以施1.5千克氮的增产52.3%为最高，且经济效益最好；钾肥用量试验，按每百千克果施钾（K_2O）0.6千克、0.9千克、1.2千克、1.5千克，配施氮1.5千克、磷（P_2O_5）0.5千克，施肥期同氮肥用量实验，与习惯施肥（不施钾）对比，以1.5千克K_2O的增产128%为最高，增施钾肥表现果肉厚、果壳薄、果核小、果形大、锤度高、品质好；氮磷钾复合肥与混合肥试验，百千克果施氮0.9千克、氮∶磷∶钾为1∶0.41∶0.80，与单施氮相比，施肥期与前相同，结果以施复合肥与混合肥的分别比对照增产76.0%和61.2%。

4. 荔枝大小年结果与施肥　荔枝大小年结果是荔枝栽培上多年存在的生产问题，是阻碍荔枝产量稳定提高的主要问题。从现象看，荔枝大小年结果表现多种多样，包括多花少果、少花少果和无花无果。

福建省漳州市九湖乡的主要经验是在3个关键问题上通过施肥调控营养，达到稳攻秋梢、巧控冬梢，保花保果，克服了大小年，其做法如下。

在促秋梢控冬梢方面，他们不但利用早秋梢作为结果母枝，还成功的利用晚秋梢也作为结果母枝。他们控制早秋梢在立秋抽发，寒露抽出二次秋梢（也称为晚秋梢），控制这样的抽发时间，使晚秋梢成为主要的结果母枝。他们采用三条施肥措施：一是改变过去采果后施促梢肥的老习惯为采果前10～15天施，促梢肥施肥期提早两个节气，使树体不因产果而受伤，有利于早秋梢于立秋及时并整齐抽发；二是改过去大暑—立秋期间施壮梢肥为处暑—白露施，壮梢肥往后推迟两个节气，拉开了这两次施肥期后，使早晚两个秋梢之间本来可能抽发一次白露梢得到了控制，从而有利于养分集中于晚秋梢寒露节气整齐抽发。不难看出，九湖乡的做法是通过施肥期的调整来调控早晚梢的抽发期。因而掌握采果后适时施肥就显得十分重要，倘若施肥过早则晚秋梢早抽发、冬梢就控制不住；倘若过迟施肥则晚秋梢抽发迟，到气温下降前晚秋梢发育不够充实健壮，势必影响翌年的花芽形成和开花着果；三是改冬至左右对果园深翻断根，增施有机肥改土和修筑园埂，提高果园保土保水保肥能力，断根可抑制冬梢萌发，改土培肥促进结果母枝的充实健壮。

在保花保果方面，他们主要是在花果发育期采取根外追肥方式补充荔枝的营养。分别于始花期、幼果并粒期（5月初）、果实膨大期（6月上旬）进行3次根外追肥，用0.5%尿素、0.2%磷酸二氢钾和1毫克/千克三十烷醇混合液喷施，并于后两次追肥液中加入杀虫剂，以兼治果期害虫，确保幼果坐果率。

第五节　龙眼配方施肥技术

龙眼亦称桂圆，为我国南方的特产名果。原产于我国海南、广东、广西、云南、贵州等省区。

一、龙眼需肥特性

（一）龙眼营养特性

龙眼是典型的亚热带多年生常绿乔木，树体高大，树干强壮，树高6～8米，枝条顶端优势强，枝叶繁茂，冠幅6～10米。树龄百年至数百年。

1. 根系营养生长特性　龙眼根系庞大，分布深广并具有菌根，

能耐旱、耐酸、耐瘦瘠。龙眼根系由粗壮庞大的垂直根和水平根组成。垂直根可入土3米以上，水平根是吸收根系，其分布为树冠的1.3～3倍，分生能力远强于垂直根。水平根一部分向新土层延伸扩大根系分布面积；另一部分从土壤中吸收养分和水分，并合成部分内源激素和其他生物活性物质。由于龙眼根系的菌根具有好气性，因此吸收根一般分布在50厘米的表土层内。龙眼的断根再生能力强并拥有内生菌根，有利于对水分和矿质养分的吸收，可增强其抗逆性，尤其是对难溶性磷的转化、吸收利用。

龙眼根系生长发育与环境条件关系密切，尤其是土温、水分和养分。土温5.5℃～10℃时，根系活动甚弱，随土温上升而生长加快，29～30℃时生长转慢，33～34℃处于休眠状态，生长最适温度为23～28℃。土壤水分充足，根系生长量较大。据四川观察，8月土温20～27.4℃，土壤含水量18.7％（当地土壤含水量13％为较适宜）根系生长最快；若土壤含水量降至5.5％，则根系生长缓慢或暂停。土壤肥力状况良好有利于根系生长。福建泉州龙眼研究所进行挖沟断根埋肥处理试验后，单位体积根生长总量比未处理树增加1～5倍，且深层土壤的新根量明显增多。龙眼根系一年中呈周期性生长，与地上部枝梢生长交替进行。幼树年周期有3个生长高峰（3～4月、5～6月、9～10月）、以第二个生长高峰的生长量最大；此外，11～12月还有一次小生长高峰。成年树年周期有3～4个生长高峰，一般6～8月生长量最大。10月中下旬秋梢充实期又形成一个吸收根生长的小高峰，此期根系生长对花芽分化有一定促进作用。树体结果量与枝梢、根系生长量关系密切，培育发达的水平根是龙眼高产栽培的主要目标，通过发达的水平根系增强养分和水分的吸收能力，才能保持健壮的地上部生长。在根系生长高峰期适时适量施肥，可明显增加养分的吸收量，提高肥料的利用率。

虽然龙眼对土壤适应性很强，但海南、广东、广西、云南、贵州等省区龙眼的主栽区土壤多属赤红壤和红壤，具深度富铝化特征，表现出酸、瘠、结构性极差，水土冲刷严重等问题。因此，加强土壤培肥管理是提高龙眼果园土壤肥力的有效措施，尤其在盛果期保持果园较高肥力水平，以获取高产优质。

2. 枝梢的营养生长特性 龙眼树的枝梢分为营养枝和结果母枝。每年抽梢3～5次，春梢1次、夏梢1～3次、秋梢1次、冬梢少有抽发。其中，夏梢和秋梢是龙眼的结果母枝，夏梢生长较为充实，分枝较多，是萌发秋梢的重要枝梢，也可成为翌年的结果母枝。秋梢是最佳的翌年结果母枝。秋梢抽生老熟后，在冬初开始有一段停止生长时期，积累足够的营养，待翌年早春进行花芽分化，之后抽生花穗并开花结果。充足的营养物质积累是促进秋梢发育形成结果母枝的重要基础条件，而营养物质的积累与营养生长关系密切。树体健壮、枝叶繁茂是丰产的前提。因此，平衡施肥、培养健壮的秋梢作为翌年结果母枝是克服龙眼大小年结果现象、确保稳产优质的有效措施。

3. 花果的营养特性 龙眼花为聚伞花序，花有雄、雌花、少量两性花和变性花，雌花的数量和质量是结果的基础。龙眼是当年花芽分化、当年开花结果的果树。花芽生理分化和抽穗需要相对干旱和适当低温。花芽分化一般出现在12月至翌年1月，此时要求枝叶等营养器官停止生长以促进营养物质的积累。花穗一般在2月上旬至3月下旬抽生，此后开始形态发育逐渐形成完全的花穗。如此期间日均温在18～20℃，且雨水较多，则花穗易发生“冲梢”现象，造成龙眼隔年结果和大小年。龙眼开花期一般在4月上旬至5月下旬，依地区、气候、品种、树势、抽梢期等而异。龙眼开花期营养消耗很大。在同一果园内同一母树雌花。雄花常交错并存，授粉机会较多，坐果率也很高，但生理落果率也较高。龙眼生理落果以开花授粉后3～20天（5月中旬至6月上旬）最多，占总落果数的40%～70%，主要是花器发育与授粉受精不良，而直接诱因与气候因素有关。6月中旬至7月中旬会出现第二期生理落果，主要原因是肥水不足、营养不良，这期落果会严重影响产量。病虫危害以及灾害性气候（暴雨、阴雨连绵、干旱、大风等）也会加剧落果。因此，龙眼在果实膨大期必须保证充足的肥水供应，是施肥的关键期，也是提高产量的关键期。

（二）龙眼树的需肥特性

1. 叶片营养元素的年周期变化动态　刘星辉等（1979—1982）在福建莆田、泉州等地的主栽品种29片龙眼果园，分别于果实成熟期（9月）、花芽分化期（1月）、开花期（5月），采摘夏梢营养枝第三片复叶的中部小叶，分析氮、磷、钾等大量元素含量，其结果表明：4个龙眼品种的叶片氮在3年的9月均出现最高含量，其后又随土温降低，根系吸收营养功能减弱，至1～5月花芽分化与开花期时，叶片氮明显降低，5月降到最低点后又急剧回升。不同品种与年份的年周期变化规律基本相同，而且叶片钾的变化动态与氮基本一致，充分说明花芽分化与开花消耗大量氮和钾，叶片氮、钾含量与当年产量关系密切。叶片磷含量不同物候期变化动态也是在果实成熟期得到恢复与积累，但磷与氮、钾不同之处是在1月花芽分化时，磷下降到最低点，到5月开花时已在叶片中积累，而此时，氮、钾仍继续消耗并不降到最低点。叶片钙含量变化动态与氮、磷、钾均相反，叶片氮、磷、钾在5月处于低量期和9月处于高量期，而叶片钙分别处于高量期与低量期。相关分析表明，叶片钙与龙眼产量无明显的相关性，因此，推断钙的变化动态可能与夏梢抽发有关。叶片镁在不同物候期的变化波动性相对较小，它与钙相似亦以5月含量最高，9月有所降低，在大年采果后叶片镁降低较明显。

2. 叶片元素含量与产量的关系　郑晓英等（1988）对福建同安竹坝农场缓坡丘陵红壤17年生高压树“赤壳”龙眼园高、中、低产树叶片进行5种常量元素分析，并与龙眼产量做相关分析研究（表8-25）。结果表明：就叶片单元素含量而言，采果前1个月取样正是龙眼处在假种皮增厚至果肉包满核顶部，此期不同产量级叶片元素含量LSR测验多重比较结果，高产龙眼的叶片氮、钾含量比低产龙眼的低且差异极显著；高产龙眼的叶片磷、钙含量比低产龙眼的高且差异也极显著。高产与中产相比，氮、磷差异极显著，钾、钙差异不显著。中产与低产相比氮、钾、钙差异极显著，而磷差异不显著。不同产量级之间镁含量差异都不显著。为了进一步了解叶片元素含量与产量之间的相关性，对5种元素与产量做多元回归分析和偏相关分析，结果表明：叶片元素含量与产量的负相关极显著，其中叶片氮、镁与产量呈极显著负相关，即叶片氮、镁随产量提高而降低；而叶片钙与产量呈极显著正相关，即叶片钙随产量提高而升高。5种元素之间只有钙与镁呈极显著正的偏相关，即叶片镁随钙量增加而提高，两者之间具协同效应，其余各元素之间相关不明显。

表 8-25 "赤壳"龙眼不同产量级的叶片营养元素含量与差异显著性

（郑晓英等，1988）

产量级	株产平均（千克）	叶片含量（干重%）				
		氮	磷	钾	钙	镁
高产	111	1.4336A	0.1550A	0.3541A	2.8742A	0.3310a
中产	81	1.5564B	0.1260B	0.3878A	2.8063A	0.3173a
地产	28	1.6993C	0.1308B	0.4517B	2.0847B	0.2926a

3. 不同生育期养分吸收特性 龙眼生长期长，挂果期短，不同生育期对营养元素的需求量差异很大。我国南方龙眼一般从2月开始吸收氮、磷、钾等养分，在6～8月出现第二次吸收高峰，11月至翌年1月下降。氮、磷在11月，钾在10月中旬即基本停止吸收。果实对磷的吸收是从5月开始增加，7月达高峰。龙眼在年周期中吸收养分最多的时期是6～9月。

（三）营养诊断与施肥

1. 土壤营养诊断与施肥 土壤营养诊断是指导龙眼科学配方施肥的重要手段，可通过土壤养分测试与植株营养诊断相结合，随时掌握和跟踪土壤养分供应状况与树体需求与吸收养分的动态变化信息，能够提高测土配方施肥的准确性与可信度。

土壤营养元素适宜含量指标参考值：有机质1.5%～2.0%、全氮>0.05%、水解氮每100克土壤7～15毫克、速效磷每100克

土壤 10～30 毫克、速效钾每 100 克土壤、50～120 毫克、代换性钙 150～1 000毫克/千克、代换性镁 40～100 毫克/千克、有效铁 20～60 毫克/千克、有效锌 2～8 毫克/千克、代换性锰 1.5～5 毫克/千克、易还原性锰 80～150 毫克/千克、有效铜 1.2～5.0 毫克/千克、水溶性硼 0.4～1.1 毫克/千克、有效钼 0.2～0.35 毫克/千克。

2. 荔枝叶片营养诊断与施肥　叶片营养诊断的代表性和准确性，直接与取样方法、样品前处理方法、化学测定分析技术等密切相关。

叶片采集部位与数量：在有代表性的 10～20 株龙眼树上，必须在树冠中上部外围充分老熟的枝梢上，从顶部开始算起，取第 2～3 片复叶的中部小叶，共采集 80～100 片小叶进行分析。

叶片采集时间：12 月下旬至翌年 1 月下旬。

叶片营养诊断适宜指标参考值：王仁玑等（1988）在福建赤红壤龙眼园，对 50～70 年生的高产树（盛果期）“福眼”丰产园（每株产 75～150 千克），研究“福眼”丰产的叶片营养元素适宜范围。

结果表明，同一品种叶片营养元素含量在多数地点和年份（测定值做新负极差测验）之间存在显著差异，其中，叶片除氮含量的变异系数最小外，其他元素的变异系数依磷、钾、镁、钙而依次增大，与陈家驹研究荔枝丰产园叶片元素适宜量指标时所得到的结果相似。因此，根据各元素含量的变异特点并综合考虑了各种因素可能影响（如土壤、气候、大小年结果量等），由此可得，叶片营养元素含量的适宜指标参考值（表 8-26）。在适宜量范围的分析样品占 200 个样品分析值的 74.5%～98.0%，低于或超出该范围则属于适宜量以下或以上的指标。若以叶片各元素含量的平均值计算各元素间的比值，则氮：磷：钾：钙：镁为 1：0.08：0.34：0.69：0.13，此比值亦可作为判断龙眼叶片 5 种元素含量是否合理的参考指标。

表 8-26 “福眼”丰产的叶片元素适宜量诊断指标

元素	适宜范围以下（%）	适宜范围（%）	适宜范围以上（%）
氮	＜1.50	1.50～2.00	＞2.00
磷	＜0.10	0.10～0.17	＞0.17
钾	＜0.40	0.40～0.80	＞0.80
钙	＜0.70	0.70～1.70	＞1.70
镁	＜0.14	0.14～0.30	＞0.30

郑晓英等（1982）研究结果：龙眼（赤壳）欲达每公顷产量18 750～22 500千克（中高产水平），7月（采果前1个月）中庸果穗下第二片复叶的第二对小叶片含氮量应为1.434%～1.446%，含磷量应为0.126%～0.156%，含钾量应为0.354%～0.388%，含钙量应为2.806%以上。

另据刘星辉等（1986）研究结果：1月“乌龙岭”龙眼高产的夏梢营养枝第三复叶第二至第三对小叶片含氮在1.70%以上，低于1.5%多表现为低产，高、中、低产之间叶片氮含量差异极显著（LSD测验）；不同产量类型的叶片磷含量均差异不显著，但高产类型叶片磷均在0.12%～0.20%；不同产量类型的叶片钾含量差异也不显著，1月叶片钾多在0.60%～0.80%，但叶片中氮、钾与产量关系明显；1月叶片钙多在1.50%～2.50%，低于1.50%或高于2.50%未见对产量有明显影响；不同高产类型的叶片镁含量差异极显著，高产的叶片镁应在0.20%～0.30%，小于0.20%为低产类型。

3. 营养失调矫治与施肥 福建农学院与福建省亚热带植物研究所（1980—1981）采取水培试验进行植株营养诊断研究，“水涨”龙眼实生苗培养70天后的生长状况及缺素症状如下：

（1）完全液。植株生长粗壮，叶大、色浓绿，根系生长旺盛、侧根多且长、发根力强、多数有3～4级新根。

（2）缺氮。水培两周开始出现缺素症状，表现为：叶片细小、

叶色淡绿或淡黄、后期长出的叶片呈黄绿相间症状，近叶脉处较绿；叶肉黄绿色。根系细弱、色白，但仅次于完全液，具二级新根且多呈胡须状。

（3）缺磷。初期生长尚正常，50天后显现缺素症，表现为：叶片较细小，叶色深绿，叶面稍有皱缩，叶缘略向叶背卷曲，质地稍粗硬，个别叶片出现淡绿与深绿相间的斑驳，侧根细长，多为二级根，新根均呈细短的胡须根。

（4）缺钾。初期生长正常，50天后显现缺素症，表现为：叶色逐渐褪绿，叶片细小且生长缓慢。约4个月就出现落叶现象。根系生长很差，初期仅在原有侧根上长出少量细胡须根，侧根细长，多为二级根，新根均呈细短的胡须根。

（5）缺钙。水培15天开始显现缺素症，表现为：部分新叶从叶尖处出现淡褐色斑驳，并向叶背卷曲，叶片开始逐渐下垂、干枯；40～50天所有植株先后枯萎死亡。水培中根系均不发新根，30天后原有旧根呈灰黑色，继而须根腐烂，主根有球状突起。

（6）缺镁。前3个月植株生长较正常，而后叶片开始变小并逐渐褪绿，先在叶尖出现黄绿相间斑块，近叶脉处浓绿，叶脉间黄绿色，继而黄化症向内扩展，最后新叶亦呈花叶状并略向叶背卷曲。根系初期生长较正常，但均从根颈部长出白色粗短的肉质根，并不分枝。后期旧根腐烂，仅从根颈处再发少量粗短肉质根。

二、龙眼配方施肥技术

由于龙眼的栽培条件、土壤、气候、品种、树龄、树势、产量等各不相同，主栽地龙眼园施肥种类、比例与用量等差异较大。一般情况下，每产出1 000千克龙眼鲜果，需氮（N）4.01～4.8千克、磷（P_2O_5）1.46～1.58千克、钾（K_2O）7.54～8.96千克。对氮、磷、钾的吸收比例为1∶（0.28～0.37）∶（1.76～2.15）。

（一）幼树的施肥

从栽植到结果属幼树阶段。此阶段树体的管理目标是培养发达的根系，迅速扩大树冠形成丰产的树势，为提早结果投产创造条件，为今后的丰产打下基础。

1. 施足基肥 现在新植龙眼园为不与粮争地一般都要向低丘山坡地发展。而山坡地一般较旱瘦、土层薄、沙石多，因此，幼树栽植时首先要搞好挖穴施足基肥这一关。如福建浦县的万安农场，1986 年低丘红壤上新植 19 公顷“福根”，在梯园上隔 6 米株距挖长、宽、深各为 1 米的大穴，每穴施牛粪干 5 千克、草皮土 100 千克、稻草 10 千克、塘泥 100 千克、钙镁磷肥 1 千克、石灰 1 千克，与适量表土混匀后填坑作基肥，配合其他措施，定植 3 年可开始结果，5 年取得丰产。

通常情况下，定植时施优质有机肥料每株 20～50 千克、生石灰 1 千克、钙镁磷肥 2 千克，将肥料与表土混匀后分层施入定植穴内。

2. 适时追肥 龙眼与荔枝相似，在气候条件适宜、水肥供应及时的地区，幼树整年可以生长且每年都要抽发几次新梢。每次新梢抽发前是地下部长新根的时期，故每次抽梢前正是幼树施肥的合适时期。一般定植后前 3 年每年施肥 4～6 次，宜薄肥勤施。以后随树冠的扩大，施肥次数适当减少，肥料用量逐渐提高，一般从第二年开始，施肥量在前一年的基础上增加 40%～60%。江南地区幼树施肥习惯用“水肥”（指豆饼、花生饼类饼肥与猪粪掺水沤熟）、粗水（农家露天厕所积攒的人畜粪尿被自然降水所稀积而成），每次每株浇施 10～12 千克，也常用厩肥等土杂肥，加少量氮、磷化肥掺水浇施。各地肥源种类与施肥习惯不同，可因地制宜。定植两年后，为促进幼龄树旺盛生长，结合扩穴改土，每年追肥 4～6 次，每次每株施优质有机肥料或生物有机肥 10～20 千克、高浓度氮磷钾复混肥 0.3～0.5 千克，最好是腐熟有机肥与专用肥交替施用效果更好。

3. 扩穴改土与水土保持 幼树管理中很重要的一个问题就是水土保持与空隙地的利用问题。在亚热带地区，红壤土虽较酸瘦，但许多山丘风化层还是比较深厚的，加上光、温、水资源丰富，这

是龙眼等亚热带果树丰产的优越条件。但季风气候降水量季节性分配不均，红壤的有机质少、结构性差，这些都是造成土壤冲刷、水土流失的客观条件。近年来，各地在大力开发山地果园、建成龙眼生产基地、发展地区性龙眼基地种植中，水土保持工作如何就成为龙眼上山成败的关键。龙眼园水土保持要工程措施与生物措施相结合。空隙地实行合理地间、套种，提高地面覆盖度，是保持水土、省工高效、长短结合、以短养长的有效措施。据各地经验，幼年果园以套种豆科作物、绿肥、牧草为主，进行豆菇轮作以及利用空隙地种植蔬菜、药材、西瓜等经济作物都是成功的经验。套种的绿肥还可直接压青作为扩穴改土的材料，对幼龄龙眼园加速土壤熟化、提前结果都有良好作用。据郑桂水（1987）、黄羌维等（1992）报道，他们在福建仙游染厝果场，对坡度30°以上的红壤龙眼果园空隙地套种绿肥，定植后第一年10月进行深翻扩穴改土，在原种植穴外缘两侧各挖深80厘米、宽100厘米的纵深沟，从梯田前沿直至后壁，每株用杂草、肿柄菊20～30千克或稻草、蔗叶20千克、花生饼5千克、过磷酸钙0.5～1千克、尿素0.5千克、蘑菇土20～25千克、石灰0.25千克，混匀回填扩穴沟。配合合理密植等措施，1981年定植的3.3公顷“乌龙岭”到1985年结果，平均每公顷产量1 515千克，1986年每公顷产量达13 608千克，即达到新植龙眼早结丰产的目标，又使水、土、肥得到有效的保持，土壤得到培肥，土壤有机质提高39.4%，氮、磷、钾、钙、镁、铜、锌、硼增加21.9%～50.4%，铁、铝、锰降低37.8%～48.1%。树冠、枝梢量分别增加71.8%和52.3%，吸收根增加94.2%，做到夏延秋梢成为结果母枝的转化率达100%。

（二）结果树的施肥

龙眼生产长期存在着结果迟、单产低和大小年结果等生产问题，而粗种、粗管、少肥是其中的主要原因。随着果品经济效益的提高，龙眼主产区的果农重视了龙眼生产，加强对果园的管理，提高投工投肥的积极性，迅速扩大种植面积，但大面积的龙眼单产提高还不快，尤其在施肥措施上还基本停滞在传统经验的基础上，测土配方科学施肥的技术体系还没有建立起来。

我国龙眼主产区的施肥经验，龙眼结果树年周期内一般施肥4～5次。

1. 施肥时期 第一次花穗分化肥：于2月追施，主要是增大花穗分化，提高抽穗率；第二次花前肥：于4月追施，主要是减少落花，提高幼果着果率和对夏梢抽发也有一定的促进作用；第三次保果促梢肥：于6月下旬追施，促进幼果发育和夏梢充实、新夏梢继续萌发；第四次壮果肥：于7月底至8月初追施，促进幼果膨大、充实、饱满、新生的夏梢继续健壮；第五次壮树肥：于9～10月追施，使采果后的树体得到营养补充，恢复树势，使秋梢健康成长。

2. 肥料种类 关于施用的肥料种类，继承我国有机肥和无机肥相结合的传统经验，一般用猪厩肥和人粪尿配合化肥，但果农较普遍重视饼肥的使用。豆饼被群众普遍所重视，尤其在福建的莆田、仙游龙眼高产区，被认为是龙眼高产优质的优良肥料，每株用量在1.5～2.5千克。

3. 肥料用量 关于肥料用量，各地肥源种类、施肥经验与习惯差别较大。据福建龙眼主产区调查，按纯养分计算，同安、晋江等地（市），肥料用量为每年株施氮0.32～0.42千克、磷0.21～0.30千克、钾0.28～0.31千克；南安、莆田等地（市），每年株施氮为1.30～1.46千克、磷0.6～0.92千克、钾0.5～0.79千克。

张鸿昌（1983）报道，他们在福建泉州（1980），对70年生的“福眼”做高产稳产栽培试验，共施4次肥：第一次于3月中旬至4月上旬施壮穗肥（或称花前肥），每公顷用水肥33 750～45 000千克、碳铵450千克（或尿素225千克）；第二次于5月中旬至6月中旬施保果促梢肥，每公顷用尿素225千克（或碳酸氢铵450千克）、过磷酸钙（或钙镁磷肥）900千克；第三次于7月中旬至8月上旬施壮果肥，每公顷用三元复合肥450～600千克；第四次于采果前后施壮树肥，每公顷用水肥45 000千克，尿素337.5千克。

试验园约 0.8 公顷（194 株），试验前每公顷产龙眼4 890千克，试验后 1981 年平均每公顷产25 770千克，1982 年为30 240千克、1983 年为18 615千克（受强台风影响产量减少），分别比试验前增产 4.3 倍、5.2 倍、2.8 倍。

梁子俊等（1987）在福建南安华乔农场的丘陵红壤龙眼园以“福眼”为供试品种，在土壤肥力较低、不施有机土杂肥的情况下，用化肥作肥料配比效应试验，结果以株施 $N_2P_1K_2$（右下注脚数均为纯养分千克数）配比最好，比对照不施的增产 50%，其次 $N_1P_1K_2$，比对照增产 28.4%，经检验比其他 5 种配方的增产率都达极显著水平。

（三）龙眼大小年结果与施肥

龙眼大小年结果现象是龙眼生产上存在的一个老问题，因而也是龙眼生产管理和科研上重点研究的问题。对于龙眼大小年结果的原因，除与气候因素、品种和栽培管理等条件有关外，主要与营养元素的平衡供应有关。许多研究者认为这是引起龙眼大小年结果关系最密切的因素。龙眼是一种多花的果树，花穗着生在前一年抽生的新梢顶端，新梢要能成为结果枝，必须枝梢生长健壮、有足够的叶片，只有成熟健壮的枝梢才能蓄积有比较充足的营养，才能使枝梢分化出足够多的花芽；瘦弱或过旺的枝梢不能分化成花序，却易蜕变成有叶无花的营养枝，当年自然就少花少果。一般来说，正常抽生的夏秋梢到花序分化前都有足够的时间让枝梢发育成熟，老熟的枝梢在气候适宜时都能抽出花穗并开花结果。因此，当上一年结果多、树体营养大量消耗、采果后又未能及时得到营养补充的情况下，即使有足够的时间让枝梢生长，但因营养供应不足，枝梢生长不可能粗壮或者采果后的二次秋梢迟迟抽不出来（二次秋梢也可成为结果母枝），延迟到后来抽出冬梢，都会导致第二年小年结果。所以要使龙眼不产生大小年，要使它的结果量与枝叶生长量和营养蓄积量保持相对的平衡，倘若上一年结果量超过树体的负载力，平衡被打破又加上营养不能均衡供应的情况下，对新一年的树体只好采取修剪枝条的办法，剪除部分结果枝、旺枝或徒长枝来调整枝叶比例。在进入花穗发育期，进一步采取疏花（穗）、疏果的办法来减轻树体的负载量、调节树体的营养平衡，这些都被长期实践证明是克服大小年结果差异的有效措施。但是，应该说采取这类“控”的措施只能是在低产水平下达到平衡而不是实现稳产高产的积极办法。培养健壮树体，让树体营养在高产水平基础上保持平衡，这是努力的目标，于是就涉及测土配方科学施肥、增加营养投入来达到高产稳产的营养平衡问题。据黄家南等（1992）报道，广西玉林地区三山园艺场贵港市农业科学研究所采取测土配方科学施肥配合其他措施，把二次秋梢培养成为健壮的结果母枝，三山园艺场200株6～8年生“广眼”“石硖”龙眼，1988～1991年连续4年高产稳产，未出现大小年现象，单株平均产量在35千克以上。他们的施肥措施具体做法是：根际施肥7次，第一次于2月施花前肥，以磷、钾肥和有机肥为主，每株施过磷酸钙或钙镁磷肥1.5～2千克，氯化钾0.5～1千克、腐熟的人粪尿、畜禽粪15～20千克，在树冠下挖5～6条深15～20厘米、长80～100厘米、宽30～40厘米的放射沟，施后浇清水或粪水50～60千克；第二次稳果肥；第三次壮果肥；第四次采前肥；第五次采后肥分别于5月初、6月初、7月初、8月中下旬施下，株用尿素1～1.5千克、氯化钾0.5～1千克，雨后撒施或兑清水80～100千克浇施；第六次壮梢促梢肥，于9月下旬施，为了促进早秋梢健壮和二次秋梢萌发，株施氮磷钾复合肥1.5～2千克或腐熟花生饼麸2～3千克，兑清水50～60千克浇施；第七次壮梢促花肥，于11月中旬施，每株用氯化钾0.5～1千克，雨后撒施或兑清水50～60千克浇施，以促进结果母枝充实，促进花芽分化，提高花芽质量。此外，他们还在结果中后期每隔7～10天叶面喷施一次0.3%尿素、0.1%硫酸镁混合液，连喷3～5次；在秋梢抽生期间，特别在二次秋梢抽出后每隔5～7天叶面喷施一次0.4%磷酸二氢钾混合液，连喷2～3次，这些根外追肥都是为了及时补充树体营养、防止树势衰退、促进秋梢加快转绿成熟。

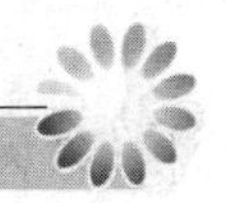

关于龙眼大小年和隔年结果问题是长期以来制约龙眼产量提高的一个突出问题，因而引起人们的极大关注，经过几十年来的努力探索，尽管一些报道曾称已克服了大小年问题，但只不过大小年产量差距有所减小，真正做到使产量连续稳定的保持在一个适当的水平上并逐年有所提高（气候灾年除外），从大面积生产来看目前还没有成功的经验，大小年问题仍还困扰着龙眼的生产发展。

第六节　枇杷配方施肥技术

枇杷是我国特产的常绿果树，已有 2 000 余年的栽培历史，原产于长江中上游，以浙江、福建、台湾、海南、四川、江苏等地为主产区。枇杷不仅作为果树栽培，树冠整齐美观，花香蜜多，而且也是园林绿化和蜜源的优良树种，还可作为柑橘及其他亚热带果树的防风树种。

一、枇杷需肥特性

（一）枇杷的营养特性

枇杷为常绿小乔木，通常嫁接苗定植后 2～3 年，实生苗定植后 4～5 年开始结果，8～10 年进入盛果期，30 年后产量下降，40～50 年后为衰老期。

1. 根系的营养生长特性　在土温 5～6℃时根的周年活动开始，9～12℃时生长最旺盛，18～22℃时生长逐渐减缓，30℃以上停止活动。在福州，枇杷根系最活跃的时期是在冬春比较温暖的季节。枇杷根系年周期中有 4 次活动高峰：第一次自 1 月底至 2 月底，是一年中根系生长最旺盛的时期，发生根量最多；第二次活动高峰在 5 月中旬至 6 月中旬，此时春梢新叶已全部展开；第三次在 8 月中旬至 9 月中旬，夏梢已老熟，秋梢新叶也已全部展开；第四次生长高峰在 10 月底至 11 月底，是根系一年中仅次于第一次生长高峰的生长旺期。一般规律是枇杷根系生长与地上部有交替现象，并比地上部早两周。温暖季节根系活动离地面10～30厘米处，10月以后气温下降，根系有向下活动的趋势。

枇杷根系在土层中分布较浅，因品种、树龄及果园土壤条件而异，尤以土层深浅、土壤含水量多少影响最大，大多分布在10～50厘米土层中。福州丘陵地果园的18年生白梨枇杷，根系垂直分布集中在10～30厘米处，30～60厘米处逐渐减少，水平分布集中在离树干130～190厘米的范围。浙江唐栖水网地区的大红袍枇杷，根的垂直分布集中在离地面50～60厘米，60～100厘米还有相当数量的根，水平分布大部分都集中在离树干100～300厘米处，最远的竟达360厘米。可见水网区比丘陵区枇杷根系分布范围深而广。

枇杷对土壤适应性很广，沙质或砾质的壤土或黏土均可栽培，但以土层深厚、富含腐殖质、保水保肥力强而又不易积水的壤土为好。枇杷最忌积水，浸水会引发根部腐烂。故山地栽培常较平地结果好，寿命长；对土壤酸碱度要求也不甚严格，在洞庭山石灰岩母质土壤pH7.5～8.5、福建莆田地区红壤pH6.0左右都能生长结果，但以pH6.0左右为最适宜。枇杷在山地坡度过大或山脊突出地段，土壤瘠薄，保肥水能力差，且易受风害、旱害，不宜选作果园。

2. 枝梢的营养生长特性　在长江流域枇杷一年抽发春、夏、秋3次枝梢。在南方温暖地区，幼壮树花穗的植株还会抽发冬梢。春梢是重要的新梢，它短而粗壮，生长充实，其上着生厚大的叶片，可发育成为当年的结果枝或抽发夏梢、秋梢的基枝。在杭州春梢于3月上旬至5月上旬抽发，在福建莆田为2月上旬抽发；夏梢是重要的结果枝，在杭州于6月上旬至7月下旬抽发，在福建莆田为5月上旬抽发；壮树秋梢也可能成为结果枝，在杭州于8月中旬至9月中旬抽发，在福建莆田于10月中旬抽发；冬梢在温暖地区于11月中旬抽发，因萌发后不久为冬季低温期，生长势较弱。

3. 叶、花、果实营养特性　枇杷叶片大而厚，叶柄短，叶表

面革质，背面密被绒毛，叶缘自中部至先端有锯齿状缺刻，叶片寿命一般为13个月。枇杷的花芽着生于新梢的顶端抽生几片小叶，紧接着出现花穗，花穗为复总状花序。果实采收后1个月开始花芽的生理分化期。花芽形态分化期，在杭州于8月初至10月底，历时3个月，在福建莆田于7月下旬至9月中下旬，约历时2个月。在杭州花萼和花瓣各5枚，雄蕊20枚，花柱5裂，子房下位、5室，属典型的5轮花。果实为假果，由花托、子房和花萼构成，可食部分为花托。果实早期发育慢，临成熟前增大增重较快，从开花结束到果实成熟需4～5个月。

（二）枇杷的需肥特性

枇杷营养状况不仅关系到当年产量，也关系到整个寿命期的长短。枇杷经济寿命一般40～50年，倘若立地条件良好，栽培管理精细，可极大延长丰产年限和经济寿命期。如福建莆田下郑有一株55年生“金火本”实生树株产达200余千克；浙江常山里方山下有一株近百年生的“白砂枇杷”，株产高达150～200千克。

枇杷叶片和新梢中氮含量最高，枝和根愈老氮含量愈低；多年生的新梢、叶片和种子中含磷量最高，随其老熟，磷含量随之降低；叶片和果实是含钾最高的器官，与氮相似，也是枝、根愈老，钾含量愈低；钙主要分布于叶片和新梢中，叶片愈老，钙含量愈高，而枝和根愈老，钙含量愈低，果实中钙含量极少；镁与氮情况大体相似。从整株树体看，以钙含量在5种元素中占最高量，它占干物质量的0.71%，依次是钾0.53%、氮0.39%、镁0.10%、磷0.06%。另据分析，成龄树对钾的需求量最大，其次是氮、磷。每生产1 000千克鲜果需吸收氮（N）1.1千克、磷（P_2O_5）0.4千克、钾（K_2O）3.2千克，对氮、磷、钾的吸收比例为1∶0.36∶2.91，可见，枇杷是喜钾果树。从开花到果实膨大期是枇杷树吸收养分最多的时期，尤其是对钾和磷的吸收增加较大。在各生育期中，适时适量供应钾和磷，可增强树势，提高抗逆能力，增加产量，改善品质。

（三）枇杷营养诊断与施肥

叶片营养诊断指标参考值：叶片分析被作为判断枇杷营养状况和施肥的依据。经研究，枇杷叶片营养元素适量的指标分别是：氮2.24%、磷0.19%、钾1.54%、钙0.99%、镁0.23%。缺乏的临界含量分别是：氮1.35%、磷0.09%、钾0.40%、钙0.16%、镁0.05%。

1. 氮素营养 氮是枇杷生长需要量最多的营养元素之一。增施氮肥可增强树势、延长花期，对防冻也有一定效果。氮素充足时，树体健壮，枝粗叶大，花量适中，果大产量高。氮素不足时树势弱，枝梢抽发量减少且细短。叶片小而薄，叶色淡绿或黄化。幼嫩枝叶易染病，老叶易早脱落，生理落果易提前发生，果实小产量低。氮素过剩时枝梢徒长，叶色深绿，叶片因叶肉肥厚而皱褶。果实虽大，但色、味均变淡，果肉含糖量降低，肉质较硬，成熟期延迟。

矫治措施：应采取平衡配方施肥措施，控制氮肥用量，适时适量追施氮肥，并注意氮肥与磷、钾、钙、镁等营养元素肥料的配合施用。

2. 磷素营养 枇杷生殖器官中含有大量磷素，增施磷肥对促进花芽分化和受精、坐果均有良好效果。磷能促进新根生长，提高根系的吸收能力，增加果实含糖量。缺磷时，枇杷根系再生和吸收能力差，地上部枝叶生长势弱，叶片小，叶色暗绿，坐果率降低。

矫治措施：合理施用磷肥，加强枇杷园改土培肥土壤管理，提高土壤磷的有效性。发生缺磷症状时，可及时叶面喷施磷酸二氢钾0.3%～0.5%，间隔7～10天喷1次，连续2～3次。

3. 钾素营养 枇杷果实中含有大量钾，新梢、嫩叶中含量也很高。增施钾肥对促进果实膨大和提高质量均有明显作用，含糖量提高。钾还能促进枝梢充实，提高树体抗逆性。钾素不足时，新梢细弱，叶色失绿，叶尖叶缘出现褐色枯斑，叶片易脱落。果实膨大期缺钾时，由于叶片中含钾量偏低而向果实中转移的钾受限，造成

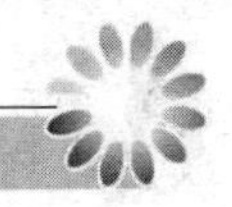

果形变小，着色差，产量低。钾素过剩时，会阻碍对钙、镁的吸收，果肉质地粗硬。

矫治措施： 沙质土壤、酸性土壤、有机质含量低或有效钾含量低的土壤过量偏施氮肥、沙质土壤过量施用石灰时均会发生缺钾症。在上述土壤的枇杷园中必须采取配方施肥措施。发现缺钾症时，应及时叶面喷施硫酸钾或磷酸二氢钾 0.1%～1.5%，间隔 7～10 天喷 1 次，连续 2～3 次。

4. 钙素营养　钙是枇杷体内含量最多的营养元素。钙能中和树体内的酸度，调节体液酸碱平衡。生长在含钙丰富土壤上的枇杷树势健壮。缺钙时，枇杷根尖生长停止，根毛畸变。叶片顶端或边缘生长受阻，直至枯萎。顶芽易变成褐色、枯死。易出现果实果脐病和干缩病，着色差，成熟延迟。

矫治措施： 土壤酸度较高易引起土壤有效钙的淋失；但钾、镁肥施用过量会诱发缺钙。酸性土壤增施石灰，在树冠外围和冠顶喷施 0.2%～0.3%硝酸钙水溶液或氨基酸钙 1 000 倍液，间隔 7～10 天喷 1 次，连喷 3～4 次。亦可在采果后喷施波尔多液或石硫合剂等。

5. 镁素营养　镁是叶绿体的主要成分。缺镁时叶片褪绿黄化，从叶脉附近部位开始扩大。严重时，叶脉间叶肉变褐坏死，叶片干燥呈爪状，但叶脉仍保持绿色，形成清晰网状花叶，叶形完好，但易提早脱落，影响光合作用。

矫治措施： 土壤酸度过大易引起缺镁。采取平衡配方施肥措施，严格控制铵态氮肥和钾肥的用量。基施镁肥，在每年基施有机肥时与镁肥混合施用。每公顷基施镁石灰或钙镁磷肥 750～1 050 千克或每公顷基施硫酸镁（按 Mg 计）30～60 千克，既可调节土壤酸度，又可提供镁元素，防治缺镁症效果良好。一旦发现缺镁症时，可及时叶面喷施 0.5%～1.0%硝酸镁或 1.0%～2.0%硫酸镁，间隔 7～8 天喷 1 次，连喷 3～4 次。

6. 硼素营养　枇杷对硼反应很敏感，缺硼时，枝梢顶端生长受阻，叶片增厚变脆或出现失绿坏死斑点；花器发育受阻，花丝、花药萎缩，阻碍受精和开花结果。根尖或根毛坏死，根系生长不良。

矫治措施：南方雨水过多，土壤中有效硼易被淋失。干旱会影响枇杷对硼的吸收。酸性土壤施用石灰过量也会降低硼的有效性，诱发枇杷缺硼。对易缺硼的枇杷园，除应选用耐缺硼品种、多施有机肥作基肥、不要过量施用石灰、干旱时及时灌水、浇水外，还应增施硼肥。基肥：每公顷基施硼砂7.5～15千克，与优质有机肥料混合施用。根外追肥：在蕾期、花期、幼果期喷施0.1%～0.2%硼砂0.2%与尿素混合液，间隔7～10天喷1次，连喷3～4次。

7. 锰素营养　缺锰时叶片失绿，严重时叶片变褐枯萎；果实质地变软，果色浅，坐果率低下，产量降低。锰素过剩时，根系变黑腐烂；功能叶片叶缘失绿黄化，并逐渐沿叶脉向内扩展，失绿部位出现褐色坏死斑块，异常落叶。锰和钼有拮抗作用，锰过剩会诱发缺钼症。

矫治措施：对石灰性土壤上枇杷产生的缺锰症，改良土壤，增施锰肥。基施有机肥料的同时，混施硫磺粉，以提高土壤酸度。也可每公顷基施硫酸锰15～30千克，叶面喷施0.1%～0.2%硫酸锰水溶液或氨基酸锰或含锰的氨基酸复合微肥1 000倍液，间隔7～8天喷1次，连喷2～3次。还可树体注射1%硫酸锰水溶液。锰素过剩时，改良土壤，酸性土壤每公顷施用石灰750～1 500千克，降低锰的活性。加强土壤水分管理，大雨季节，及时开沟排水，防止因土壤渍水而使大量还原性锰中毒。合理施用过磷酸钙等酸性肥料及硫酸铵、氯化铵、氯化钾等肥料，避免诱发锰中毒症。

8. 锌素营养　枇杷缺锌时，树势衰弱，枝梢萎缩，叶片变小，花芽分化受阻，结实不良，产量低。

矫治措施：在缺锌的土壤上严格控制磷肥用量，还要避免磷肥集中施用，防止磷、锌比例失调而诱发枇杷缺锌症。矫治缺锌的主要措施是喷施锌肥。常用0.2%硫酸锌与0.3%尿素混合液或氨基酸复合微肥600倍液，间隔7～8天喷1次，连喷3～4次。

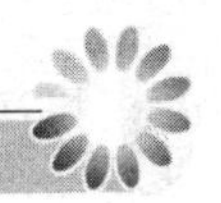

二、枇杷配方施肥技术

（一）施肥时期

枇杷幼树施肥的目的是促进树体营养生长，保证周年内平衡供应养分。为了保持经常性的营养供应，除了冬季以外的其他季节都可以施肥。一般年施肥 5～6 次，每隔 2 个月施一次，以氮为主，施肥量视定植时的基肥施用量和土壤肥力不同而定，一般幼树易薄肥勤施。

成年结果树依其需肥特点和物候期，一般年施肥 3～4 次。

第一次壮梢肥于 5～6 月采果后至夏梢萌发前施用。主要是恢复树势，促进夏梢抽发，生长健壮，为花穗发育打好基础。这次施肥以速效肥与迟效肥混合施用为好，施肥量掌握在全年总用肥量的 50%左右，迟熟品种可提前至采果前施用。通常每株追施腐熟有机肥 40～50 千克、尿素 0.5 千克或专用肥 2 千克、过磷酸钙 2 千克。

第二次促花肥于 9～10 月开花前施用。主要促进花蕾健壮、开花正常和提高树体的抗寒力。以腐熟农家肥为主配合少量的化肥，施肥量占总施肥量的 10%～20%。一般，每株施尿素 1.0 千克、专用肥 1.0～1.5 千克或硫酸钾 1 千克、过磷酸钙 1 千克。

第三次促果肥于 2～3 月幼果开始膨大期施入。这期间亦是疏花疏果后，春梢抽发前，施肥主要促进幼果快速膨大、减少落果并促进春梢抽发和枝梢充实。施肥量占总量的 20%～30%。一般，每株追施尿素 1.0 千克或专用肥 2.5～3.5 千克、硫酸钾 1.5 千克、过磷酸钙 1 千克。

第四次壮果肥于幼果迅速肥大期施用。枇杷果实后期在很短时间里，果实增重达总果重的 70%，且糖分的营养物质也迅速积累，如此时期不能及时均衡供应营养，不仅产量上不去，对树体影响也较大，因此，此期追施占总肥量 10%左右的肥料，均能提高产量和改善品质，尤其迟熟品种更宜重视此次肥料的施用。有的地方后期采用 0.3%尿素和 3%过磷酸钙或 0.3%～0.5%磷酸二氢钾进行根外喷施，也能收到良好的效果。

因各地气候、品种、土壤肥力和栽培习惯不同，施肥时期也不一样，但作用和目标基本一致。长江流域一般年施春肥、夏肥、秋肥3次，华南地区则加施一次冬肥，这也是根据气候和枇杷生长特点而因地制宜的必然选择。台湾枇杷也采取4次施肥制，分别于1～2月、4～5月、6月和10～12月施用，每株施氮磷钾复合肥2千克。

（二）施肥量

枇杷的施肥量要视树龄，当年开花结果量和气候、土壤肥力等情况而确定。据研究，在土壤肥力较低的山丘果园，成龄树每公顷适宜用纯氮（N）187.5～225千克、磷（P_2O_5）150～187.5千克、钾（K_2O）187.5～225千克；土层深厚肥沃的果园，成龄树宜每公顷用氮（N）150千克、磷（P_2O_5）93.75千克、钾(K_2O)112.5千克。一般成年树氮、磷、钾用量，每公顷分别为纯氮（N）240～270千克、磷（P_2O_5）172.5～210千克、钾（K_2O）202.5～240千克。

（三）施肥方法

施肥方法有沟施、面施、灌溉施肥和根外喷施等。沟施是结果枇杷园最常用的施肥方法，幼年树在树冠滴水线周围挖环状沟，施肥后覆土；成年结果树则多采用以树干为中心的放射状沟或行间条沟施肥，施后覆土以提高肥效，减少肥料损失。

第七节　芒果配方施肥技术

芒果被列为世界5种热带名果之一，在热带和暖热带地区广泛栽种。我国主栽区有台湾、海南、广东、广西、云南等省区。

芒果属常绿大乔木，树高10～27米，最高可达40米。根深叶茂，生长速度快，花多果多，寿命极长，可达500年，100多

年大树很常见。树形和带红、紫色的嫩叶，相当美观，是南方很好的观赏树种。芒果树体的生长和果实的发育都需要大量的养分。生产实践证明，营养元素对调节芒果的生长和发育起着重要作用。

一、芒果需肥特性

（一）芒果的营养特性

1. 根系的营养生长特性　芒果实生树的主根粗大、直立入土较深。侧根生长缓慢，数量少，稀疏细长，层次分明，每隔10～20厘米分生一轮。幼苗和幼树期根系水平分布常小于冠径。随树龄增长，成年树根系的水平扩展范围超过冠径。深翻施肥能促进侧根生长，增加侧根密度。生长在河岸边的百年芒果大树，主根深达10米以上。

芒果的根没有自然休眠，条件适合可周年活动。在年周期中，幼树有3次生长高峰。第一次自12月始至翌年2月达高峰；第二次在春梢老熟后至夏梢萌发前；第三次在夏梢老熟后至秋梢萌发前。成年树只有两个明显的生长高峰，且与枝梢生长交替出现。春季和夏季由于开花结果和果实生长，根系生长一直处于低潮，直到采果后、秋梢萌发前树体负担减小，温湿度适合，根系才会迅速进入第一次生长高峰；秋梢老熟后至入冬前进入第二次生长高峰，这次峰期长、生长量大。入冬后，上层根系生长减缓乃至停止，下层仍缓慢活动。

2. 枝梢的营养生长特性　华南地区芒果枝梢生长多在2～3月开始，11～12月停止。有春梢、夏梢、秋梢和冬梢4种。春梢多在花芽萌发后抽生；夏梢5～7月连续不断地抽生，但是挂果多或营养供应不足的树体不抽或少抽。壮树秋梢在8～10月连续抽生1～2批，弱树则少。冬梢在11月以后零星抽出。芒果的末级梢均可能成为结果母枝。

3. 开花结果营养特性　热带和早熟品种花期多在11～12月；南亚热带和中晚熟品种常在2～3月。从花芽萌发到初花需要20～

30天。由于树体营养不良、光照少、雨水多以及夏梢旺长等因素，会诱发芒果生理落花落果持续时间长，且数量大，坐果率低。正常年份发育成熟的果实仅占0.1%～0.2%。

（二）芒果的需肥特性

1. 芒果对土壤环境条件的要求 虽然芒果对土壤的要求并不严格，但其具根系深广，常绿和生长量大等特点，宜选择条件好的园地，以土层深厚、富含有机质、排水良好、地下水位低（180厘米以下）、质地疏松的沙质壤土或冲积壤土为好。以微酸性至中性、pH5.5～7.5时芒果生长良好，pH太高易引起缺铁或缺锌，故碱性土壤不宜栽种芒果。

2. 芒果需肥特性

（1）对养分需求量。芒果树体高大，根系发达，在年周期中多次萌芽，多次抽梢，进入结果期较早，需要从土壤中吸收氮、磷、钾、钙、镁等多种养分。据测定（广东），每生产1 000千克鲜果需吸收养分量分别为：氮（N）3.23千克、磷（P_2O_5）0.85千克、钾（K_2O）3.82千克、钙（CaO）0.289千克、镁（MgO）0.228千克；果实养分吸收氮、磷、钾、钙、镁的比例为1∶0.26∶1.18∶0.09∶0.06。芒果产量越高，修剪程度越重，所需养分就越多。果实所带走的养分量因土壤、树种、树龄、栽培管理水平等而异。

（2）芒果不同生育期养分变化动态。芒果树不同生育期叶片和果实对养分的吸收量各不相同。据叶片分析结果，紫花芒果随秋梢的生长和老熟，叶片中的氮、磷、钾、钙、镁、锌、硼等元素含量逐渐升高，至秋梢成熟时达到最高峰。进入开花期，叶片中各种养分向花穗中转移，开花期间1个月内，叶片养分含量大幅度下降，以氮、磷、硼、锌、钙养分消耗较多。至幼果期叶片养分下降趋缓。

芒果果实生长发育和养分变化动态可分为3个阶段，第一阶段，开花稔实至坐果20～25天，为果实缓慢生长期，对氮、磷、钾、钙、镁的吸收量分别占养分总吸收量的25%、14%、1%、

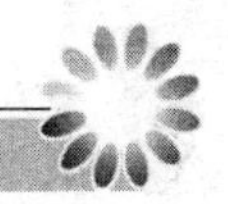

15%、14%；第二阶段，坐果后20～60天，为果实迅速生长期，对氮、磷、钾、钙、镁的吸收量分别占养分总吸收量的68%、66%、63%、85%、65%；第三阶段，果实又进入缓慢生长期，氮、磷、钾、钙、镁的吸收量分别占养分总吸收量的7%、20%、36%、0、21%。

在第二次生理落果期，果实氮、磷、硼含量明显上升，而钾、钙、镁浓度的增加相对较缓。果实快速膨大期氮、磷、硼浓度下降，而钾、钙、镁含量明显上升，达最高值。果实成熟后，果实中各种矿质养分又显著下降。综上所述，在果实生长发育阶段，不仅需要足够的氮、磷、钾，而且还要平衡供应钙、镁、硼。

（三）芒果营养诊断与施肥

1. 氮素营养与施肥　氮素能促进芒果树干、枝叶和根系的生长发育，增厚叶质，加深叶色，提高光合效能。芒果缺氮的典型症状：植株生长缓慢，枝叶发育不良，叶色淡而黄；成年树缺氮会提早开花，但花朵少，坐果率低，果形变小，产量低。氮素过剩，枝叶徒长，花芽分化不良，落花落果严重，果实着色差，耐贮性下降。

矫治措施：有机质含量低的瘠薄土壤，定植芒果前，定植穴内要重视有机肥与速效氮肥的合理搭配。定植后，要加强果园土壤改良，种植绿肥，扩穴改土。在芒果树年生长周期内，根据树势合理追施氮肥，通常情况下，黏质土壤年施氮（N）量每株500～700克，沙质土壤年施氮（N）量每株300～500克为宜。

2. 磷素营养与施肥　磷在树体内营养物质代谢和能量转换中起重要作用。磷还能促进分生组织的生长，增强根系吸收活力，提高坐果率，改善果实品质等。芒果缺磷的症状：植株生长矮小细弱，下部老叶的叶脉间先出现坏死褐色斑点或花青素沉淀斑块，整个叶片相继变为黄色，最后变为紫褐色干枯脱落。缺磷严重时，顶部抽生出的嫩叶小而硬，两边叶缘向上卷曲坏死。花芽分化受阻，果实成熟延迟，产量下降。

矫治措施： 缺磷土壤在重施有机肥的基础上要增加磷肥用量，通常结果树年施磷（P_2O_5）量每株150克为宜。发现有缺磷症状时，及时叶面喷施0.2%～0.6%磷酸二氢钾，间隔7～10天喷1次，连喷3～4次。

3. 钾素营养与施肥 细沙土酸性土、有机质缺乏的土壤或在轻度缺钾的土壤中施用氮肥过量及沙质土壤施用石灰过多的果园，易发生缺钾症。缺钾的症状首先从下部老叶开始表现出来，老叶变黄，叶缘出现黄斑，发病后期整片老叶坏死脱落。严重缺钾时，顶部嫩叶变小，新叶展开后，叶缘出现水渍状坏死或不规则黄色斑点，继而整叶变黄。8龄内的芒果树缺钾易发生“叶焦病”，结果树发生概率较小。

矫治措施： 丘陵坡地贫瘠土壤每年深翻或扩穴时增施有机肥、生物钾肥和硫酸钾，改善根际环境，促进根系对钾素的吸收利用。通常沙质土壤芒果园每株年施硫酸钾或氯化钾400～500克；黏质土壤芒果园每株年施硫酸钾或氯化钾600～700克。若发生缺钾时，及时叶面喷施0.5%～1.0%硫酸钾，间隔7～10天喷1次，至症状消失。

4. 钙素营养与施肥 土壤酸度较高时，土壤有效钙易流失。如果氮、钾、镁肥过量，亦会发生缺钙症。芒果缺钙时，首先顶部嫩叶失绿黄化。严重缺钙时，沿老叶叶缘部分发生褐色伤痕，相继卷曲。顶芽突显干枯，花朵萎缩凋落。

矫治措施： 缺钙时，要注意酸性土壤施用石灰，但不宜过量，也可及时喷施1%～2%硝酸钙或氯化钙，间隔7～10天喷1次，连喷3～4次；或将上述水溶液直接进行灌根，也很见效。

5. 镁素营养与施肥 酸性土壤、沙质土壤中的有效性镁易于流失，如果氮、磷、肥施用过量亦会诱发缺镁。芒果缺镁时，首先从老叶叶缘开始失绿黄化，中脉缺绿。

矫治措施： 除适时适量根施钙镁磷肥、硫酸镁等含镁肥料外，喷施0.1%硫酸镁，间隔7～10天喷1次，至症状消失。

6. 硫素营养与施肥 芒果园有机肥和含硫肥料用量少，土壤

供硫不足，易发生缺硫症状。叶肉深绿，叶缘干枯，新叶未成熟就先脱落。

7. 铁素营养与施肥　在盐碱性较重的芒果园，土壤中可溶性铁易被转化成难溶性铁，不易被根系所吸收利用，芒果极易发生缺铁症。缺铁时，首先幼嫩新叶深绿呈黄绿色，并逐渐黄化脱落。新梢生长受阻。

矫治措施：石灰性土壤上，定植穴施足有机肥，并配施硫酸亚铁。芒果树年生长期间，注意根际追施含铁肥料。缺铁时及时喷施硫酸亚铁0.2%或氨基酸螯合铁1 000倍液，间隔7～8天喷1次，至症状消失。

8. 锌素营养与施肥　碱性土壤有效锌含量低，若大量施用磷肥，可能诱发芒果缺锌；淋溶强烈的酸性土壤，有效锌易被淋失，过量施用石灰，亦会诱发缺锌。缺锌时芒果成熟叶片的叶尖出现不规则棕色斑点，随着斑点扩大最后合并成大的斑块，致使整个叶片坏死。严重缺锌时，主枝节间缩短，主枝上着生有大量小而变形叶片的侧枝，侧枝上着生的幼叶向下反卷，叶小且皱，随其成熟后变厚而质地变脆。

矫治措施：将有机肥与硫酸锌混合作基肥，控制磷肥和石灰的用量。缺锌时及时喷施0.5%硫酸锌，间隔7～10天喷1次，连喷2～3次。

9. 锰素营养与施肥　碱性土壤有效锰含量低，尤其是春季干旱、pH大于7.2的碱性土壤更易出现芒果缺锰症。但是强酸性土壤常因有效锰含量过多而造成芒果树中毒。缺锰时，首先新叶叶肉变黄，叶脉仍为绿色，整张叶片形成网状。侧脉仍然保持绿色是缺锰症区别于其他缺素症状的主要特征。

矫治措施：碱性土壤防止干旱，注意增施有机肥料和含锰肥料，深翻扩穴改良土壤，调节土壤酸碱度。

10. 硼素营养与施肥　土壤瘠薄的山地、河滩沙地及沙砾土壤芒果园，有效硼易流失。石灰质土壤中的有效硼易被固定。早春干旱和氮、钾肥用量过多时亦会造成芒果缺硼。缺硼典型症状：主枝生长点坏死，大量抽生侧枝，侧枝生长点也会逐渐坏死，生长完全受阻。成熟叶片略为黄化而变小，黄化部分逐渐变为深棕色并坏死；幼叶叶缘的叶肉出现棕色斑点，随着生长发育逐渐枯萎凋谢；花器的花粉管不能伸长，受精不良，坐果率降低。幼果畸形，部分果肉木栓化，呈褐黑色，出现裂果现象。严重缺硼时，成熟的果实果肉硬化、呈现水渍状斑点，有些果肉呈海绵状，并有中空现象，但果实外观完好无损。

矫治措施：立地条件差的芒果园，要注意改善根际土壤环境，重施有机肥和含硼肥料。缺硼时，及时喷施硼酸或0.2%～0.3%硼砂，间隔7～10天喷1次，至症状消失。

二、芒果配方施肥技术

（一）配方肥适宜配比与用量

芒果施肥量应考虑土壤和树体养分水平及芒果的需肥特性。施肥原则是：即改善树体养分，又能培肥地力，既要取得显著经济效益，又要使芒果持续稳产、高产。

我国芒果产区土壤多为贫瘠的坡地赤红壤或砖红壤，严重酸化及养分流失，使果树长期缺乏氮、钾、钙、镁、硼、锌等矿质养分，因此施肥时应从平衡树体养分出发，科学配比，合理施用肥料。根据对不同生态区芒果施肥现状调查，氮、磷、钾三要素施用量为：氮（N）387～820克/株、磷（P_2O_5）135～675克/株、钾（K_2O）157～825克/株，氮∶磷∶钾为1∶0.5∶0.75，与芒果较为适宜的三要素配比氮∶磷∶钾为1∶（0.3～0.5）∶（1.2～1.5）（印度）相比，磷高钾低。同时，果农很少或极少施用石灰和镁肥，这使南方果园土壤有酸化的趋势。

（二）配方施肥技术

1. 幼龄树施肥 定植后2～3年为幼树期，施肥的目的是促进幼树营养生长，使新梢、根系迅速成长，树冠快速行成扩大。

定植前3～6个月应做好挖坑、回填、施肥的准备工作。定植

坑常用大坑式或壕沟式，坑宽1米，平地坑深60～70厘米，山地70～80厘米。坑土晾晒风化2～4个月。定植前每株基施绿肥25～50千克，农家肥100千克，磷肥、石灰各1.5千克，与坑土混合回填，待1～2个月土壤下沉后种植。芒果树苗活棵后，应以速效氮肥为主，适当施用磷、钾肥。定植后当年的追肥应定期进行，一般1～2个月追肥一次，全年5～6次。第二、第三年每次新梢集中抽发前追肥1～2次，全年6～8次，至11月停肥，以防抽发冬梢遭受冻害。定植后第一年每株施氮（N）75克、磷（P_2O_5）75克、钾（K_2O）60克、镁（Mg）10克，以少量多次为好，可结合灌水施用。沙质土以一梢两肥，黏质土则一梢一肥即可。为扩大根群，每年可施3～4次有机肥、2～3次石灰，分别在春梢、夏梢、秋梢萌动前施用，可环沟或结合培土穴施，每株每次施有机肥20千克、石灰0.5千克。第二、第三年可适量增至氮（N）150～200克/株、磷（P_2O_5）200克/株、钾（K_2O）200克/株、镁（MgO）20克/株，亦可开沟环施或灌施。有机肥与石灰施用方法同第一年幼树。

2. 结果树施肥　定植后第四年一般进入结果期，直至第10至第30年为盛果期，我国芒果多数处于结果期。结果树施肥以合理调节营养生长和生殖生长的矛盾为原则，年追肥4次，施肥重点放在春秋两季。

（1）促穗肥。在花芽萌发前10～15天以多养分全肥或氮、磷、钾配合的复混肥为主，施肥约占全年全部肥料的20%。10年生以下的树株施15-15-15复合肥0.5～1.0千克或尿素和钾肥各0.3～0.5千克；10年生以上的树株施15-15-15复合肥1.0～1.5千克或尿素和钾肥各0.5～1.0千克。

（2）壮果肥。谢花后至幼果膨大期，晚熟品种在4月中旬至5月。此次肥提倡根据树和载果量来决定施肥量，施用量占全年追肥量的10%～15%。结果多的树可氮、钾肥同时施用，10年生以下树每株施氮、钾肥各0.3～0.5千克；10年生以上树每株施氮、钾肥各0.5～1.0千克；结果少的树可不施氮肥，只补充钾肥，依树

龄大小，株施钾肥 0.3～1.0 千克。果实生长期间，对于结果多的弱树还可在 6 月再补施适量的氮、钾肥。

(3) 采前采后肥。此次施肥可与放秋梢结合进行。早熟品种采后施，晚熟品种采前或采后施。以腐熟有机肥为主，适当增施速效性氮肥。施肥为全年追肥量的 35%～40%。10 年生以下树株施尿素 0.3～0.5 千克加复合肥 0.5～0.6 千克或粪水 25～30 千克加尿素 0.2～0.4 千克；10 年生以上树株施尿素 0.5～1.0 千克加复合肥 0.7～1.0 千克或稀粪水 30～40 千克加尿素 0.5～0.6 千克。

(4) 壮树肥。10 月上旬施用，肥料种类常用磷、钾肥或高磷钾复合肥，追肥量约占全年的 20%，以促进末次秋梢或早冬梢的萌发与生长，也有利于翌年的新梢新生与开花结果。

3. 芒果高产优质测土配方平衡施肥技术 广东农业科学院于 1996～1997 年在深圳进行测土配方平衡施肥试验示范，土壤为沙质土，pH 5.4，有机质中等，土壤氮、钾、镁、硼等为较低水平，芒果品种为紫花芒。

(1) 施肥措施。氮、钾、钙、镁等养分的全年用量为：氮 (N) 400 克/株、磷 (P_2O_5) 150 克/株、钾 (K_2O) 500 克/株、镁 (MgO) 100 克/株。分 4 次施用。

第一次：修剪后（8 月上旬）施用，尿素 0.35 千克/株、过磷酸钙 0.4 千克/株、石灰 0.25 千克/株、鲜猪粪 25 千克/株。开 30 厘米深沟环施，施后浇水。

第二次：秋梢萌动时（9 月上旬），尿素 0.43 千克/株、氯化钾 0.2 千克/株，并在冬至（2 月）株施猪粪 25 千克、石灰 0.25 千克，结合清园，方法同第一次。另用部分石灰撒施于树盘。

第三次：开花前（3 月上旬），株施尿素 0.25 千克，过磷酸钙 0.4 千克，并结合喷施 0.2%的硼酸和 0.5%硫酸锌溶液，每隔 7 天喷 1 次，连喷 3 次。

第四次：在果实膨大时，每株施过磷酸钙 0.2 千克、氯化钾 0.4 千克。

其他配套措施：在果实收获后进行中度修剪。在12月底用1 000倍乙烯利配合800倍的丁酰肼液喷施以抑制冬梢萌发。开花前喷施0.2%硼砂液、0.5%硝酸钙液等以保持花粉活力，促进授粉。生理落果期喷赤霉素2.5毫克/千克、细胞分裂素5毫克/千克等保果剂，每隔15天喷1次，共喷2次。

（2）施肥效果。采用氮、磷、钾、镁肥配方的平衡施肥技术措施，抽花率高（达89%），单果300克，单株挂果数高（84个），单株产量27.6千克，每公顷产果实24.84吨。同时质好价高，经济效益显著。

第八节　椰子配方施肥技术

椰子别名胥余、椰瓢和越王头，为单子叶多年生常绿乔木油料作物，为世界主要植物油源之一。我国椰子栽培有2 000多年的历史，主要分布在海南、台湾、广东、广西等省（自治区）。椰子分布广，用途多，热带地区人民赖以为生，誉称“金树”。有高椰子、矮椰子两种。

一、椰子需肥特性

（一）椰子对土壤的要求

椰子能在多种土壤上生长，以海滨冲积土和河岸冲积土为最好，其次为沙壤土；砾土、黏土最差。地下水位在100～250厘米较适宜，土壤pH 5.2～8.3均能生长，以中性壤土最佳，偏酸性土壤产量低。在海拔500米以下、温度适宜、水分充足的环境条件下均能正常生长，而以低海拔为最好。

（二）椰子营养特性

椰子为须根系，从茎基部的圆锥体向四周放射状生出数量众多、大小相近似的根，统称为主要根（不定根）。主要根产生侧根，侧根有生分根和再分根，统称为营养根，其重要作用是吸收养分。

由主要根和小根产生带白色的尖形小突起，称为呼吸根，它能有效地促进根内气体交换。

椰子树干通常不生根，但在衰老或生长在局部浸水条件下，会在茎基正常生根部的上方长出气生根来。椰根没有根毛，由主要根和吸收根根冠后的白色吸收区代替根毛起吸收作用，根的数量和分布与树龄、土壤条件有关。强壮的50年树龄椰树主要根可达400～7 000余条。早期生长的主要根，主要向下生长，随树龄增长渐向侧面伸长，多数分布在20～80厘米土层中。由茎的地上部长出的气根，接触土壤后能伸长而起吸收作用。营养根大多分布在茎干周围2米范围内的20～50厘米土层中。雨水及土壤肥水适宜时，营养根产生得多而伸长得快。主要根寿命30年以上，营养根寿命较短，细弱小根在每年干旱季节都会死亡。地下干旱时，根系分布较深；地下湿润时根系分布较浅。在海滨地带，根系往往长成长条或集中在一小块土壤中，同时地上茎长出气根。这表明土壤中缺少空气或原有根系衰弱或死亡。

（三）椰子树需肥特性

在不同生育期、不同物候期、不同生态区椰子对养分的吸收量差异很大。我国海南省1～4月，气温低，降水量少，椰子生长缓慢，抽叶少，吸收的氮、磷、钾等养分量也最少。5～10月气温高，降水量充沛，椰子的生长量大，抽叶多，抽苞、裂苞数和雌花数量也最多，因而对氮、磷、钾三要素的需求量也最大。11～12月随气温降低，降水量减少，椰子的生长量相对减少，各种养分需求量也相应降低。

椰树需要全肥，以钾最多，氮、磷次之。椰树是嗜氯性果树。印度学者研究表明，每亩12株椰树，每株产椰果100个，每年约从土壤中吸收氮157.5千克、磷28.05千克、钾288千克，氮、磷、钾的比例为1∶0.18∶1.83。吉尤斯研究表明，每公顷椰树（150～165株）产椰果7 050个左右，每年约从土中吸收氮91.95千克、磷40.95千克、钾136.95千克，氮、磷、钾的比例为1∶0.45∶1.49。

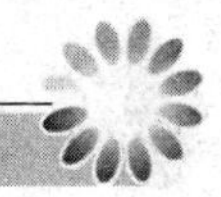

(四) 营养诊断与施肥

1. 叶片营养诊断临界指标

(1) 采样方法。幼龄椰树需采集冠层中部相对稳定的叶片，成年椰树需采集第一片展开叶往下数第14片叶，分别采取复叶中部的3～5对小叶（裂片），并根据需样量多少取中间20～30厘米作为样品分析。

(2) 叶片营养诊断临界指标。据法国研究结果，椰树第14片叶养分含量临界水平为氮1.80%～2.00%、磷0.12%、钾0.8%～1.00%、钙0.5%、镁0.3%、钠0.2%～0.24%、氯0.5%、硫0.2%、铁50毫克/千克、锰60毫克/千克、铜2毫克/千克、锌8.4～9.3毫克/千克、硼14毫克/千克。某种元素含量低于这个临界值时，施用适当的肥料有增产效果。近年又发现，椰子还需要氯，椰子产量与叶片含氯正相关。缺氯会影响椰果大小、椰干产量、氮的吸收和植株对水分的利用。叶含氯量最适水平为0.5%～0.6%。我国海南椰区早有利用食盐、海水、海泥等作为椰子肥料的经验，是符合椰子嗜氯特性的。

2. 营养诊断与施肥

(1) 氮素营养与施肥。氮素是椰树生长发育必须营养元素之一。缺氮的典型症状：椰株生长受阻，叶簇不同程度变黄，老叶逐渐变成金黄色，幼叶浅绿色但无光泽。花序多发育不良，雌花减少。随着缺氮的加重，椰株茎干顶部变细，似笔尖状。树冠仅有少量细小叶片，难以抽出花序或花序很少或无雌花，最终椰树无花无果无收成。

矫治措施：海南岛的椰树普遍缺氮，提高叶片含氮量，产量即可增加。因氮和磷在叶片内密切相关，有时缺磷是缺氮所造成的，在此情况下，矫正缺氮，磷含量也会提高。在提高叶片含氮量基础上，再提高钾、磷含量，产量更高。在缺氮的椰子园要平衡施肥，土壤重施有机肥作为基肥，并配施速效氮肥。发现缺氮症状时，适时适量追施速效氮肥的同时，也可叶面喷施尿素1%～2%，间隔

5～7 天喷 1 次，连续喷施 3～4 次。

（2）磷素营养与施肥。一般情况下，椰树对磷素需求量相对较少。缺磷时，椰株生长缓慢，叶片变小。严重缺磷时，根系发育不良，小叶发黄且硬化。

矫治措施：缺磷地区应加施磷，才能使氮、钾发挥预期效果。重视椰子园土壤改良与管理，为椰树根系生长创造良好环境。采取测土配方施肥技术，重施有机肥，配施速效磷肥。发现缺磷症状时，及时叶面喷施磷酸二氢钾或 1.0%～1.5%过磷酸钙水溶液，间隔 7 天喷 1 次，连续喷施 3～4 次，至缺磷症状消失。

（3）钾素营养与施肥。钾是成龄椰树各部分的主要组成成分，在所有的元素中，椰子对钾的吸收最为强烈、迅速。缺钾初期的症状为叶片中脉两侧呈现两条纵向锈色斑点，叶片轻微变黄，小叶尖端明显变黄，随缺钾加重，老叶的叶缘和叶面相继变黄、枯焦、坏死、脱落。缺钾严重时茎干细，叶短小，树冠中部叶片首先萎蔫，上部叶片向上簇伸，下部叶片枯干下垂悬挂于树干。花序、坐果及每个果穗上的椰果数量都减少。

矫治措施：据贝司登等人的研究，叶片含钾量与产量关系最为密切（表 8-27）。施用钾化肥或优质草木灰等，对矫正椰树缺钾都有良好效果。6 个月后，叶片开始转绿，枯叶逐渐减少，最后形成郁蔽的树冠。

表 8-27　叶片含钾量与椰树产量的关系

（热带作物栽培学“椰子”，1980）

等级	产量（平均单株年产果个数）	叶片含钾量（占干物质的%）
1	60 个以上	2.1
2	40～60	—
3	20～40	0.77
4	5～20	0.49
5	0～5	0.22

钾对所有产量因子都起作用，能使花序数、雌花数、椰果数、果实椰干平均重量和总重量增加。轻度至中度缺钾的椰树，对施钾肥的反应敏感。在长期严重缺钾地区，钾的效应特别显著。除结合浇水，根际追施速效钾肥外，及时叶面喷施磷酸二氢钾或1.0%～1.5%硫酸钾，间隔7～8天喷1次，连续喷施3～4次，至缺钾症状消失。

（4）钙素营养与施肥。缺钙的典型症状：小叶变黄，小叶尖端有黄色至橙色坏死斑点，继而蔓延至整片小叶。叶片逐渐干枯，冠心部的叶片比老叶较早呈现缺钙症状。

矫治措施：立地瘠薄土壤的椰园必须加强肥水管理，采取改良土壤，平衡施肥，配施钙肥，预防缺钙的发生。发生缺钙症时，应及时喷施硝酸钙0.2%～0.3%或氨基酸螯合钙1 000倍液，间隔7天左右喷1次，连续喷施2～3次。

（5）镁素营养与施肥。缺镁多发生在幼苗和幼龄树上。主要表现为外轮叶片首先变黄，然后小叶变黄，叶片尖端相继坏死。叶面出现许多斑渍，致使成熟叶片过早凋萎，光合作用降低。

矫治措施：在缺镁的椰园，适时追施速效镁肥。一旦发生缺镁症时，及时喷施1.0%～1.5%硫酸镁或氨基酸螯合镁800～1 000倍液，间隔7～10天喷1次，连续喷施3～4次。

（6）硫素营养与施肥。缺硫的椰树幼叶和老叶均失绿变成橙黄色，小叶逐渐坏死，叶轴变弱渐呈弓形。随着缺硫加重，椰树顶部多数叶片凋落，较老叶片相继枯萎坏死。椰果小，干枯椰果的椰肉变得柔软，椰干常为褐色。

矫治措施：深翻改土，重施有机肥与硫磺粉或含硫肥料作基肥，适量追施速效含硫肥料。结合防治病虫害喷施45%石硫合剂150倍液，每公顷750千克，也可结合追肥喷施水溶性含硫肥料。

（7）氯素营养与施肥。椰子是嗜氯特性的果树，氯是椰树主要营养元素之一。椰树缺氯症状与缺钾相似，叶片变黄，较老叶片出现失绿斑纹，叶片外缘和小叶尖端干枯。缺氯会影响氮的吸收和植株对水分的利用，椰果变小、椰干产量降低。

矫治措施： 我国海南、台湾、广东等省椰子产区利用食盐、海水、海泥等作为椰子肥料施用，还可施用氯化钾、氯化铵等含氯肥料，对矫治椰树缺氯症效果显著。

（8）硼素营养与施肥。椰树缺硼发生区域虽然有限，但对幼龄椰树，尤其是3～6龄椰树和苗圃幼苗危害较重。缺硼典型症状：幼树萌发出的叶片较短，小叶变形卷曲、退化，叶尖坏死。发病初期心叶的两个末端小叶伸展受到抑制，小叶由于横向收缩而皱褶，因此，比正常叶片厚而且易碎。极易染病，一旦发生病害，叶片很快就坏死，只剩下枯黑、光秃的叶柄，后无小叶萌发，椰树逐渐死亡。

矫治措施： 我国南方椰子园多数属于酸性红壤缺硼区域，包括红壤、砖红壤、赤红壤以及黄壤、紫色土等，此类土壤有效硼含量大多低于临界值0.5毫克/千克，椰树缺硼症状相当普遍。椰子园常用硼肥有硼砂、硼酸和硼泥。硼泥为工业废渣，虽然价格便宜，但重金属含量超标，不可施用。每公顷硼砂7.5千克与过磷酸钙或有机肥混合作基肥施用，可预防缺硼症发生。还可喷施硼砂或硼酸0.3%～0.5%与尿素0.5%或波尔多液混合液，间隔7～10天喷1次，连续喷施3～4次。

二、椰子配方施肥技术

（一）椰园土壤肥水管理

为了提高土地利用率和经济效益，幼龄期可间种花生、豆类及绿肥作物，成株后也可把具不同习性的作物间作在一起，以充分利用光能和地力，形成良好生态体系。并及时中耕，消灭杂草，改良土壤。可结合施肥，一年中耕2～3次。对于长出气根的椰树，进行培土，可加固树体，增大吸收面积。

（二）椰子配方施肥技术

椰子需要全肥，以钾最多，氮、磷次之（表8-28）。

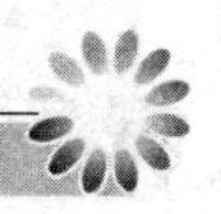

表 8-28 椰子每年从土壤中摄取的养分

（热带作物栽培学，椰子，1980）

依 据	养分含量（千克/亩）				
	氮	磷	钾	钙	镁
皮莱等（Pillai&Davis）	3.75	0.87	4.73	2.29	0.84
雅各布等（Jacob&Loyle）	4.27	0.84	5.27	—	—
寇普蓝德（Copeland）	6.07	1.2	7.5	—	—

1. 肥料种类 椰子施有机肥有显著增产效果。常用肥料有海藻、海草、海泥、虾糠、鱼粉、渍鱼肥、厩肥、堆肥、垃圾、绿肥、牛粪、人粪尿、草木灰、食盐、海水以及硫酸铵、过磷酸钙、氯化钾、椰树专用肥等。

2. 施肥时期 椰树适宜施肥时期以其生长发育的物候期为依据。椰树的花序从分化形成到果实成熟，约需 3 年时间，施肥的产量效应要 3 年才显现，但在植株生势、果实长大、椰肉增厚和提高着果率方面，则 1～2 年可见效。在海南岛 3～9 月椰树生长发育最快，是施肥的理想时期。一般是在 4～5 月（小雨季）及 11～12 月施肥，大雨季的 7～9 月因肥料易被淋失而停止施肥。

结果很少的低产椰树，对施肥的反应比高产的椰树显著得多，增加低产树的施肥量，增产效果大，经济效益也好，故在限于条件而不能全面施肥时，要首先抓紧对低产园或低产树施肥。比较肥沃的土壤每年只需施肥 1～2 次；土壤结构不良、保水保肥力差的贫瘠沙土，每年需施肥 3～4 次。

3. 施肥方法 椰树施肥有环状沟施、半环状沟施等方法，以半环状沟施为好。速效肥或水肥（水粪）在距离树基部 1.5～2 米处开施肥沟，深度以 15～20 厘米为宜。若用撒施法，应全面除草松土后再施肥。

椰园如间种耗钾多的木薯、甘薯、香蕉等作物时，应加施钾肥；或者椰子园中有特别高产的单株时，耗钾量过多，也应多补充钾肥，才能维持继续高产。

4. 椰子苗圃配方施肥 椰子苗圃重施基肥，优质有机肥料每公顷19 500～22 500千克和椰树专用肥1 500～1 950千克或用氯化钾、过磷酸钙和硫酸镁的混合肥1 950千克代替专用肥。在2月龄时，每株追施专用肥50～60克，或用硫酸铵25克、氯化钾25克、氯化钠40克代替专用肥。5月龄时再施肥一次，每株施用椰树专用肥80～100克或硫酸铵20克、氯化钾25克、氯化钠40克代替专用肥。

5. 幼龄椰树配方施肥 幼龄树施肥量因树龄而异。定植前基肥用量，每株基施腐熟有机肥25～30千克和椰子专用肥300～350克或氯化钾200克、硫酸铵150克。6月龄时再追施椰树专用肥400～450克或氯化钾250克、硫酸铵200克。1年树龄时每株追施椰树专用肥1 000克或氯化钾500克、硫酸铵500克。随树龄的增长，追肥量随之递增，若不用椰树专用肥，可以喷施适量的过磷酸钙。5年树龄以上的椰树，每株每次施用专用肥2～3.5千克或硫酸铵1 500克、氯化钾1 000克、过磷酸钙500克。

6. 成龄椰树配方施肥 成龄树每年每株施用腐熟优质有机肥50～100千克、椰树专用肥2～3.5千克或尿素1.3千克、重过磷酸钙0.3千克、氯化钾3千克。

7. 老椰树园更新配方施肥 椰树经数十年的盛产期后，生产能力逐渐下降，树体逐渐衰老，生根的茎基圆锥体慢慢从下而上腐烂，老根死亡，营养吸收面积缩小，产量降低，树体失去坚固支撑而极易被风吹倒，即使施肥耕作也难获好的效果，必须进行老园更新。更新方法，可在行间与老树成三角形另植新幼树。对新树适当施肥，使其生长良好，并在其周围深耕，切断老树的根系，以利幼树生长。当老树在正常管理条件下，每柱每年结果减至极少时即砍去，令新株能茂盛生长。

第九节 橄榄配方施肥技术

橄榄又称为青果、谏果，是我国南方特有的亚热带果品。橄榄属常绿乔木，有胶黏性芳香树脂，树干直立，树高可达10～15米，树冠开张，冠幅可达13米，胸高周径可达2.5米。主根和侧根发达，根系分布的深度和广度依土壤质地、土层深浅以及肥沃程度而异。丘陵山地70～80年生的实生树，主根深达3～4米，沙质土壤可达5～7米。侧根多分布在50～120厘米表土层内，水平分布达500～800厘米。橄榄四季常青，树姿优美，也是绿化环境、净化空气的优良树种。我国是世界栽培橄榄最多的国家，海南、福建、广东是主栽区，其次是广西、台湾和四川。

一、橄榄需肥特性

橄榄生长力极强，根系强大，主根发达，对土壤适应性广，耐旱耐瘠力强，江河沿岸到山丘陵地，不论是冲击土或红、黄壤都可种植。土壤酸碱度以pH4.5～5.0为宜。黏重的水稻土或地下水位较高的烂泥土均不宜种植，尤忌盐碱土壤。橄榄经济寿命长，重视橄榄园的肥水管理，为其稳产高产创造良好的立地环境条件。

二、橄榄配方施肥技术

1. 定植穴施足基肥　应在定植前2～3个月搞好定植穴的改土工作，穴深、穴宽均在80～100厘米，采用分层压埋绿杂肥或有机肥料的方法进行改土。穴施青绿草25～30千克、过磷酸钙0.5千克、石灰0.5千克，先铺垫一层青绿草，后其上撒一层过磷酸钙、石灰与表土的混合物。如此相间，分2～3层压埋。经过2～3个月绿杂草腐烂后，定植穴内的土壤会沉实下陷，应将定植穴的土位还要高出地面25～30厘米，以备沉实。定植前1个月应再施基肥，穴施土杂肥50～100千克或厩肥拌土25～30千克。将肥土混匀，填放定植穴上层，同时整成高出地面20～25厘米的定植墩，之后将橄榄苗定植在墩面上。

2. 橄榄园培土施肥　橄榄施肥的时期、次数、方法各地不尽相同。一般培土施肥与深翻除草相结合进行。定植后约1个月可抽生新梢，并发生新根，待新根长出便可施些薄肥。以后每年于春、秋两季各施肥 1 次，每次每株施人粪尿 10～20 千克，并配施适量氮肥，施后注意中耕除草。

结果树一般全年施肥 2～3 次，第一次于 2～3 月，以施速效肥为主，促花促果，提高坐果率。10～20 年树龄，株施人粪尿 50～75 千克；20 年以上树龄，株施粪尿肥 100～150 千克，若每株配施 3～5 千克饼肥效果更好。第二次于采果前后 10～11 月施用，以恢复树势，促进结果母枝生长健壮，为翌年持续高产奠定基础。如果是盛果树，株施粪尿肥 100～150 千克、过磷酸钙 3～5 千克、骨粉 1.0 千克。也有的挑河泥或山皮土 500～600 千克培于根际周围。肥源充足时可在 6 月底或 7 月初补施一次肥，肥料种类与用量与第一次雷同。有的橄榄园还可于 11～12 月施越冬肥，利于枝梢生长健壮，促进花芽分化。广州有的橄榄长势弱，在 2～3 月抽发结果枝前因树体贮藏养分不足而会大量落叶，随后抽出的结果枝短而细弱，开花结果较少，而健壮橄榄树则在抽发结果枝后，甚至在开花后才落叶。

橄榄所需肥料种类和数量因地因树而异，可用粪尿肥、土杂肥、草木灰、河泥、塘泥、绿肥等。种植在山地丘陵，施肥浇水不便，可种植绿肥压青，并施适量化肥，防止落花落果。

在果实肥大期，遇干旱应及时灌溉并中耕松土或利用山草覆盖果园，既防旱又防止水土流失。

橄榄园可合理间种豆类、花生、蔬菜、杂粮、绿肥等作物，充分利用土地，增加收益。

橄榄园除草中耕，一般每年 3 次，多者 7～8 次。种植在斜坡地的老年橄榄园，因水土流失严重而露根，需在秋冬两季培土护根。

第十节　杨梅配方施肥技术

杨梅为我国南方著名的特产果树之一，在我国南方浙江、福建、广东、海南、台湾各省普遍栽培。杨梅树姿优美，枝叶繁茂常绿，是福建、广东等省绿化造林、治理山地水土流失的先锋树

种。我国杨梅主产区多在土壤结构不良、肥力偏低的地方，各地施肥水平很不平衡，不少地区缺肥或施肥不当的现象仍很严重。必须提高杨梅园的肥水管理水平，克服大小年结果，增加产量，改善品质。

一、杨梅需肥特性

1. 根系营养生长特性　杨梅主根不甚明显，分布较浅，一般深达 80 厘米左右；细根多分布在 50 厘米表土层内，而 30 厘米土层内根系约占总根量的 60%。根系水平分布范围为冠幅的 1.5～2.0 倍。根系与放线菌共生形成根瘤，根瘤肉质，灰黄色，大小不一，没有一定分布规律，或集中，或分散。菌根在苗期即发生，土壤肥沃、施过草木灰或焦泥炭的地块发生菌根数量多于瘦瘠土壤、不施或少施的地块。

杨梅喜酸性土壤，pH 4～5，质地疏松、排水良好，含有石砾的沙质红壤或黄壤，有利于根系生长。

2. 杨梅需肥特性　杨梅为常绿小乔木果树，压枝繁殖的树干低矮而分枝多，嫁接繁殖的树势较强壮。生长在肥沃湿润的环境中，并与其他树木间栽的，树多高大。通常杨梅产量高，需肥量大，尤其是种植在瘠薄土壤上，更需均衡供应各种养分，才能确保高产、稳产。

二、杨梅配方施肥技术

1. 施肥原则　幼年树以促进根系和枝梢生长健壮、枝繁叶茂、迅速长成丰产树冠为目的，因此，除定植前施足基肥外，在 3～8 月的生长季节，以速效氮肥为主，配施适量氮磷钾专用肥，薄肥多次追施。

结果树以控制营养生长，促进结果、高产、稳产、优质为目的，施肥原则是增钾少氮控磷，一般一年施肥 2～4 次，施肥量依树龄大小和果实收获量而定。

2. 配方施肥技术　杨梅具有菌根，能固定空气中氮素，在瘠薄的土壤中栽种，也能生长。在有些杨梅产区，除施用草木灰外，一般不重视施肥，常出现大小年结果现象。而在主产区浙江黄岩、余姚、余杭等地，就比较重视肥料的施用。主要肥料有草木灰、土杂肥、堆肥、厩肥、粪尿肥等，用肥量因地而异。第一次在早春2～3月，看树势施用速效氮、磷肥为主，以供应春梢抽发、开花、结实所需养分，小年树可不施。一般每株杨梅追施专用肥0.5～0.8千克；第二次壮果肥于5月下旬，以速效氮和钾肥为主，以促进果实肥大、提高果实品质，每株追施氮钾专用肥0.5～1.0千克；第三次在采果后的7～8月即杨梅花芽分化与发育期，以有机肥为主，辅以速效性氮肥，以补充树体养分、促进花芽分化，一般株施（成年树）草木灰10～20千克或焦泥炭15～25千克，或土杂肥40～50千克或株施专用肥0.5～1.0千克、再加硫酸钾或氯化钾2.3～3.0千克、过磷酸钙0.5千克。第四次于9～10月结合深翻扩穴施用基肥，每株施厩肥25～30千克、专用肥2～3千克、复合微生物肥1.0千克。

浙江黄岩果农应用过磷酸钙作基肥或追肥，大树株施1～1.5千克，可提高坐果率，促进根系生长和菌根活性。但磷肥过量也会使果实品质降低。在花芽分化前株施氮0.25千克，能促进花芽分化。钾肥对杨梅有特殊的增糖增色作用，并促进菌根数量的增加。

对于有机肥料缺乏或运输不便的山区，在深翻扩穴的同时，每株可施用杨梅专用肥2～4千克。在杨梅果实肥大期和7～11月树体养分贮积期适量喷施氨基酸复合微肥800～1 000倍液，间隔10天喷1次，连续喷施3～4次，可提高树体抗逆能力。

3. 施肥方法 常以树冠外围直下开沟环施或穴施。但注意挖沟时尽量避免伤根。

杨梅幼树行中可间作茶树，若实行生草覆盖制，只在采果前于树冠下及树干四周刈草一次，并将刈草铺在树冠下，以便采果时或果实落下时减少损失。采果后或冬休闲时进行全园深翻，结合施有机肥料，以改良土壤。

第十一节　油梨配方施肥技术

油梨是一种热带亚热带常绿果树，树形优美，花多，略有香味，具蜜腺，是一种蜜腺植物。适应性强，中产，无明显大小年现象，它也是一种理想的绿化树种。我国南方广东、福建、海南、台湾等省均有栽培。

一、油梨需肥特性

油梨属多年生常绿乔木，实生树高10～20米，嫁接树高约10米，经济寿命在40～50年。主根入土较深，侧根垂直分布在地表下100厘米以内，吸收根40%分布在地表20厘米土层，没有根毛，根尖有菌共生。主干明显、直立，枝条开展，单叶互生，深绿色。完全花，果大肉质。

嫁接树在定植后第二至第三年开始结果，第五年可产10～20千克，10年后进入盛果期。一年中抽梢3～4次，即3月前后的春梢、5～7月的夏梢、10月前后的秋梢。油梨的枝条萌芽力和成枝力均较强，容易萌发新枝，利于更新复壮。冬天不落叶，春天开花时才落叶。在开花的同时或开花后又抽新梢，长出新叶。在海南岛1～4月多数品种开花。两性花，雌雄异株，一朵花内雌雄两次开放。开花后5～12个月果实成熟。采果后经3～4天后熟，肉质变软方可食用。

二、油梨对生态条件的要求

油梨性喜热带、亚热带冬季温暖的气候，一般20℃或略低于20℃时有利于花芽的形成。夏季高温会阻碍其生长，甚至会引起枝叶灼伤。年降水量1 400～2 000毫米时生长发育良好，但若降水量过多而集中，则土壤水分含量高，空气湿度大，易染病。

油梨根浅，木质脆弱，易遭风害，尤其是树型高、树冠大的品种，故油梨园地应尽量选择避风环境或营造防风林。油梨对光照要求不严格，对土壤的适应性较广，但以土层深厚、疏松、肥沃的沙壤土为好。最重要的是要求排水良好、地下水位低于3～5米、土壤pH 5.0～7.0为宜。

三、油梨配方施肥技术

油梨的耗肥量大，无论是幼树或结果树，都应根据土壤肥力、树龄与树势、产量状况来决定肥料用量与比例。

定植后幼龄果园豆科覆盖作物，苗木基部盖草，采取死、活覆盖相结合，控制杂草丛生，减少水土流失、培肥地力。

加里恩等提出，定植后第一年每1～2个月需施混合肥1次，氮：磷：钾：镁=1：1：1：0.33，每株施用量由110克逐渐增至450克。成龄树按每年每公顷150～225千克混合肥，分3～4次施入，氮：磷：钾：镁=1：0.4：1.2：0.4。

美国用加利福尼亚州成熟健康、未抽新梢非挂果枝顶峰叶片进行分析，定出油梨营养的丰缺指标（表8-29）。

我国在定植后，幼龄果园施肥，以液态氮肥为主，坚持薄肥勤施的原则。每年在施足有机肥和磷、钾肥的基础上，在5～8月生长期，每月追施一次液氮肥。结果树施肥应以氮、钾为主，每年施3～4次，分别在2～4月、4～5月和7～9月施入。磷肥则和有机肥混合于采果前后几次施入。油梨忌伤根，以撒肥、浅沟施或随水浇施为宜。

表8-29 油梨成龄树叶片养分诊断指标

营养元素	单位（占干物质）	缺乏值	正常值	过高值
氮	%	<1.6	1.60～2.00	>2.0
磷	%	<0.05	0.08～0.25	>0.3
钾	%	<0.35	0.75～2.00	>3.0
钙	%	<0.50	1.00～3.00	>4.0
镁	%	<0.15	0.25～0.80	>1.0
硫	%	<0.05	0.20～0.60	>1.0

（续）

营养元素	单位（占干物质）	缺乏值	正常值	过高值
硼	毫克/千克	＜20	50～100	＞100
铁	毫克/千克	＜40	50～200	—
锰	毫克/千克	＜15	30～500	＞1000
锌	毫克/千克	＜20	30～150	＞300
铜	毫克/千克	＜3	5～15	＞25
钼	毫克/千克	＜0.01	0.05～1.0	—
氯	%	—	—	0.25～0.50
钠	%	—	—	0.25～0.50

第十二节 腰果配方施肥技术

一、腰果需肥特性

（一）腰果营养特性

腰果别名槚如树、树花生、鸡腰果、介寿果等，果实为肾形的坚果，是世界著名四大干果之一。原产于热带美洲，常绿乔木，树干直立，高达10米。主根发达，入土深约8米，侧根强大，水平分布超过冠幅一倍以上。腰果在热带地区终年生长，但在我国海南岛北部冬季生长缓慢，寒潮低温期间基本停止生长。结果枝多在春季抽发，而南部地区多在冬季抽发，春季正是开花、结果和收获期，很少抽梢。

腰果一般第二年开始开花，第三年开始产果，第八年进入盛产期，盛产期可持续15～20年。腰果耐干旱、耐瘠薄、适应性广，对土壤要求不严格，中性至微酸性土壤都宜种植。腰果树根系生长喜排水与通气良好的土壤，低洼积水地根系生长不良，碱性土和含盐过高的土壤也不宜种植。其他各类热带土壤均可栽种。生长结果好坏取决于土层深厚和排水状况。

热带地区海拔900米可看到有腰果生长，但一般以400米以下地区生长结果较好。

（二）腰果营养缺素症状

1. 氮素营养缺素症状 腰果幼苗缺氮症状是在种植后45～60天即可发现，植株矮小，叶色逐渐由黑绿色变为灰绿色，然后变黄。缺氮严重时在种植后4个月内死亡。2龄幼树缺氮症状表现为老叶普遍发黄，随即嫩叶也变黄，叶片细小。

2. 磷素营养缺素症状 播种5个月的腰果幼苗缺磷时，植株下部的老叶会逐渐枯萎脱落。整株生长缓慢矮小，叶色暗红。

3. 钾素营养缺素症状 播种后2个月的幼苗会出现缺钾症状，幼苗下部老叶叶尖先变黄，然后叶缘也开始发黄，继而坏死。缺钾严重时，幼苗顶部嫩叶叶缘也会失绿黄化、卷曲、坏死。

4. 钙素营养缺素症状 在缺钙的土壤或多雨季节或多雨地区，腰果缺钙症非常普遍。在种植后30天即可出现缺钙症状。症状表现为幼苗生长缓慢，生长点死亡，叶片卷曲畸形，叶缘枯萎坏死。

5. 镁素营养缺素症状 在滨海腰果种植区或多雨季节，土壤有效镁很容易被冲刷流失，缺镁与缺钙会同时发生。缺镁时，植株生长缓慢而矮小，老叶叶脉间褪绿黄化，叶脉仍保持绿色。

6. 硼素营养缺素症状 沙质土壤种植腰果缺硼现象很常见。幼龄树缺硼时吸收根的根尖生长点、幼嫩枝梢的生长点极易坏死，嫩叶很难展开，即使展开也会卷曲坏死。结果树缺硼严重时，会影响开花结果及果实发育，甚至降低产量。

7. 锌素营养缺素症状 在酸性土壤、沙质土壤、石灰性土壤种植腰果极易发生缺锌症。幼龄树缺锌时，植株生长受阻，节间短小，叶小呈簇生状。

8. 钼素营养与施肥 土壤酸化（pH 4.5～5.0）极易诱发幼龄期的腰果缺钼。起初叶片出现黄斑，随后枝梢上的叶片全部脱落。

9. 锰素营养缺素症状 腰果缺锰诱发蔫黄病。首先在嫩叶上失绿黄化，而叶脉和叶脉附近仍保持绿色，并且沿着叶脉出现坏死

斑点。坏死斑点随着叶片的成熟而逐渐扩大。叶片呈杯形，叶缘出现褐色斑点，同时带有白色带状斑。锰过剩会引起腰果缺铁失绿症。

二、腰果配方施肥技术

1. 育苗施肥　我国腰果产区土壤肥力一般偏低，幼龄树必须施肥才能正常生长。苗期需肥量虽然不多，但是不可缺肥，特别是应将氮、磷、钾三要素配合施用，这是培育壮树的基础。播前2～4个月开荒挖穴（深、宽各为40～60厘米），每穴施有机肥10～20千克、过磷酸钙0.5～1.0千克，混施作基肥，用表土回填穴。每穴播2～3粒种子。也可用压条进行繁殖。

2. 幼树施肥

（1）行间管理。腰果树幼龄期（3龄前）根系分布周围最好盖土保水。盖草的幼树每年除草3～4次。幼树行间可在雨季间作花生、番薯、西瓜、绿豆等矮生作物或间作大翼豆、毛蔓豆等绿肥作物。

（2）施肥。施肥可以显著提高产量。幼龄树以有机肥为主，配施氮、磷、钾速效化肥及微量元素肥料，施肥量应随树龄和产量的增长而增加。定植当年，除施基肥外，一般不需要追肥。从第二年开始，每株施尿素0.2～0.3千克，并逐年增加。据乐东县调查，幼龄树每株施磷肥在0.25千克的基础上，年施尿素0.75千克时，3龄树平均每公顷产坚果112.5千克左右，58%植株结果100个以上；年施尿素0.25千克，3龄树株产坚果3.75千克。

3. 结果树施肥　腰果结果后需配施磷、钾肥。从第七年起进入盛产果期，应根据当年目标产量来决定施肥量。单株产5千克坚果，除基肥株施优质有机肥30～40千克外，还应株施尿素1.5千克、复合肥1.5千克或氮磷钾专用肥2～5千克。陵水县（1976）施肥除草的成龄树平均每株产坚果5.85千克，对照只产坚果1.3千克。试验还表明，氮、磷、钾配合施用效果更好。乐东县（1982）氮、磷、钾配施后第一年就较对照增产50%以上，只施磷、钾肥的处理较对照增产11%。

根据海南岛冬寒春旱的气候特点，一般施速效氮肥不能迟于10月下旬，以雨季初、中期分次施用效果好，而磷、钾肥可一次施下，也可每株施堆肥或绿肥等有机肥20～40千克。

施肥位置：每年应轮换方位，随树龄增长而向外扩展。可采用放射状、环状沟施。

施肥方法：氮、钾肥撒施后结合中耕除草，盖薄土，浇水。磷肥、复合肥、有机肥混合沟施。

据中国热带农业科学院试验，增施氮肥增产显著（表8-30）。

表8-30　腰果施肥第四年的增产效应

处理	平均（千克/公顷）	产量差异				
NPK	747.0					
NPK	712.5	34.5				
NPK	457.5	291.0	255.0			
NPK	328.5	418.5*	384.0*	54.0		
NPK	111.0	636.0**	600.0**	346.5	217.5	
NPK	91.5	655.5**	621.0**	366.0*	237.0	19.5

注：*差异显著，**差异极显著。P=0.01为498.0千克，P=0.05为349.5千克。

第十三节　罗汉果配方施肥技术

罗汉果别名拉汉果、罗汉表、假苦瓜、光果木鳖、裸龟巴等，是我国特有树种，原产于我国广西、广东、湖南等省（自治区）。广西桂林市永福县是罗汉果之乡，有300多年栽培历史。

一、罗汉果需肥特性

（一）罗汉果营养生长特性

罗汉果为葫芦科多年生草质藤木宿茎植物，具有主根和侧根。

实生繁殖株垂直根入土深达70～85厘米，根系主要分布在20～30厘米土层中，水平根分布范围120～150厘米。压藤繁殖株垂直根入土较浅，在30～40厘米，主要分布在15～20厘米土层中，侧根3～5条，水平分布较广，可达130～200厘米。罗汉果的根系生长强弱、深浅，对其结果多少、抗旱力、寿命长短均有很大影响。

罗汉果的茎分地上茎和地下茎两种。地下茎是重要的养分贮藏器官，而地上茎即主蔓，每年生长4.0～6.0米。罗汉果雌雄异株，花期5～7月，果期7～9月。

（二）罗汉果对生态条件的要求

罗汉果多分布于我国热带、亚热带山区的雨林中、河边湿润地段或灌木丛中，在长期系统发育过程中对环境条件有一定的要求。要使罗汉果植株生长良好、稳产高产，宜择疏松肥沃、排水良好、土层深厚且湿润的壤土或红、黄壤土为好，根系忌积水受涝，沙土或排水不良的黏土易遭根结线虫为害，造成块茎腐烂，植株往往生长欠佳。

果园选定后最好秋耕深挖30～40厘米，让其曝晒越冬风化，加速土壤熟化，培肥地力。

（三）罗汉果需肥特性

罗汉果在不同生长发育阶段均以钾素的需求量最大，尤其在开花结果期至果熟期，对钾素的吸收量更是超过氮素和磷素数倍至数十倍，其次是氮素，磷素需求量所占比例甚少，充分说明对钾素的吸收力强，而对磷素的吸收力较弱。

罗汉果定植后，植株生长迅速，生物量大，花期长，开花结果多，因而消耗养分也多，必须合理施肥才能稳产高产。罗汉果根系发达，吸收力强，早期施肥过多，易徒长。应在开花前少施肥、轻施肥，开花后可多施肥，全年基施肥1次，追肥4～5次。

二、罗汉果配方施肥技术

（一）基肥

基肥是一年生长的基础肥料，宜早施、深施。在3月上旬开沟时结合根系更新施入。在扒去培土时，离块茎基部20～40厘米处开半圆形沟，深15～20厘米，切断部分老根，每株腐熟的厩肥2.0～2.5千克，加过磷酸钙或钙镁磷肥100～150克与土拌匀作基肥施入沟中。

（二）追肥

1. 催蔓肥 罗汉果自萌芽至开花前（4～5个月）为藤蔓生长期。为了使藤蔓迅速生长，促发健壮侧蔓，为开花结果打下良好基础。谷雨至立夏追施壮蔓肥。第一次追肥，主蔓30～40厘米长时，株施粪尿肥0.75千克，对水1.5～3.0千克，加入罗汉果专用肥50～100克，腐熟后浅沟浇施。第二次追肥，当主蔓上棚架后再追施人粪尿1.0千克，对水2.0千克浇施，加施罗汉果专用肥100～150克。主要促进侧蔓发生，提早开花。

2. 催花、壮花肥 5～7月是罗汉果初花期和盛花期，为提高坐果率，宜增加追肥量。在现蕾期，约在6月下旬至7月上中旬，以人粪尿、饼肥为主，并加施磷钾专用肥。每株每次追施腐熟桐麸或饼肥0.5～1.0千克、腐熟猪牛粪1.5～2.0千克加施磷钾专用肥100～150克。以后每间隔10～15天追施一次人畜粪尿肥。若植株花果多，为保花保果可适当增加施肥次数。

3. 壮果肥 8～9月是大批果实迅速发育膨大期，为了促进果实膨大，减少小果，增加花数，提高产量，适时追施1～3次壮果肥，以人畜粪尿加施磷钾专用肥为主。每株每次追施腐熟粪尿肥0.6～0.8千克，加施专用肥100～150克。还可适量叶面喷施硼肥、磷肥和氨基酸钙肥等。如遇干旱，应及时浇水，以减少裂果。如喷施0.3%～0.5%过磷酸钙浸出液或0.5%尿素或0.1%～0.2%硫酸钾或0.05%～0.1%磷酸二氢钾或1.0%～2.0%草木灰

浸出液，在花果期每间隔 7～10 天喷一次，连续 3～5 次，以促进开花，提高结果率和促进幼果膨大。

4. 越冬肥　罗汉果经过长达一年的生长和结果，已消耗大量养分，采果后至落叶休眠前，宜适时追施速效肥料。每株追施腐熟粪尿肥 1.5～2.0 千克或专用肥 150～200 克，延迟落叶，提高抗寒力，促进块茎贮藏养分，以利于翌年早萌发壮芽。

第十四节　火龙果配方施肥技术

火龙果别名青龙果、红龙果、玉龙果、龙珠果、仙蜜果等，为仙人掌科量天尺属，多年生攀缘性多肉植物。原产于中美洲，我国海南、广东、广西、福建、云南、台湾等省（自治区）均有栽培。

一、火龙果需肥特性

（一）火龙果对生态条件的要求

火龙果为热带、亚热带水果，喜光耐阴、喜肥耐瘠。在温暖湿润光线充足的环境下生长迅速，耐 0℃低温和 40℃高温，生长适温为 25～35℃。可适应多种土壤，但以富含腐殖质、保水保肥力强、中性或弱酸性土壤为好。

（二）火龙果营养生长特性

火龙果同仙人掌类植物一样，植株无主根，侧根大量分布在浅土层，同时着生很多气生根，可攀缘生长。根茎深绿色，粗壮，长可达 7 米，粗 10～12 厘米，具 3 棱。茎节处生长攀缘根，可攀附在其他植物上生长。由于长期生长在热带沙漠地区，其叶片已退化，光合作用功能由茎干承担。花白色，巨大子房下位，花长约 30 厘米，故又有霸王花之称。在自然状态下，果实于夏秋季成熟，味甜多汁，有近万粒具香味的芝麻状种子，故又称为芝麻果。

（三）火龙果需肥特性

火龙果生长量比常规常绿果树要小，需肥量相对较少，但充足的水肥条件是稳产高产的关键。火龙果一年四季均可定植，一般果茎上架后又往下弯垂一米左右，即开始开花。花期持续时间较长，营养消耗较大，对肥料的需求量也较大，特别是进入盛产期，开花期的每个时间段均需充足的肥水供应，确保三棱茎长得饱满，花大，果实亦大，品质好，产量高。火龙果属喜钾果树，一般需要氮、磷、钾的比例为1∶0.7∶1.3。

（四）火龙果营养诊断与施肥

1. 氮素营养与施肥　火龙果缺氮症状：植株生长缓慢，蔓茎细弱黄瘦，根系不发达，极易落花落果，产量低，质量差。但是过多施用含氮量高的肥料，如粪尿肥、尿素等，会导致三棱茎肥厚、质地很脆，遇大风极易折断。果实较大且重，甜度低、甚至会有酸味或咸味，耐贮性差。

矫治措施：以有机肥为主，配以适量氮素化肥，施足基肥，根据火龙果不同生育期对氮素的需求，灵活调配氮、磷、钾比例，适时适量追施专用肥。开花期要少施氮肥，增施钾肥、骨粉、镁肥等，促进糖分积累，提高品质。发现缺氮症状时，可及时喷施尿素1.0%～2.0%或沼液肥2.0%～3.0%，间隔5～7天喷1次，连续喷施2～3次，效果很好。

2. 磷素营养与施肥　火龙果缺磷症状：花芽分化受到抑制，花少，果实小，品质差。

矫治措施：重施有机肥与磷肥作基肥，保证茎节生长所需磷素营养。开花结果期，适时追施骨粉、过磷酸钙等磷肥，防止落花落果。

3. 钾素营养与施肥　火龙果属喜钾果树，缺钾时，茎干生长缓慢，茎节抽发受阻，三棱茎细弱，节间短，花少，果实也小，品质差，抗逆性降低，极易染病。

矫治措施：定植前施足基肥，以有机肥为主，配施氮磷钾专用

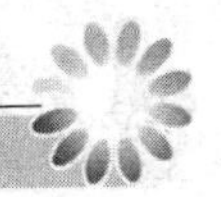

肥。在茎节抽发期和果实膨大期，及时补充钾肥，如硫酸钾、氯化钾、草木灰等。发现缺钾症状时，适时喷施磷酸二氢钾 0.5%与尿素 0.3%混合液或与氨基酸微量元素肥料混合液，间隔 7 天左右喷 1 次，连续喷施 3～4 次。

二、火龙果配方施肥技术

火龙果施肥原则是少量多次、薄肥勤施、宁淡勿浓。施肥方法以土壤浅施、液体肥淋施、有机肥表施为好，尽量避免伤害根系。施肥时间宜选择在晴天的清晨或傍晚进行。火龙果的根系对土壤含盐量非常敏感，北方的土壤多为碱性，可施入腐熟的鸡粪、饼肥等，缓解土壤碱性的效果较好。

南方以 3～11 月定植为最好。火龙果在定植当年以施氮肥为主、磷肥为辅，适当增施钾肥。年追施有机肥 6～8 次，平均每株 5～8 千克。一般于定植苗发芽后，追施一次稀薄人粪尿，每株 1 千克左右。随后间隔 3 周左右追施一次掺入 0.4%火龙果专用肥的腐熟人粪尿，以促进幼树快速生长。进入结果期，根据植株长势和结果需要，宜多施有机肥料，并配施以多钾、磷，少氮为主的复合专用肥。挂果期宜增施富含多种微量元素的肥料，大约每年每株施有机肥 10 千克、专用复合肥 1 千克、尿素 0.5 千克。根据结果批次分批分次施入，一般每年施肥 4 次，分别为催稍肥、促花肥、壮果肥和复壮肥。特别是花蕾生长期和幼果膨大期，以施有机肥液为主，用饼肥和细米糠或麦糠各 50%，添入适量生物菌剂，充分腐熟后稀释成有机肥液，每次每株 1～2 千克。如果植株长势偏弱，可适当增施氮肥，并经常叶面喷施氨基酸复合微肥 600～800 倍液与尿素 0.3%或磷酸二氢钾 0.5%的混合液，间隔 7～10 天喷 1 次，连续喷施 3～4 次，对恢复树势、促进枝条发育和果实成熟均有良好效果。

第十五节　番荔枝配方施肥技术

番荔枝别名赖球果、佛头果、释迦果等，为番荔枝科番荔枝属多年生半落叶性小乔木植物，是热带名果之一。原产于美洲热带地区，在我国海南、广东、广西、福建、云南、台湾等省（自治区）均有栽培。

一、番荔枝需肥特性

番荔枝喜光、喜温暖湿润的气候，不耐寒，平均温度需在22℃以上。根系浅生，生长发育所需主要营养元素比例为N：P_2O_5：K_2O：MgO：CaO=1：0.5：0.34：0.53：0.1。适生于深厚肥沃、排水良好的沙壤土，并要求微酸性至微碱性土壤，宜在碱性土壤（pH7～8）上生长，对钙的反应良好。在南方红壤、砖红壤等酸性土壤上，除施用氮磷钾完全肥料外，还应注意配施石灰，以中和酸性土壤并供应钙营养，对根系生长和果实发育有良好效果。

二、番荔枝配方施肥技术

（一）施足基肥

定植穴施足基肥是番荔枝稳产高产的基础条件。宜选避风向南排水良好及土质疏松的土壤建园。以春季种植为好。种植穴分层施入石灰0.3千克、优质土杂肥30千克、钙镁磷肥0.5千克、禽畜粪10～15千克、番荔枝专用肥0.2千克。

（二）适时追肥

番荔枝追肥的原则是薄肥勤施，以有机肥为主、化肥为辅，有机无机配合施用。

1. 幼年树施肥 番荔枝幼年树施肥的主要目的是促进枝叶快速生长，以形成丰产树冠。除施足基肥外，每次抽发新梢后短截、摘叶和追肥。一般每培养1次新梢施肥2次，于新梢萌芽期和新梢长至40厘米时各施肥1次。肥料以速效氮肥为主，辅以适量磷、钾肥。每次每株可施腐熟饼肥水2.5～5.0千克、尿素50克或氯化钾25克、尿素50克。冬季结合扩穴改土增施有机肥1次，每株施用鸡粪 15 千克。冬春季每株各施石灰 0.5 千克。

2. 结果树施肥　结果树施肥的目的是促发健壮春梢和夏梢、促进根系发达，确保第一造果、第二造果的花芽分化、着果和壮果。宜施完全专用复合肥料，重视施有机肥料和石灰及进行土壤改良，各物候期中要注意氮、磷、钾的合理配比与调控以及迟效肥与速效肥的搭配，为丰产稳产奠定物质基础。一般每年追肥 3～6 次，宜在萌芽前、果实膨大期和采果后 3 个时期追施。

（1）促梢花肥。萌芽前追肥俗称促梢花肥。番荔枝当年的新梢量与开花结果量呈正相关。新梢可在上一年的各类枝上萌发，即各类枝梢均可成为结果母枝。因此，重施促梢促花肥，以促发新梢、开花和结果。施肥以氮肥为主，配施少量磷、钾肥，如开花期追施 45％高浓度的氮磷钾复合肥 0.75 千克或专用肥 1 千克左右，施肥量约占全年的 40％。施肥适期一般在大部分叶片脱落至萌芽前（广州地区为 3 月上旬），开花前还可根据树势适当补施速效肥或进行叶面喷施。

（2）壮果肥。在果实发育期追肥俗称壮果肥。普通番荔枝没有明显的生理落果期，在幼果横径 3～4 厘米时（广州地区约在 6 月）追肥，可促进果实迅速增大。因侧芽需在落叶后才萌发，果实发育期间即使多施肥也不会因促发新梢而导致落果。若在追肥的同时，对 20 厘米以上的营养枝打顶来抑制其生长，则壮果肥的效果更为理想。壮果肥以钾肥为主，配施适量氮肥，如坐果后施专用肥 0.5 千克，果实膨大期施专用复混肥 0.5 千克、硫酸钾 0.4 千克，施肥量约占全年的 30％。在采果前，还可根据树势和结果情况适时补施专用复混肥 0.5～0.75 千克，以提高果实品质。

（3）采果肥。番荔枝果实成熟期在 6～11 月。在果实采收后（广州地区 9～10 月）施用基肥俗称采果肥。普通番荔枝不是以秋梢为结果母枝，一般入秋后会自然落叶，至春暖萌芽前才会全部落叶。此期营养生长减弱，若加强肥水管理，不但可延长叶片光合寿命，还可减少落叶，增加树体养分的积累量，对翌年春梢生长和开花结果有良好效果。基肥以腐熟的有机肥为主，配施完全复混肥，有机与无机、速效与迟效相结合，并注意增加磷素营养的分量。施肥量应占全年的30%。如普通番荔枝采果后施优质农家粪肥15千克、专用复合肥0.5千克、磷肥0.75千克。

由于我国南方生态条件各不相同，可因地制宜选择配方施肥技术。例如，广东东莞虎门果农的施肥经验是：对于5～6年生番荔枝，开花期每株施氮磷钾复合肥（15-15-15）0.75千克，坐果后0.5千克，果实膨大期0.5千克、硫酸钾0.4千克，采果后根据结果量补施0.5～0.75千克，采果后基施优质农家粪肥5千克、过磷酸钙1千克。我国华南地区山坡地赤红壤番荔枝果园，土壤有机质含量低，有效磷、钾不足，一般肥料利用率也较低，肥料养分配比和施肥量应酌情而定。

在我国台湾省番荔枝复合肥三要素配合标准为氮：磷：钾＝4：3：4。台湾果农的施肥经验是：对于当年生番荔枝酌施氮肥，2～3年生番荔枝每株年施上述配比的复合肥0.3～0.5千克，6年生番荔枝每株年施2～4千克。普通番荔枝施肥情况可参考表8-24。

第十六节　番木瓜配方施肥技术

番木瓜别名木瓜、乳瓜、万寿果、石瓜、蓬生果、万寿匏等，番木瓜科番木瓜属，为热带、亚热带常绿软木质大型多年生草本植物。常绿软木质小乔木，树高达8～10米，具乳汁。茎不分枝或有时于损伤处分枝，具螺旋状排列的托叶痕。果实长于树上，外形像瓜，故称为木瓜。分布于巴西、印度、菲律宾和中国等地。

一、番木瓜需肥特性

番木瓜植株生长速度快，早熟品种种植后45～50天开始现蕾，全年开花结果，所需大量和微量元素必须及时供应充足。番木瓜为喜钾果树，生产上要重视施用钾肥。番木瓜对硼非常敏感，缺硼易

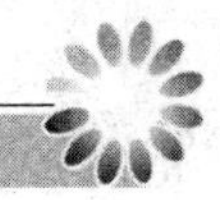

得肿瘤病。据广州市果树研究所资料表明，番木瓜营养生长期所需氮、磷、钾的比例是1∶1.2∶1，生殖生长期为1∶2∶2。番木瓜平衡施肥试验的最佳施肥配比，年生长周期（1～12月）所需氮、磷、钾的比例为1∶0.9∶1.1，其中，营养生长期（含基肥）为1∶1∶0.5，生殖生长期为1∶0.8∶1.5。

二、番木瓜配方施肥技术

番木瓜年周期中施肥原则是基肥与追肥相结合，有机肥与无机肥相结合。施肥方法是幼年树环状沟施，结果树条施或畦沟撒施。施肥量：广东番木瓜园，每公顷年产量45 000千克，基肥用腐熟土杂肥45 000千克、追肥用腐熟粪水60 000千克、尿素300千克、专用复混肥120千克；台湾番木瓜园，每公顷施基肥以优质农家肥10 155千克。追肥视土壤肥力而定，保肥保水能力较差的沙质土壤，每株每次追施腐熟粪尿肥100～150克，间隔1～1.5个月施肥1次；保肥蓄水能力较强的壤土，每株每次追肥200～300克，2～3月施肥一次。

（一）施足基肥

选择土壤肥沃疏松、排灌良好的地块，种植前整地时在种植穴内施以腐熟优质有机肥为主，每公顷施鸡粪7 500～10 500千克、45%氮磷钾复混肥45～75千克、钙镁磷肥1 500千克、石灰600～750千克，能促发根系生长，树干充实，早现蕾，早开花结果，坐果率高，果实品质好。

（二）适时追肥

1. 促苗肥　一般定植10～15天长出新叶后开始追肥，以速效氮肥为主，固态和液态肥料交替进行，促进根系生长，控制树干徒长。一般追肥4次，每10～15天施肥1次，由稀至浓，用量依次递增。氮、磷、钾的比例为1∶0.5∶0.3。每次每株施三元复合肥（15-15-15或20-10-10）或尿素10克、20克、30克、30克。还可叶面喷施磷酸二氢钾0.3%或氨基酸叶面肥与杀菌剂800～1 000倍液，间隔7～10天喷1次，连续喷施2～3次。

2. 促花肥 春植树5～8月是施肥关键期，一般早熟种24～26片叶就进入生殖生长期，开始现蕾（45～50天）前后，为促花芽分化，应重施以氮肥为主、磷钾肥及硼肥为辅的多元肥料，氮、磷、钾的比例为1∶2∶1。其中土壤有机质低于1%的果园，每株施有效氮25～30克；土壤有机质高于1%，每株有效氮15～20克，并喷施硼砂0.3%～0.5%或每株土施3～5克，防治肿瘤病。

3. 壮果肥 番木瓜盛花始果期抽叶、现蕾、开花、结果同步进行，需消耗大量养分，因此，6月挂果的植株6～10月，需每月追肥1次。最好施用高含量的氮磷钾复混肥，每次每株施氮磷钾复混肥100～200克。一般施肥量视土壤肥力而定。若番木瓜果园土壤有机质低于1%，每次每株施有效氮25～30克、磷（P_2O_5）15～20克、钾（K_2O）15～20克、钙（CaO）5～10克、镁（MgO）5～10克；若番木瓜果园土壤有机质高于1%，每次每株施有效氮10～15克、磷（P_2O_5）20～30克、钾（K_2O）20～30克、钙（CaO）5～10克、镁（MgO）5～10克；间隔3个月追施1次腐熟有机肥，每株10～15克。

4. 越冬肥 针对连续多年采收的高产番木瓜果园，11～12月施1次腐熟有机肥或高磷、钾肥，对恢复树势，延长叶片寿命，提高抗寒能力很有必要。

第十七节　杨桃配方施肥技术

杨桃别名阳桃、五敛子、三廉子等，为酢浆草科阳桃属热带常绿小乔木果树，原产于热带印度、越南，盛产于中国大陆南部和台湾省以及菲律宾等地。我国杨桃主要分布在海南、台湾、云南、广东、广西、福建等省（自治区）。过去广州市郊栽培最多，而且集中，为广州六大名果之一。杨桃是台湾大宗水果之一，年

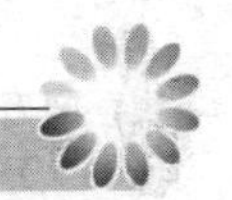

产 4.1 万～4.8 万吨，主要分布于台湾中部和南部，以彰化最多。

一、杨桃需肥特性

杨桃根系浅生，吸收根分布在 10～20 厘米土层，主根入土可深达 100 厘米以上。因此喜湿，但积水会引起烂根。根系从 2 月开始生长，6～8 月是生长旺期、11 月停止生长。新梢 3～9 月抽生，每年 5～6 次，4 月抽梢最多。雨季高温多湿，新梢生长无间歇期，因而当年春梢至翌年底可形成树冠并开花结果。

杨桃周年连续开花多次结果，而且有树干结果习性。花序一般从 1 年至多年生枝上抽生，特别 2～3 年生枝结果最好，每年 5～12 月抽 4～5 次花，果实从 7 月底至翌年 2 月底陆续成熟。主要收果期有 3 次，分别为 7～8 月、9～10 月、11～12 月。杨桃有两个落果高峰，一个在花后至小果形成期，另一个在小果形成后 5～10 天的转蒂期。另外，异常天气也会引起大量落果。开花至成熟约 80 天。谢花后 15 天果实迅速膨大，50 天稳定。杨桃修剪短截后留下的枝桩也能结果。杨桃为热带常绿果树，性喜高温多湿，较耐阴，忌冷，怕风。杨桃适应性广，在年降水量 1 500～3 000 毫米的地区均可种植。对土壤要求不严，各种土壤均可生长，但以土层深厚、肥沃的沙壤土最好，pH5.5～6.5。

二、建园种植

在适宜的栽培区域内，应选择土层深厚肥沃、水源充足、排灌便利、背风向南或东南的平地建园。若在山地建园，则宜选择有水源可灌溉、土质较好、坡度较小的南向或东南向的中下坡地。平地建园一般要求开挖排灌水沟，深浅应依地下水位的高低而定，且逐年修挖完善。

种植前应挖大的种植穴，施足腐熟的有机肥作基肥，平地果园种植穴深、宽各 50 厘米，土质差的则可适当加深加宽，山地果园植穴深宽各 1 米，植后尚需逐年扩穴改土。

三、杨桃配方施肥技术

（一）施肥

1. 基肥　新定植的杨桃树基肥在挖穴时施用。每穴施腐熟禽畜粪肥10～15千克、麸肥1千克、过磷酸钙1千克。基肥需与部分表土拌匀后回填，再把剩余表土填回，并高出地面20厘米，以防积水。结果树可在每年12月或收完最后一次果实整枝修剪后施用。每株施腐熟禽畜粪肥15～20千克、麸肥1.5千克、过磷酸钙1.0～1.5千克，在滴水线周围挖环形沟施入。之后随树龄递增和结果量的增加，基肥用量还应适当增加。

2. 追肥　幼龄树以勤施薄肥为原则，2月底至3月初开始施用稀薄人畜粪尿，每月1次，至11月后，植株生长缓慢，停止施用速效肥。冬至前后，每株约施腐熟禽畜粪尿肥或土杂肥10千克，采用穴施，以增强树势和提高树体抗寒力。

结果树施肥，一般追肥4次。以第一造果为例：

（1）促梢壮梢催花肥。在3～4月施用，每株施专用肥0.2～0.3千克、尿素0.1千克、腐熟禽畜粪10～20千克。

（2）保果肥。在6～7月正造果拇指大小并开始转蒂下垂时施用，每株施腐熟有机肥（按过磷酸钙∶麸肥∶人粪尿＝1∶2∶100沤制）25～30千克。

（3）壮果保花肥。在8月以后果实快速膨大期施用，种类和分量同保果肥。

（4）保熟肥。于果实成熟前施用，每株施用尿素10～20克。

（二）排灌

杨桃吸收根分布较浅，易受外界条件影响，因此在干旱高温季节应及时灌溉，用杂草覆盖树盘，保持土壤湿润，并降低土温，以适应根系的正常生长。杨桃根系不耐水浸，长时间水浸会引致烂根，故雨季到来之前，应疏通排水沟，以降低地下水位。山地果园要及时扩穴改土，防止积水。

第十八节　菠萝蜜配方施肥技术

菠萝蜜又称为波罗蜜，别名苞萝、木菠萝、树菠萝、大菠萝、大树菠萝、蜜冬瓜、牛肚子果等，是世界上最重的水果，一般达5.20千克，最重超过50千克。其果实肥厚柔软，清甜可口，香味浓郁，故被誉为“热带水果皇后”。在广州、香港、澳门及其他粤语地区，被称为大树菠萝、木菠萝等。

一、菠萝蜜对生态环境的要求

菠萝蜜为桑科菠萝蜜属常绿乔木，是世界著名的热带水果。主要分布于东南亚热带森林及河岸边，中国海南、台湾、福建、广东、广西、云南（南部）等省（自治区）常有栽培。

菠萝蜜植株高达15～20米，胸径达31～50厘米；大树须根很少，老树常有板状根，其根茎甚至能横跨马路，长达十几米，且可延伸到地面；叶片极光滑，冬夏不凋枯；树身长至很大时才结果实，不需开花，果实生长在枝间，一般成簇生长。花雌雄同株；花期2～3月。春季开花，果实成熟于夏秋季节，成熟时香味四溢，分外诱人，故又美名曰“齿留香”。菠萝蜜树型整齐、冠大荫浓、果实奇特，是优美的庭荫树和行道树种。

菠萝蜜喜热带气候，生长适温为22～23℃，适生于无霜冻、年降水量充沛的地区。喜光，喜高温高湿，幼树稍耐荫，喜深厚肥沃土壤，忌积水。菠萝蜜不拘土质，但以表土层深厚的土壤最佳。若日照充足，土壤肥沃，排水良好，则生长极为迅速。春夏季为生长旺盛期，大树甚为粗放。

二、菠萝蜜配方施肥技术

（一）果园土壤肥力管理

1. 中耕松土垒树盘　2龄以上菠萝蜜果园，树冠逐年增大，树盘下的落叶也逐年增多，而杂草较少，必须及时清理树盘。结合中耕松土，在树冠滴水线内垒成圆形树盘，确保土壤疏松透气，保水保肥，以利于根系对肥水的吸收利用，促进树体开花挂果。

2. 扩穴压青深翻改土 深翻扩穴，有利于提高果园土壤肥力，为根系创造良好的生长环境。从菠萝蜜结果的第一年开始，每年的11～12月即初冬，在树冠两侧的滴水线上开挖两条环形沟，将绿肥、土杂肥、禽畜粪尿肥等有机肥填入沟内，覆土整平。随着树龄的递增与根系的扩展，施肥沟逐年向外扩挖，每年要变换挖沟的位置与深度且有机肥用量也可逐年递增，为每株年施40～70千克。

3. 灌溉施肥 在南方少雨干旱季节12月至翌年2月，为了提高树盘土壤保水保肥力，可结合全园灌水，薄施水肥。将禽畜粪尿肥液10～20千克与尿素150克、过磷酸钙750克、硫酸钾750克混合，经过完全发酵3～7天后，随灌溉水顺流浇入果园土壤，浇水施肥，一举两得。

（二）菠萝蜜配方施肥技术

结果树配方施肥：2龄以上的树就已成为结果树，一年为一个结果周期，每个结果周期按照同样的方法和标准进行肥水管理。

1. 促花肥 为促进花芽分化、开花与幼果发育。当菠萝蜜萌发花芽、花序露出雄蕊和雌蕊时，追施促花肥。在树干南北侧或东西侧开挖深15厘米左右，长100～150厘米、宽40厘米条形沟，每株施用腐熟有机肥10～20千克、专用肥1千克。施肥后覆土整平。

2. 壮果肥 从萌发花芽至幼果形成需20天左右。为促进果实快速膨大，当幼果长至10厘米大小时，追施壮果肥。每株沟施腐熟禽畜粪肥5～10千克、专用肥150克、过磷酸钙0.5千克。

3. 果后肥 在每一次大批采果后，为恢复树势，每株沟施腐熟禽畜粪尿肥25～50千克、专用肥1～2千克。

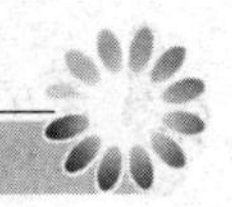

第十九节　沙梨配方施肥技术

沙梨别名金珠梨、麻安梨，为蔷薇科梨属落叶乔木。树高达7～15米，小枝嫩时具黄褐色长柔毛或绒毛，不久脱落，2年生枝紫褐色或暗褐色，具稀疏皮孔；叶片卵状或椭圆形或卵形，先端长尖，基部圆形或心形，伞形总状花序，具花6～9朵。果实近球形，浅褐色。花期4月，果期8月。

沙梨喜光、喜温暖湿润气候，耐旱，也耐水湿，耐寒力差。根系发达。分布于长江至广东一带，主产于长江流域，华南、西南地区也有栽培。

一、沙梨需肥特性

（一）沙梨需肥特性

沙梨产量高，需肥量大，一般施肥量较普通果树要多。通常每生产1 000千克沙梨果实，需施沙梨专用肥30～50千克或尿素10千克、过磷酸钙15千克、硫酸钾8千克，氮、磷、钾比例为1∶0.52∶0.87。

（二）沙梨营养诊断与施肥

1. 氮素营养与施肥　沙梨果园管理不善，杂草丛生，缺肥致使土壤瘠薄而缺氮。沙梨叶片含氮量在2.5%～2.6%时即表现缺氮症状。营养生长期缺氮时，叶色淡绿，缺氮严重时，新梢基部老叶逐渐失绿变为橙红色或紫色，最后变为黄色。相继向顶梢扩展，使新梢上的绿叶渐变为黄色。新生叶片变小而易于早脱落；叶柄与枝条呈钝角，枝条细长而硬，呈淡红色。花芽分化少，开花也少，果实少且果型也小，产量低，质量差。

矫治措施：缺氮的果园要加强肥水管理，施足基肥，增施有机肥和速效氮肥，扩穴压青，深翻改土，适时追施含氮肥料，提高土壤肥力，预防缺氮症的发生。在秋梢旺长期，及时喷施尿素

0.3%～0.5%，间隔7天左右喷1次，连续喷施3～4次，预防缺氮效果明显。

2. 磷素营养与施肥 保水保肥力差的沙质石灰性土壤或酸性土壤过量施用石灰导致土壤有效磷降低，叶片含磷量在0.15%以下时，多发生缺磷症状。春季抽发的枝叶首先表现出缺磷症状，成熟叶色由暗绿色渐变为紫红色。缺磷严重时，甚至枝条也变为紫红色，嫩叶弱小，花芽分化少，坐果率降低，果实甜味不足，口感差。

矫治措施：采取配方施肥技术，注意氮、磷、钾和中、微量元素肥料的合理配比与科学施用，提高土壤有效磷含量，确保各营养元素的平衡供应，预防缺素症的发生。对缺磷沙梨树，可在展叶期或花芽分化期叶面喷施磷酸二氢钾0.5%～1.0%，间隔7～10天喷1次，连续喷施3～4次，直至缺磷症状消失。

3. 钾素营养与施肥 沙质土壤、酸性土壤或有机质含量低的土壤，施用石灰过量或偏施氮肥，均会降低土壤钾素的有效性，新梢中部叶片含钾量低于0.5%时，会出现缺钾症状。当年生枝条中下部叶片边缘呈现枯黄色，逐渐变枯焦状，叶片相继呈现皱缩或卷曲。随着缺钾加重，整个叶片枯焦挂在枝上不易脱落。枝梢发育不良，果实小而呈不熟状态。

矫治措施：除有机肥与钾肥混合施足基肥外，在南方酸性土壤果园注意及时适量追施草木灰和硫酸钾、氯化钾等速效钾肥，预防缺钾症的发生。在沙梨生长旺盛期适时喷施磷酸二氢钾0.5%～1.0%，间隔7～10天喷1次，连续喷施3～4次，可同时满足沙梨对磷钾的需求。

4. 钙素营养与施肥 南方酸性土壤和多雨季节，易引起土壤有效钙的流失；若偏施氮、钾、镁肥，极易诱发沙梨缺钙症。首先新梢嫩叶上出现褪绿斑，叶尖、叶缘向下卷曲，几天后褪绿斑变成暗褐色枯斑，并很快蔓延至下部老叶。未成熟的果实易形成顶端黑腐。

矫治措施：沙质土壤上适时追施石膏、硝酸钙、氯化钙等含钙

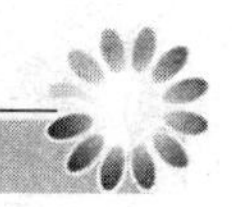

肥料。叶面喷施硝酸钙0.2%～0.3%，间隔7天左右喷1次，连续喷施2～3次。

5. 镁素营养与施肥 南方酸性土壤和沙质土壤中的有效镁易于流失或施用钾肥、磷肥过量时会诱发缺镁症。沙梨缺镁时呈现失绿症，首先从枝基部叶片开始，失绿叶片的叶脉间变为淡绿色或淡黄色，呈肋骨状失绿，而叶脉仍保持绿色。枝条上部的叶片呈深棕色，叶脉间可产生枯死斑。缺镁严重时，从枝条基部开始落叶。

矫治措施： 严重缺镁时，酸性土壤施用镁石灰或碳酸镁，中性土壤施用硫酸镁。根部施用含镁肥料效果虽然缓慢但持久。也可叶面喷施速效镁肥硫酸镁2%～3%，间隔7～10天喷1次，连续喷施3～4次。

6. 硼素营养与施肥 在多雨的南方，沙梨果园立地在瘠薄土壤的山地、河滩沙地、沙砾地，土壤有效硼易于流失；石灰质土壤中的硼易于被固定；干旱季节和氮、钾肥施用过多均会导致沙梨发生缺硼症状。沙梨缺硼时，细胞分裂受阻，易发生芽枯病。组织分化不良，果肉的维管束部位出现褐色凹斑，组织坏死，味苦。

矫治措施： 在潜在缺硼的果园应常用硼肥与有机肥施足基肥，出现缺硼症状的果园，适时追施速效硼肥硼砂或硼酸，每株结果大树150～200克，施后浇水。缺硼沙梨于开花期、落花期后叶面喷施硼酸或硼砂0.3%～0.5%，间隔7～8天喷1次，连续喷施2～3次，也有矫治缺硼效果。

7. 铁素营养与施肥 铁是叶绿素合成所必需的，树体内大部分铁存在于叶绿体中。铁又是构成呼吸酶的主要成分，参与树体的呼吸作用。土壤中铁的含量一般较丰富，但在盐碱性严重的土壤或干旱季节，由于铁在土壤中易被固定，在树体中不易移动，尤其是在沙梨生长旺季需铁量较多时，缺铁黄叶病在沙梨果园中是最常见的症状之一。新梢顶端叶片先变黄白色，随后向下扩展。新梢幼叶的叶肉失绿，而叶脉仍保持绿色，叶片呈绿网纹状，较正常叶小。严重时，黄化程度加重，全叶呈黄白色，叶缘出现褐色焦枯斑，随后整片叶焦枯脱落，顶芽枯死。

矫治措施： 对发生缺铁的沙梨园，于采果后，家畜粪尿肥与硫酸亚铁混合作基肥，并在沙梨树发芽后喷施硫酸亚铁0.5%与尿素0.5%的混合液或氨基酸螯合铁1 000倍液，间隔7～10天喷1次，连续喷施3～4次。也可用上述肥液对重病株进行强力树干注射，有一定矫治效果。

二、沙梨配方施肥技术

以结果树施肥为例。在成年树年生长周期内可追肥4次。

1. 催芽肥 一般在2月中旬追施催芽肥，为了促进新梢生长与6～8月花芽分化，提高坐果率，此次施肥宜早不宜迟，以萌芽前10～15天（2月中下旬）施入为好。有机肥与化学氮、磷、钾肥混合施用。氮、钾肥用量约占全年用量的25%，磷肥占全年的60%左右。一般每公顷施用腐熟家禽畜粪尿肥水30 000千克和沙梨专用肥900～1 050千克或尿素225千克、过磷酸钙600千克、硫酸钾225千克。将肥料与少量熟土混匀后，在树冠周围开挖深20厘米环形沟施入。

2. 壮果肥 一般沙梨品种在5月上中旬追施壮果肥，中晚熟品种推迟到6月。此期正是沙梨树亮叶期，枝叶旺长，幼果开始膨大，需求较多养分。因此，此次氮、钾肥用量约占全年的50%，通常每公顷追施尿素450千克、过磷酸钙150千克、硫酸钾450千克、畜禽粪水60 000千克。

3. 采果肥 一般沙梨品种在采果后，而中晚熟品种在采果前追施采果肥，主要目的是恢复树势，延长叶片光合作用的功能，提高分化花芽的质量，为翌年丰产积累养分。此次，氮、钾肥用量约占全年用量的25%，一般每公顷追施尿素225千克、过磷酸钙150千克、硫酸钾225千克或畜禽粪水45 000千克、复合微生物肥300～450千克、沙梨专用肥450～600千克。

4. 越冬肥 多在秋季末入冬前，结合深翻扩穴改土，施入较多有机肥和适量磷肥，以疏松土壤，提高土壤保肥蓄水的能力，为根系生长、稳产高产创造良好环境条件。

第二十节　猕猴桃配方施肥技术

猕猴桃别名狐狸桃、猕猴梨、藤梨、羊桃、木子、毛木果、麻藤果、奇异果等，是一种寿命长的多年生浆果类藤本果树。原产于我国长江流域，是一种营养价值很高的新兴水果，而且其树体观赏价值也很高，在我国庭院栽培已有1 300多年的历史，但成为商业化的生产却兴起于20世纪30年代的新西兰。我国猕猴桃资源十分丰富，以长江流域及其以南地区分布最广，尤其是近十几年来，猕猴桃产业已进入大面积发展阶段。在陕西、河南、安徽、湖南、江西、福建、广东、广西、四川等省（自治区）栽培面积逐年扩大。

一、猕猴桃需肥特性

（一）猕猴桃营养特性

猕猴桃为雌雄异株的大型落叶木质藤本植物。雄株多毛叶小，雌株少毛或无毛，雌株花叶均大于雄株。花期为5～6月，果熟期为8～9月。

1. 根系的营养生长特性　猕猴桃的根为肉质根，初生根为白色，后变为浅褐色，老根外皮呈灰褐色，内层肉红色。主根不发达，须根繁多，分布浅而广，多分布在50厘米表土层内。根的导管发达，根压大，输送养分的能力较强。易产生不定根，具较强的再生能力。据观察，一般一年生苗根系深达20～30厘米，水平分布25～40厘米；2年生苗根系深达40～50厘米，水平分布60～100厘米；3年生苗根系其骨干根开始明显粗壮，不向深处伸展，而向水平方向发展，其水平分布范围超过枝蔓生长范围。在土壤深厚、疏松、肥沃的地方，其根系庞大，吸收能力极强，但是不耐旱。

成年猕猴桃根系穿透力极强，可穿透石缝或半风化母岩，顺坡而下，向土层深厚、水肥集中的区域延伸。

猕猴桃根系的年生长周期比枝条长，且年周期中有3个高峰期。第一次高峰期在早春2～3月，到了萌芽和树叶生长时，根系又停止生长；第二次是在第一次新梢停长时即6月初，由于新梢停长而叶片制造的养分大量输送到地下根系，此时根系得到充足营养而出现迅速生长高峰期；第三次高峰期在果实发育后期的10月上旬至12月上旬，地上部养分又转运到地下部，根系又一次出现生长高峰期。根系生长与地上部生长呈交替而有一定规律的变化。

2. 枝叶的营养生长特性 猕猴桃属落叶藤本蔓性果树，枝蔓顶端呈逆时针缠绕性生长。一般一年仅2次生长，少有3次生长。枝蔓长达10米左右，主蔓一个至几个，根据长势与结果与否，又可分为结果枝与营养枝两种。叶片大小与生态环境、营养条件有关。芽膨大后20天左右叶片即开始展开。前期生长速度较快，叶面积迅速扩大，逐渐发育成老熟叶，其叶型因品种而异。

（二）猕猴桃需肥特性

1. 对土壤条件的要求 猕猴桃为阳性树种，喜光怕晒，耐半阴，耐寒，喜阴凉湿润环境。对土壤pH、水、肥、气、热等理化性状要求严格，反应敏感。最怕黏重、强酸性或碱性、排水不良、过分干旱、瘠薄的土壤。适应温暖较湿润的微酸性土壤。因此，桃园宜选在背风向阳山坡或空地，土壤深厚、湿润、疏松、排水良好、有机质含量高、pH5.5～6.5微酸性沙质壤土。忌低洼积水环境。可采取改土培肥措施，改善土壤理化性状，为猕猴桃的生长创造最优生态环境。

2. 需肥特性 猕猴桃生长量很大，枝繁叶茂，挂果早而且数量很大，是一种需肥量很大的果树，也是一种典型的喜钾树种。据测算，每生产1 000千克果实，需要吸收氮（N）13.1、磷（P_2O_5）6.5千克、钾（K_2O）15千克。若进行商品栽培，全年需施肥3～4次。应根据树龄、树势、挂果量、土壤供肥量等多种指标，适时适量均衡供肥，并及时满足不同生育期对养分的需求，才能达到商业栽培的目的。

猕猴桃生长前期（3～5月）营养生长占优势，中期（6～8月）生殖生长占主导地位，后期（9～10月）是营养生长与生殖生长同时并进，前期需氮多，中期需磷多，后期需钾较多。前期吸收钙、镁、硫、铁等中、微量元素较多，花期需要较多硼素，后期吸收氮素有所增加。猕猴桃当年的萌芽、开花、长梢、坐果所需养分70%以上来源于上一年秋季树体贮存的营养，因此，上一年施肥水平尤其是秋季施足基肥，对其当年生长和挂果影响甚大。

猕猴桃不同树龄对营养需求差异很大。不论哪种树龄果园肥水管理的原则是注意营养生长和生殖生长的长期均衡供应养分。幼龄树主要是枝蔓和根系快速生长期，虽需肥量不大，但对肥料很敏感，应足量供给氮、磷、钾养分，确保枝繁叶茂，为后期的开花结果搭好骨架，积累丰富的营养。结果初期，以氮肥为主，配施磷、钾肥。结果盛期，要注意氮、磷、钾三要素配合施用，并应适量平衡施用、微量元素肥料。老龄树应重施氮肥，恢复树势，延长结果寿命。特别提示，猕猴桃对氯有特殊的喜好，其叶片中氯含量是一般作物的30～120倍。一般作物含氯量为0.025%，而猕猴桃为0.8%～3.0%，特别在钾缺乏时，对氯的需求量更大。

（三）猕猴桃营养诊断与施肥

1. 叶片营养诊断临界指标　猕猴桃叶片营养诊断临界指标参考表8-31。

表8-31　猕猴桃叶片分析的标准浓度

元素		缺乏	最适浓度	过量
大量元素（%）	氮	<1.5	2.2～2.8	>5.3
	磷	<0.12	0.18～0.22	>1.0
	钾	<1.5	1.8～2.5	—
	钙	<0.2	3.0～3.5	—
	镁	<0.1	0.3～0.4	—
	硫	<0.18	0.25～0.45	—

（续）

元素		缺乏	最适浓度	过量
大量元素（%）	钠	—	0.01～0.05	＞0.12
	氯	＜0.6	1.0～3.0	＞7.0
微量元素（毫克/千克）	锰	＜30	50～100	＞1 500
	铁	＜60	80～200	—
	锌	＜12	15～30	＞1 000
	铜	＜3	10～15	—
	硼	＜20	40～50	＞100

2. 营养诊断与施肥

（1）氮素营养与施肥。叶片分析结果表明，健康叶片含氮量为2.2%～2.8%，当含量下降至1.5%时，叶片从深绿色变为淡绿色，甚至完全变为黄色，而叶脉仍保持绿色，老叶顶端叶缘为橙褐色日灼状，并沿叶脉向基部扩展，坏死组织部分微微向上卷曲。果实小，商品价值低。缺氮多发生在管理粗放的果园中。

矫治措施：定植前结合挖定植穴，施足有机肥和氮素化肥作基肥。在猕猴桃年生长周期内，适当追施氮肥，并结合喷施速效氮肥尿素0.5%～1.0%，间隔10天左右喷1次，直至症状消失。

（2）磷素营养与施肥。适量磷素能增强猕猴桃的生命力，促进花芽分化、果实发育和种子成熟，提高果实品质，还能促进根系扩展和抗逆性。健康叶片含磷量为0.18%～0.22%，当含量低于0.12%时会出现缺磷症状，老叶出现叶脉间失绿，叶片呈紫红色，叶缘呈葡萄酒红色，背面的主脉、侧脉红色，并向叶柄基部扩展，红色逐渐变深，缺磷严重时，成熟枝蔓也变成紫红色，影响花叶分化和坐果率，甚至会降低品质和产量。

矫治措施：在施足过磷酸钙和有机肥的果园，很少出现缺磷症状。采取平衡施肥技术，结合扩穴改土，施足磷肥和有机肥作基肥，及时追施含磷速效肥，适时喷施磷酸二氢钾0.5%与氨基酸复合微肥500倍液，间隔7～8天喷1次，连续喷施3～4次，直至症

状消失。

（3）钾素营养与施肥。适量钾素可促进树体内糖分的运输与转化，促进果实膨大与成熟，提高果实品质与耐贮性，增强果树抗逆性。猕猴桃是喜钾果树，在南方果园，由于土壤有效钾含量低，果树施用钾肥量不足以补充收获果实而带走的大量钾素，缺钾是一种普遍发生的养分失调症状，但常被误认为是由于干旱或风害所致。通常猕猴桃叶片含钾量1.8%～2.5%，若下降到1.5%以下时会出现缺钾症状。缺钾的最初症状是萌芽时长势差，枝蔓瘦弱，叶片小。随着缺钾症状的加重，叶片边缘向上卷曲，尤其是在高温季节的白天比较突出，到了晚间又消失。若进一步发展时叶片会长时间上卷，支脉间的叶肉组织向上隆起，叶片从边缘开始褪绿，褪绿由叶脉间向中脉扩展，多数褪绿组织变褐坏死，叶片呈焦枯状，直至破碎、脱落；坐果率低，果型变小，品味差，产量低。

矫治措施：潜在缺钾果园必须重视钾肥的施用，猕猴桃喜氯，可选择氯化钾作基肥或追肥，效果极佳。发现有缺钾症时，可及时喷施氯化钾或硫酸钾 0.5%与尿素 0.5%混合液，间隔 7 天左右喷 1 次，连续喷施 3～4 次，效果明显。

（4）钙素营养与施肥。钙在细胞壁构成中起重要作用，能调节光合作用，与细胞膜的稳定性和渗透性密切相关。适宜的含钙量可延迟果实衰老，提高硬度，增强耐贮性。一般健康植株叶片含钙量为 0.3%～0.35%，低于 0.2%时就会出现缺钙症状。在新成熟叶的基部叶脉叶色暗淡、坏死，逐渐形成坏死组织斑块，质地变脆干枯、相继落叶、枝蔓枯死。严重缺钙时，根系发育受阻，根尖枯死，根尖附近也会产生大面积坏死组织。

矫治措施：结合施用基肥，将有机肥与过磷酸钙、硝酸钙、钙镁磷肥等含钙肥料混合施入，可有效防治缺钙症的发生。发现有缺钙症状时，及时喷施氨基酸复合微肥 500～800 倍液、0.5%硝酸钙，间隔 7～8 天喷 1 次，连续喷施 3～4 次，会有明显效果。

（5）镁素营养与施肥。镁能调节树体的光合作用和水合作用，适量镁素可促进果实肥大，增进品质。健康叶片含镁量在 0.3%～

0.4%，新形成的嫩叶在0.1%以下时会出现缺镁症状。缺镁症状在猕猴桃果园比较常见，主要发生在生长的中、晚期。在当年生成熟叶片上出现叶脉间或叶缘淡黄绿色，但叶片基部近叶柄处仍保持绿色。严重时失绿组织坏死，坏死组织与叶脉平行，形成马蹄形。

矫治措施：除有机肥与含镁肥料作基肥外，发现有缺镁症状时，喷施硝酸镁或硫酸镁2%，间隔7～10天喷1次，连续喷施3～4次，直至症状消失。

（6）硫素营养与施肥。硫是多种氨基酸和酶的组成成分，与碳水化合物、脂肪和蛋白质的代谢有密切关系。健康叶片含硫量为0.25%～0.45%，在低于0.18%时会表现出缺硫症状。树体和根系生长缓慢，嫩叶呈浅绿色，逐渐变成黄色斑点，褪绿斑点相继扩大，仅在主脉、侧脉结合处保留一块楔形的绿色。严重时，嫩叶的脉网组织全部褪绿，与缺氮症状不同之处是叶脉也失绿，而叶缘不焦枯。

矫治措施：可通过基施或追施含硫肥料进行矫治，如硫酸铵、硫酸钾等，还可叶面喷施速效硫肥，结合补铁、锌、锰等微量元素肥料，喷施氨基酸复合微肥800～1 000倍液。

（7）氯素营养与施肥。猕猴桃是典型喜氯素营养的果树，氯和光合作用及水合作用有关。其叶片中氯含量低于0.6%时就会表现出缺氯症状。首先在老叶顶端主脉、侧脉间分散出现片状失绿，从叶缘向主脉、侧脉扩展。老叶常反卷呈杯状，幼叶叶面积减小。根系生长缓慢，离根端2～3厘米的组织肿大，常被误认为是线虫病的囊肿。

矫治措施：在多雨地区或季节，土壤中的氯素易被淋溶而流失，可追施氯化钾肥料，也可喷施氯化钾1.0%，间隔7天左右喷1次，连续喷施3～4次，至症状消失。

（8）铁素营养与施肥。铁元素参与树体内的各种代谢活动，在蛋白质的合成、叶绿素的形成、光合作用、呼吸作用等生理生化过程中起重要作用。在我国许多地区石灰性土壤中，pH大于7.0的猕猴桃果园，已经发现缺铁症状。先在幼嫩叶片的叶脉间失绿，逐

渐扩展变成淡黄色和黄白色，有的整个叶片、枝梢和老叶的叶缘均会失绿黄化，叶片变薄，极易脱落。果实小，果肉硬质化，果皮粗糙。

铁素中毒症状多发生在含铁矿石成分高或用含铁量较高的水灌溉果园。铁素过量会发生中毒症状，主要表现是在成熟叶片边缘褪绿，并逐渐变成黄绿色至黄褐色。严重时叶缘出现坏死组织区，且叶缘稍卷起，继而整片叶片脱落。

矫治措施：发现有缺铁症状时，及时喷施0.5%硫酸亚铁或氨基酸复合微肥500～800倍液，间隔7天左右喷1次，连续喷施2～3次。

（9）硼素营养与施肥。硼能促进花芽分化和花粉管生长，对子房发育有良好影响。适量硼素营养能提高维生素和糖的含量，增进品质；还能促进根系发育，增强吸收能力。健康的成熟叶片中硼的含量为40～50毫克/千克干物质，如果低于20毫克/千克干物质，幼叶的中心会出现不规则黄色，随后在主脉、侧脉两边连接成大片黄色，未成熟的幼叶扭曲、畸形，枝蔓生长严重受阻。在沙土、砾土果园缺硼现象比较多见。

据研究，若每公顷硼肥用量超过2千克或每升灌溉水中含硼量达0.8毫克时就会出现硼中毒。猕猴桃叶片硼含量超过100毫克/千克干物质时出现硼中毒症状。老叶脉间失绿，并逐渐扩展到幼叶，后呈杯状卷曲，部分组织坏死，在风吹日晒下坏死组织呈银灰色，质脆易碎，呈撕破状。

矫治措施：发现缺硼症状时及时喷施硼酸或硼砂0.2%～0.5%与尿素0.3%混合液或氨基酸复合微肥500～800倍液，间隔7天左右喷1次，连续喷施2～3次。

（10）锌素营养与施肥。锌素是许多酶的组成成分，还与生长素的合成有关，适量锌素供应，是猕猴桃健康生长、稳产的重要营养基础条件。健康叶片含锌量为15～28毫克/千克干物质，低于12毫克/千克干物质就会出现缺锌的症状。缺锌时，新梢会出现小叶症状，老叶叶脉间失绿，开始从叶缘扩展到叶脉间。叶片虽未见坏死组织，但侧脉的发育受到影响。

矫治措施： 建立在沙地、偏盐碱地以及瘠薄的丘陵荒坡地的猕猴桃果园易出现缺锌现象；施用磷肥过多或过早，降低土壤锌的有效性，会影响猕猴桃对锌素的吸收利用，也会出现缺锌症状。发现缺锌症时，每1千克硫酸锌用100升水稀释喷洒叶片，间隔7天左右喷1次，连续喷施2～3次，至症状消失。

（11）锰素营养与施肥。锰是维持叶绿体结构所必需的微量元素，参与光合作用，因此，缺锰的典型症状是新成熟的叶片失绿并出现杂色斑点，主脉附近也失绿。严重时，小叶脉间的组织向上隆起，并像蜡色有光泽，最后只有叶脉仍保持绿色。

锰中毒症状是在猕猴桃生产上常见的现象，首先沿老叶主脉集中出现有规则的小黑点，这一特点区别于其他养分失调现象。锰中毒常伴随着缺钙，并易发生缺铁症状。

矫治措施： 猕猴桃吸收锰常受环境条件的影响，尤其是土壤pH有明显作用。石灰质土壤易缺锰，可以施用含锰肥料来补充土壤有效锰，还可喷施硫酸锰0.5%～1.0%或氨基酸复合微肥1 000倍液，间隔7～10天喷1次，连续2～3次。锰中毒多发生在酸性土壤或排水不良的果园，可以通过施用石灰来提高土壤pH，以减少可溶性锰或改善果园的排水系统来矫治锰中毒现象。

（12）铜素营养与施肥。当猕猴桃叶片铜元素含量低于3毫克/千克干物质时，出现缺铜症状，开始幼叶及未成熟叶片失绿，随后发展为漂白色。结果枝生长点死亡，相继出现落叶。

矫治措施： 每公顷硫酸铜25千克与有机肥混合作基肥，可以预防缺铜症状的发生。若出现缺铜时，喷施硫酸铜0.1%～0.2%，间隔7天左右喷1次，连续喷施3～4次，至症状消失。

猕猴桃果园长期用含钠量较高的井水灌溉，叶片含钠量大于0.12%时，有时还会出现钠中毒症状，植株明显矮小，叶片呈蓝绿色。应更换灌溉水是最好的选择，还可采取树盘覆盖秸秆、杂草等。

二、猕猴桃配方施肥技术

（一）施肥时期

1. 基肥　一般提倡秋施基肥，宜早不宜迟，最好在秋末冬初，采果后落叶前（不同品种可有所不同）结合改土早施比较有利。秋施基肥可以提高树体中贮藏营养水平，有利于猕猴桃落叶前后和翌年开花前后一段时间的花芽分化。根据各品种成熟期的不同，施肥时期为10～11月，这个时期正值秋高气爽，叶片光合效率高，合成的有机养分大量回流到根系中，促进根系进入第三次生长高峰，长出大量新根。同时由于采果后叶片失去了果实的水分调节作用，往往发生暂时的功能下降，需要肥水恢复功能。

基肥施用量的确定应以土壤测试分析、树势营养诊断为依据。土壤肥力较低、土质较差、树势较弱的结果树应适当多施，如果在冬春季施用可适当减少。施基肥应与改良土壤、提高土壤肥力结合起来。应多施有机肥，如厩肥、堆肥、饼肥、绿肥、人粪尿等，同时加入一定量速效氮肥、草木灰。施肥量应占全年施肥量的60%～70%。幼年树株施腐熟的有机肥30～50千克、过磷酸钙、氯化钾各0.25千克；成龄结果树株施腐熟农家肥50～70千克、氮肥1.0～2.0千克、磷肥3.0～4.0千克、钾肥1.5千克。氮、磷、钾肥应与农家肥拌匀施入后及时灌水。

可采用株行间沟施或穴施等方法，施肥沟逐年外扩或更换位置，增进改土效果。

2. 追肥　追肥应根据猕猴桃根系生长特点和地上部生长物候期分次及时追肥，过早过晚都不利于树体正常生长和结果。

（1）催芽肥。一般在早春（2～3月）萌芽抽梢前后施入，此时施肥可以促进腋芽萌发、枝叶生长和花器发育，增进叶色和花质，提高坐果率。催芽肥以速效氮肥为主，一般盛果期的猕猴桃树株施尿素0.8～1.0千克。土壤肥力较低的果园可酌情增施，若遇春旱要结合浇水施入，采用环状沟施和放射状沟施。

（2）壮果促梢肥。一般在落花后的6～8月，这一阶段幼果迅速膨大，新梢生长和花芽分化都需要大量养分，可根据树势、结果量酌情追肥1～2次。该期施肥应宜氮、磷、钾肥配合施用，还要注意观察有无缺素症状，以便及时调整。猕猴桃的花芽分化有生理分化和形态分化两个阶段。第一阶段一般在上一年的7月中下旬至9月上中旬，第二阶段在开花当年芽萌发时开始。树体营养是影响花芽生理分化的重要因素之一。若当年植株挂果量大，应在6月初、7月底至8月初分两次施入，对增加果重、增进品质和翌年花量、培养良好的结果母株非常有利。一般幼树株施腐熟的有机肥20千克、过磷酸钙0.2千克、氯化钾各0.2千克；结果大树株施腐熟的有机肥30千克、过磷酸钙0.5千克、氯化钾0.3千克或猕猴桃专用复合肥1.5～2.0千克或氮磷钾复混肥1.0～1.5千克，开浅沟施入后覆土浇水。

（二）施肥量与比例

根据树体大小和结果多少以及土壤中有效养分含量等因素灵活掌握。一般早春2月和秋季8月采果后分两次施入。据陕西栽培秦美猕猴桃的经验，基肥施用量为：每株幼树有机肥50千克、过磷酸钙和氯化钾各0.25千克；成年树进入盛果期，株施厩肥50～75千克，加过磷酸钙1千克和氯化钾0.5千克。追肥施用量为：幼树追肥采用少量多次的方法，一般以萌芽前后开始到7月，每月施尿素0.2～0.3千克、氯化钾0.1～0.2千克、过磷酸钙0.2～0.25千克；盛果期树，按有效成分计算一般每公顷施纯氮168～225千克、磷45～52.5千克、钾78～85.5千克。

国外有关猕猴桃施肥标准如下，仅供参考。

法国Larue（1975）根据猕猴桃叶片分析的结果，建议施肥量如下：第一年每株施氮60克，分两次施；第二至第七年每株施氮80克，分3次施入，施磷30克、钾50克；7年以上成年树施氮500克、磷150克、钾260克、镁75克。

新西兰Fletcher（1971）则主张幼树每株施氮40克，成年树

每株施氮 500～665 克、磷 135～200 克、钾 265～335 克。为了猕猴桃的优质、高产，目前，新西兰的猕猴桃园一般每公顷施氮 22.35 千克、磷 100.5 千克、钾 55.5 千克，春季和初夏分两次施入。果园通常种植绿肥或覆草。

日本的研究人员针对不同树龄的猕猴桃提出的施肥标准如表 8-32 所示。当土壤中的氯离子含量达到 1.12%～1.60%时，有中毒症状，因此，应控制氯化钾肥的用量。

表 8-32　不同树龄猕猴桃施肥标准

（千克/公顷）

树龄（年）	氮素	磷素	钾素
1	40	32	36
2～3	80	64	72
4～5	120	96	108
6～7	160	128	144
成年树	200	160	180

3. 叶面喷施　猕猴桃叶面喷肥常用的肥料种类和浓度如下：尿素 0.3%～0.5%、硫酸亚铁 0.3%～0.5%、硼酸或硼砂 0.1%～0.3%、硫酸钾 0.5%～1%、过磷酸钙 0.3%～0.4%、草木灰 1%～5%。

叶面喷肥最好在阴天或晴天的早晨和傍晚无风时进行。

第二十一节　石榴配方施肥技术

石榴别名安石榴、山力叶、丹若、若榴木、金罂、金庞、涂林、天浆等，属多年生落叶性的灌木或小乔木，而在热带地区则为常绿树种。原产于巴尔干半岛至伊朗及其邻近地区，全世界的温带和热带都有种植。我国石榴栽培历史悠久，至今已有 2 100 多年的历史。我国南方和北方均可栽培，以江苏、河南等地种植面积较大，并培育出一些优质品种，其中，江苏的水晶石榴和小果石榴是较好品种。

石榴对土壤要求不严，耐盐能力最强，耐盐指标可达0.40%左右，是目前落叶果树中最耐盐树种之一。因此，石榴既可植于山坡地防止水土流失，又可在盐碱地、海涂地开发改造中发挥作用。石榴枝干扭曲，叶片碧绿，花期特长，花果繁多，既是美化、绿化、净化环境的优良树种，也是制作高级盆景的优质材料。

近几十年来，石榴已成为陕西、山东等各产区农业生产中的支柱产业，是农民脱贫致富的主要经济来源。为了获得高产优质高效益，加强石榴园的土肥水管理，提高测土配方施肥技术科技含量尤为重要。

一、石榴需肥特性

（一）石榴营养特性

果石榴花期5～6月，榴花似火，果期9～10月；花石榴花期5～10月。石榴根系因繁殖方式不同而具有3种类型，即茎生根系、根蘖根系和实生根系。用扦插、压条方法繁殖的苗木为茎生根系；用母树根际所发生的根蘖与母树分离所得的苗木则为根蘖根系；由种子的胚根发育而成的根系为实生根系。茎生根系和根蘖根系的特点是没有主根，只有侧根。茎生根系是在自身生长过程中独立形成的，地上部分与地下部分的器官生长是成一定比例的，所以根系发达，数量多而质量好，移栽后成活率高，生长势强；而根蘖根系是依赖母树营养发育而成，往往地上部分大于地下部分，根细小而少，质量差，移植后缓苗期长，成活率低，生长势弱，一般不直接用于生产建园。实生根系在苗木生长初期主根发达，纵深生长快，以后随着树冠横向生长的加快，侧根也相应地加速生长。了解它们各自特性，在栽培中应采取相应的措施，扩大根系，提高吸收能力，促进树体健壮生长。

石榴的根系虽然具有3种类型，但栽培上多用扦插、压条、分株等无性繁殖的方法，除特殊需要外，很少用种子繁殖，所以在结构上主要由侧根构成强大的根群。石榴根系具有极强的适应性，栽培的立地条件和管理措施能明显的影响根系的分布。据土壤剖面观察，在近于野生的山坡地条件下，根系集中分布在15～50厘米的土层，垂直根数量较多。在干旱的山梁、瘠薄的坡地、梯田埂边等不利条件下，除了有发达的侧根外，垂直根明显增多。在肥沃的生产园中，石榴根系以30～60厘米为最多，以水平、斜生根为主，垂直根少而不发达，这种情况在高肥水、浅耕翻的园中更明显。所以，深翻改土、有机肥深施、适当灌溉均能诱导根系向纵深生长，对于增强树势、提高抗旱能力等方面非常有益。

石榴根系具有较强的再生能力，在受到创伤或被切断后，残留于土壤中的根段常能萌生新枝，形成独立的单株。所以，石榴可用于山坡地保持水土，是极好的树种之一。在临潼产区群众有沿沟边、埂边、荒坡、滩地栽植的习惯，收到了很好的生态效益和经济效益。

石榴主干基部极易产生萌蘖苗，具有极强的再生能力，若采用分株育苗时，可在基部培上肥土，以增加生根，也可曲枝埋土进行压条繁殖。否则，宜尽早从萌生处将萌蘖疏除，切不可留下残桩，以免累年疏而不尽，消耗过多土壤水肥，影响主干正常生长发育。

（二）石榴需肥特性

石榴开花量大，果实种子多，对养分的需求量多于一般果树。通常每生产1 000千克果实需要吸收氮3～6千克、磷1～3千克、钾3～7千克，吸收比例为1∶（0.3～0.5）∶（1.0～1.2）。

石榴在年生长周期内，需求氮素为最多。在萌芽、新枝梢生长、展叶、开花和果实膨大期对氮素的吸收逐渐递增，直至果实采收后吸氮量急剧下降。在新梢旺长期和果实膨大期为吸收氮素的高峰期。开花前和新梢生长期缺氮，枝梢易出现二次生长，造成早期落叶；果实膨大期缺氮会导致果实发育不良。不难看出，新梢旺长期和果实膨大期是施用氮肥的关键时期，此时及时供应氮素，是确保石榴树生长健壮和高产稳产的关键所在。

石榴对磷的吸收量较少，吸收持续时间短于氮、钾。在开花前吸磷量很少，开花后至采收期吸磷量较多，采收后更少。

石榴在开花前对钾的吸收量很少，开花后迅速增加，在果实膨大期至采收期吸钾量为最多，采收后加剧下降。在果实膨大期施用速效钾肥，对改善品质、提高产量非常重要。

（三）石榴营养诊断与施肥

1. 氮素营养与施肥　石榴对于氮、磷、钾三要素，以氮素最为敏感。在其整个生育期中，均需要充足的氮素供应。缺氮时，树势弱，叶片小而薄，叶色淡绿，易落花落果，果实小。缺氮严重时，根系停长，枝梢瘦弱早衰，提早落叶。

氮素过剩时，枝叶徒长，枝条不充实，花芽分化不良，坐果率降低，果实延迟成熟，着色差，耐贮性降低。

矫治措施：采取测土配方施肥技术，科学施用氮肥。发现缺氮现象，及时喷施尿素0.5%～1.0%或硫酸铵1.0%～1.5%，间隔7天左右喷1次，至症状消失。

2. 磷素营养与施肥　石榴对于磷素的吸收量虽然较氮、钾要少得多，但是缺磷对其生长发育的影响却很大。缺磷时，萌芽开花期延迟，花芽分化不良；新梢和幼根生长势弱，抗逆性降低；叶片小而薄，基部叶色暗绿，相继变成紫红色；果实品味淡而不甜。

磷素过剩时，不仅会抑制对氮、钾的吸收，还会降低土壤和树体内铁、锌等微量元素的活性，诱发石榴树缺铁、锌等而致使叶片失绿黄化，降低产量。

矫治措施：除合理施用磷肥外，发生缺磷症状，及时喷施过磷酸钙1.0%～1.5%、氨基酸复合微肥500～800倍液，间隔7天左右喷1次，连续喷施2～3次。

3. 钾素营养与施肥　石榴对于钾素的需求量与氮素相当，在南方果园酸性土壤有效钾含量较低，容易出现缺钾症状。缺钾时，新梢基部叶片青绿色，叶缘焦枯，成熟叶片边缘向上卷曲；果实变小，质量降低；树势弱，易染病，抗逆性减弱。

钾素过剩时会抑制对钙、氮、镁的吸收，枝梢不充实，抗逆性降低；果实产量低，耐贮性差。

矫治措施：在潜在缺钾的土壤上，注意钾肥的合理施用。发生缺钾现象时，应及时喷施硫酸钾1.0%～1.5%，间隔7天左右喷1次，连续喷施2～3次。

4. 钙素营养与施肥　石榴树缺钙时，根系生长受阻，新根粗短弯曲，根尖易枯死；枝梢顶端易萎缩，易落花落果，果实易患裂果病，耐贮性降低。

酸性土壤施用石灰过量时，极易诱发缺铁、硼、锌、锰等症状。

矫治措施：注意多施有机肥，合理施用石灰及含钙肥料，加强果园土壤肥水管理。发现缺钙症状时，及时喷施硝酸钙0.5%～1.0%与尿素0.5%混合液，间隔7～8天喷1次，连续喷施2～3次。

5. 镁素营养与施肥　酸性土壤、有机质含量少的贫瘠土壤或钾肥施用过量的土壤，易发生缺镁症状。病症先从当年生枝条基部叶片表现出来，叶脉黄绿色，叶面有黄白色斑点。缺镁严重时，新梢基部叶片极易脱落。

矫治措施：易发生缺镁的土壤要增施有机肥料与含镁肥料，及时喷施硫酸镁0.5%～1.0%与尿素0.5%的混合液，间隔7～10天喷1次，连续喷施3～4次。

6. 铁素营养与施肥　重碳酸盐含量高、pH高的土壤或磷肥施用过量时，均会降低土壤中铁的有效性，影响根系对铁的吸收而诱发缺铁症。幼叶失绿黄化，发育不良；严重缺铁时，幼叶叶肉呈黄白色，叶脉也失绿黄化，叶片上出现棕褐色枯斑或叶缘焦枯，相继整个叶片枯死脱落。发病严重的树势衰弱，花芽分化不良，落花落果严重，产量极低。

矫治措施：增施有机肥和含铁肥料，合理施用磷肥，扩穴改土，为根系生长创造良好生长环境。发现缺铁症状时，及时喷施硫酸亚铁0.3%～0.5%与尿素0.5%的混合液或氨基酸复合微肥800

倍液，间隔7～8天喷1次，连续喷施3～4次，至症状消失。

7. 硼素营养与施肥 石榴缺硼时，首先是根尖、茎尖的生长点受损而枯萎，新根、幼嫩枝梢生长受阻；幼叶变色或畸形，叶柄、叶脉质脆易折断。严重缺硼时，新梢顶端干枯，甚至多年生的枝条也干枯；花芽分化不良，坐果率很低，果实畸形。

矫治措施：在潜在缺硼的果园，增施有机肥料和含硼肥料，预防缺硼症状的发生。发现缺硼症时，及时喷施硼酸或硼砂0.2%～0.3%与尿素0.5%的混合液，间隔7天左右喷1次，连续喷施3～4次，至缺硼症状消失。

8. 锌素营养与施肥 锌素参与生长素的代谢，缺锌时树体内吲哚乙酸的合成锐减，新梢生长停止，节间缩短，叶片变小，叶脉间失绿或白化，严重时会小叶簇生呈“小叶病”或“簇叶病”。枝叶停长，树势衰弱，果实小、畸形。

矫治措施：潜在缺锌的果园，必须采取测土配方施肥技术，重施有机肥和含锌肥料，合理施用磷肥，提高土壤有效锌的含量。发现有缺锌症状，及时喷施硫酸锌0.3%～0.5%与尿素0.5%混合液或氨基酸螯合锌800倍液或氨基酸复合微肥600倍液，间隔7天左右喷1次，连续喷施2～3次，矫治效果良好。

二、石榴配方施肥技术

1. 基肥 采果后至落叶前（最迟在翌年萌芽前）结合深翻改土，采用条状、环状、半环状或全园撒施等方法，将有机肥作为石榴年生长周期中的主要肥料来源一次性施入。可按照目标产量和土壤测试来确定基肥用量，以腐熟的优质农家肥为主，并配施适量的氮、磷、钾化肥。通常幼树每株基施腐熟有机肥10千克、石榴专用肥0.2～0.5千克；初结果树每株基施腐熟有机肥或生物有机肥20～25千克、石榴专用肥0.3～0.8千克；成龄结果大树每株基施优质有机肥或生物有机肥50～80千克、石榴专用肥2～2.5千克（或尿素0.3～0.6千克、过磷酸钙2～4千克）。

据山东省枣庄峄城区石榴丰产园的施肥经验，每生产石榴果实

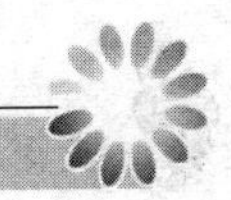

1 千克应基施优质有机肥 1 千克较为合理。

2. 追肥

（1）催花肥。萌芽到显蕾初期，以速效氮肥为主，适当配合磷肥。可使萌芽整齐，增加正常开花数量，提高头花果的结实率。老弱树、上一年载果量大的树应加大追肥量；长势强的幼、旺树，可不追肥或少追肥，以防引起枝叶徒长，加重落花落果。每公顷可施用硫酸铵 750 千克或尿素 375 千克。

（2）幼果膨大肥。绝大多数花凋谢脱落，幼果开始迅速膨大。陕西临潼石榴产区为 6 月下旬至 7 月上旬。以速效氮肥为主，配合适量钾肥，可明显减少幼果脱落，促使果实膨大，提高当年产量和质量。施肥量占全年总施肥量的 20%左右。成龄结果树每株追施专用肥 2～3.5 千克或 40%氮磷钾复混肥 1.5～2.0 千克、尿素 0.5 千克、磷酸二铵 1.0～1.5 千克、硫酸钾 0.6～1.0 千克。

（3）果实增色肥。果实成熟采收前半月至 1 个月，正值果皮开始着色（转色），果实、籽粒迅速膨大期。此期适当追施磷、钾肥，可使果形整齐、果个更大、色泽艳丽、粒肥味浓，并促进花芽分化，提高树体抗性，利于翌年丰产。以氮磷钾复合肥为主，施肥量占全年总量的 15%左右。成龄结果树每株追施专用肥 1.0～2.5 千克或 40%氮磷钾复混肥 1.0～1.5 千克、尿素 0.3 千克、磷酸二铵 0.5～1.0 千克、硫酸钾 0.3～0.6 千克。

3. 根外追肥　山东、安徽、四川石榴产区的经验，石榴开花期间，单喷或混合喷施尿素 0.3%～0.5%；硼酸或硼砂 0.1%～0.3%；多效唑 0.1%～0.3%，喷施 2～3 次（间隔 7～10 天），具有减少落花落果、抑制营养生长过旺和提高产量、改善品质的作用。果实膨大期、采前转色期喷施（间隔 12～20 天）磷酸二氢钾 0.2%～0.3%，具有促使果皮、籽粒色泽浓艳、果汁风味甜美和增加优质花芽分化的作用。采果后及时喷施尿素 0.3%与磷酸二氢钾 0.3%混合叶面肥，可明显提高树体贮藏营养水平，为安全越冬和翌年丰收奠定基础。

叶面喷施应选择晴天无风、16 时以后，喷施效果最好。雾滴要小，喷洒要均匀，喷后12小时若遇大雨，需在雨后及时补喷。

常用叶面喷施浓度如表8-33所示，仅供参考。

表8-33　石榴园根外追肥常用品种与浓度

种类	浓度（%）	施用时间	主要作用
尿素	0.3～0.5	5月上旬、6月下旬、9月中下旬	提高坐果率，促进生长，果实膨大，恢复树势
磷酸二氢钾	0.1～0.3	5月上旬至9月下旬，3～5次	促进花芽分化，果实膨大，提高品质，增强抗寒性
硫酸钾	0.3～0.5	5月上旬至9月下旬，3～5次	促进花芽分化，果实膨大，提高品质，增强抗寒性
硫酸锌	0.3～0.5	生长期	防缺锌
硫酸亚铁	0.3～0.5	叶发黄时	防缺铁
过磷酸钙	1.0～3.0	5月上旬至9月下旬，3～5次	促进花芽分化，改善果实品质
草木灰	2.0～3.0	5月上旬至9月下旬，3～5次	促进花芽分化，改善果实品质
硼酸	0.3	花期	提高坐果率

第二十二节　无花果配方施肥技术

无花果别名阿驵（《酉阳杂俎》，译自波斯语：anjir）、阿驲、阿驿、映日果、优昙钵、蜜果、文仙果、奶浆果、品仙果等。无花果为桑科榕属、亚热带多年生落叶小乔木，是一种开花植物。原产于地中海沿岸，主要生长于热带和温带的地方，分布于阿拉伯、叙利亚、土耳其、阿富汗等。中国唐代从波斯传入，现在南北均有栽培，新疆南部尤多。目前，有800余个品种，绝大部分为常绿品种，只有长于温带的才是落叶品种。

无花果是世界上具有多种经济价值的古老而又新兴的果树。栽培适应性强，结果期早，产量高，经济寿命长达30～50年，病虫害很少，极易繁殖，投资少，收益高，是发展无公害绿色果品的优

选树种。无花果不仅树态优雅，枝叶婆娑，具有较好的观赏价值，而且一般不用农药，是一种纯天然无公害树木，具有良好吸尘效果，叶片对二氧化硫、硝酸雾、苯等有毒气体有一定净化能力，因此是园林和庭院绿化观赏树种。无花果对盐碱、干旱忍耐力很强，是开发盐碱地、荒滩地的先锋绿化和果用树种，故在沿海滩涂、干旱沙荒地区用于建园，不仅有经济效益，还具有防风固沙、生物降盐和改善生态环境等多种社会效益。

一、无花果需肥特性

（一）无花果营养特性

1. 根系营养生长特性　无花果的根系由不定根、侧根和须根组成，无主根。其根系在土壤中分布较浅，垂直分布在15～60厘米土层，水平根群横向扩展范围10米左右。随着树龄增长和树冠扩大，根系伸展不断加深，土层深厚的果园，根系可下扎100～200厘米。土壤透气良好，氧气供应充足，根系粗壮，根毛多，吸收能力强。

无花果根系的伸长、充实与呼吸强度有关。土温10℃左右根系开始活动。在江苏，5月中旬为根系的活动盛期，6月中旬为生长高峰期；5月中旬和6月下旬是春根生长最快的时期。8月上中旬盛夏干旱，根系暂停生长，8月下旬至10月再次生长，产生秋根。11月下旬至12月上旬，地温低于10℃时根系停长。

2. 叶片的营养生长特性　无花果叶面大，叶肉厚。叶片的构造、大小除受品种本身的制约外，还受环境条件、管理措施的影响。种植在背阴处，光照条件差或者氮肥施用过量、过迟，枝条不充实的树体，叶片薄而大；种植在向阳处，光照、营养条件好，枝条就充实，叶片厚，大小也正常，叶片栅栏组织发达。

正常的无花果植株，在新梢不断伸长的过程中，新梢上每个节间的节部都能长出一张叶片，同时在该叶的叶腋部位长出一个果实。就整株而言，长出的叶片数应该与结果数大致相等，叶果比是1∶1，气温回升到20℃以上，一张叶片从发芽展叶到长成，大约需要15天。但生长在背阴处、低温或者碳氮比例失调，氮素营养过剩，或者氮肥施用过迟时，长成一张叶片所需天数会增加，且叶片光合能力明显下降。因此，温度过高或过低均会严重影响叶片的光合机能和同化养分的积累，影响产量和质量。

（二）无花果需肥特性

1. 无花果对土壤环境的要求 无花果属多年生果树，原产地属亚热带干燥半沙漠地带。在土层深厚的土壤中能长成高大的乔木树体，树高可达10米，树干周长达3米，树龄在100年以上。因此，为无花果生长发育创造良好的生态环境是至关重要的。

无花果根系发达，枝叶繁茂，对土壤的选择并不严格，适应性较广，属于耐盐碱的果树，喜弱碱性或中性土壤，最适pH 7.2～7.5。但最适宜土层深厚的壤土或沙壤土。土壤黏重，根系分布浅，抗旱能力下降；地下水位过高，排水不畅，会抑制根系的呼吸作用，树势弱，产量低。

无花果忌地现象比较严重，多年连作，新梢的生长和根系的发育均会受到明显的抑制。由于老根分泌有毒物质会抑制新植无花果的根系发育，同时老园土壤中根结线虫较多，极易引起烂根。对于一定要连作的园地，最好是旱水轮作，间隔2～3年再栽培无花果。改植的连作园，必须挖除所有老根，然后将定植穴挖大，填入未种过无花果的新客土，喷洒杀线虫剂进行土壤消毒。

2. 需肥特性 无花果的结果习性与其他果树不同，果实随着新梢伸长，在各节叶腋不断长出，只要不出现徒长现象，新梢长得越长，节间越多，着生叶片也越多，结果数就越多，产量就会越高。

（1）养分吸收量。据测定，无花果对各种肥料成分的吸收量以钙素为最多，其次是氮和钾，吸磷量最少。假如吸收氮素量为1，则吸收钙素量为1.43，钾为0.9，而磷和镁仅为0.3。各种肥料成分被吸收利用后，氮、钾素主要分布于果实和叶片中；磷素在叶片中分布比例较氮素少，在根系中较氮素多；钙和镁大都分布于叶

片，分别约占80%和60%。

（2）养分吸收的季节性变化。无花果对养分吸收的季节性变化，可以用来作为确定施肥时期的参考依据。无花果对氮、钾、钙的吸收量随着气温上升而萌芽、发根后，树体生长量的增加而不断增大，至7月为吸氮高峰。新梢缓慢生长后，氮素月吸收量便逐渐下降，直至落叶期；钾与钙素则从果实开始采收至采收结束，基本维持在高峰期吸收量的30%～50%。进入10月以后，随着气温下降而迅速减少。对磷的吸收自早春至8月一直比较平稳，进入8月以后便逐渐减少。果实内氮与钾的含量随果实的发育逐渐增加，至进入成熟期的8月中旬以后，增加速度明显加快。特别是钾的含量，从8月中旬至10月中旬能增加15倍。果实磷、钙、镁含量也都从8月中旬开始显著增加。枝条和叶片内各种成分随新梢生长不断增加。但除钙以外进入果实成熟期后便逐渐稍有下降。结果枝条各种养分含量均比不结果枝条低。

（三）无花果营养诊断与施肥

1. 氮素营养与施肥　无花果新梢的伸长受氮肥施用量的影响最大，在适宜范围内随氮素施用量的增加生育状况越好，果实产量增加。氮肥用量不足，从总体看，树势衰弱，叶色变淡，叶片的裂刻变浅，趋于全缘叶形，叶缘向上方卷曲，手摸叶片有粗脆的感觉。随着缺氮程度加重，根系生长受阻，极易腐烂或易受根蚜虫危害。枝条较早停止生长并易老化。花序分化数量减少，前期果实的果型虽尚正常，但是果实的横径变小，提早成熟且品质尚好。由于缺氮叶片中的许多养分向果实转移，叶片褪绿明显，结果枝上位果实落果严重，收获量减少。出现严重缺氮状况后追肥时，枝条生长虽然会很快恢复，但果实易褐变并落果。

过度施用氮肥，反而会使生长发育受到抑制，结果枝徒长，叶片变得很大，树冠内繁茂过度，光照不足，果实着色不好，果型变小，不仅影响果实品质，而且导致裂果和腐烂果增加。还会受干旱危害，引起早期落叶。

矫治措施：重视果园培肥改土，增施腐熟优质有机肥，提高土壤肥力，是解决缺氮的根本措施。同时合理追施氮肥，并注意磷、钾肥的搭配施用，避免长期缺氮，满足树体正常生长。发现缺氮症状时，应及时喷施尿素 1.0%～1.5%，间隔 7 天左右喷 1 次，连续喷施 2～3 次，症状很快会消失。

2. 磷素营养与施肥 无花果极易存在潜在缺磷症状，在外观上不易识别。首先从叶色加深开始，相继下部叶片叶色变淡，新生嫩叶在未展开时就会凋萎脱落，使叶片数不再增加，出现结果枝先端果实聚生现象。果实变形，横断面呈不规则的圆形。未熟果的向阳面花青素多呈微赤紫色。缺磷的根系明显细长，侧根发生受到抑制。追施磷肥后枝梢生长能恢复转旺，果实成熟加快而且不易落果，与缺氮后追施氮肥的反应完全不同。

矫治措施：对于潜在缺磷的土壤，每公顷施用钙镁磷肥或过磷酸钙 1 200 千克与腐熟有机肥混合作基肥，改善土壤物理性状，增强根系活力，以利于磷素吸收。出现缺磷症状时，及时喷施磷酸二氢钾 1.0%～1.5%或过磷酸钙 2%浸提液，间隔 7～8 天喷 1 次，连续喷施 3～4 次，效果明显。

3. 钾素营养与施肥 无花果潜在缺钾较缺磷更为严重，当发现缺钾症状后进展明显加快。缺钾初期与氮肥过剩时症状相似，相继下部叶片的背面会出现不规则褐色浸润斑点，而叶片正面看不到。缺钾严重时，叶片出现灼烧现象，并很快落叶。枝梢停止伸长但不老化，极易受冻害，并常见瓢形果实。根系生长不良，易出现发黑、脱皮、腐烂现象。

矫治措施：南方酸性土壤有效钾含量低，无花果果实发育期间是补施钾肥的关键时期，每公顷追施硫酸钾 225～300 千克，分2～3 次施入，有利于树体营养生长，增进果实色泽和提高糖分含量。还可及时喷施磷酸二氢钾 1.0%～1.5%或硫酸钾 1.5%，间隔 7～8 天喷 1 次，连续喷施 3～4 次，症状会很快消失。

4. 镁素营养与施肥 无花果缺镁的症状比较容易发现，首先在生长旺盛的叶片上出现萎黄症状。往往发生在枝梢的中部叶片，

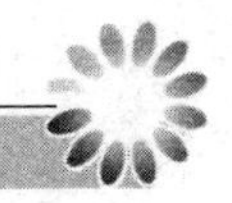

而上、下部叶片出现较少。随着症状的加重，叶片除叶柄部位外均呈黄白化，并出现褐色大型斑点。提早落果，成熟果实数量减少。缺镁初期对根部前期生长影响不大，但随着缺镁症状加剧，根系生长受到抑制。

矫治措施：当每 100 克干土的交换性镁含量低于 10 毫克时，每公顷施用硫酸镁 750 千克，也可与缺磷、缺钙等综合考虑，适当增施磷、钙、镁肥。发现缺镁症状时，还可及时喷施硫酸镁 1.5%，间隔 7～8 天喷 1 次，连续喷施 2～3 次，直至症状消失。

5. 钙素营养与施肥 钙素是一种不易移动且不能被再利用的元素，无花果需钙量特别多，潜在缺钙症状又不易被发现。因此，缺钙初期，下部叶片生长正常，而最上部展开叶突然白化并出现褐色斑点，导致落叶。枝干则成黑褐色并萎缩。果实变黑脱落。根系伸长明显受阻，极易腐败并有特殊强烈有机酸的臭味。

矫治措施：重视含钙肥料作基肥施用，除钙镁磷肥、过磷酸钙外，每公顷增施熟石灰 750～1 500 千克，发现缺钙症状时，还可及时喷施硝酸钙 0.5%，间隔 7～8 天喷 1 次，连续喷施 3～4 次，直至症状消失。

6. 硫素营养与施肥 无花果缺硫症状与缺氮极为相似，全株叶色变淡，下部叶片有褐斑，但不易落叶；枝梢老化与硬化较快；果实发育缓慢甚至停止生长，长期挂在结果枝上且不易成熟；根系在缺硫初期仍能伸长良好，但质脆易断。

矫治措施：在缺硫的果园，可采取棉花秆、麦秆等秸秆还田，有利于补充硫素的不足。发现缺硫症状时，及时喷施可溶性含硫肥料，如硫酸铵、硫酸钾 1.0%～1.5%，间隔 7 天左右喷 1 次，连续喷施 2～3 次，矫治效果良好。

7. 铁素营养与施肥 无花果缺铁症状与缺钙一样，先在新叶上表现出来，然而症状与缺镁难以区别，常以发生叶片所处部位的差异来判断。缺铁时新梢伸长缓慢，新芽白化枯死。若在生育前期发生缺铁，则幼果全部白化脱落；若在生育后期发生缺铁，则前、中期果实仍能正常成熟。

矫治措施：发现缺铁症状时，及时喷施硫酸亚铁 0.1%～0.5%与尿素 0.5%混合液或氨基酸螯合铁 600 倍液，间隔 7～8 天喷 1 次，连续喷施 3～4 次，直至缺铁症状消失。

二、无花果配方施肥技术

1. 无花果苗圃施肥 无花果忌地现象十分突出，圃地或园地重茬育苗或再植，则植株生长发育受阻，甚至导致死亡。所以建圃或建园时应避免重茬。无花果幼苗期需肥量大，必须早施追肥，补充养分，促进幼苗健壮成长。追肥分 2～3 次进行，第一次在 5 月上中旬，苗木生根展叶后，每公顷追施尿素 300 千克或专用肥 375 千克；第二次在 6 月上旬，每公顷追施专用复合肥 600 千克；第三次在 7 月上旬，视苗情长势适当补施，每公顷追施专用复合肥 150～300 千克。瘠薄的土壤可适当多施，防止僵苗不发。对生长势旺盛的苗木，应适当控制氮肥用量。施用氮肥过多、过迟时，易引起秋梢徒长，降低抗寒力，易受冻害。

施用肥料时尽量不接触根系，防止烧根。兑水浇施或撒施结合浇水进行。1 年生苗木的壮苗标准为：株高达 1 米以上，枝梢充实，根系发达，侧根多，基部直径达 1.5～2 厘米。

2. 1 年生苗定植施肥

（1）定植前施肥。无花果在土层深厚、疏松透气的土壤上生长良好。耕作层浅的土壤，下层有黏结层，定植前必须进行深翻，扩大有效土层。一般于冬季（11～12 月）深翻 50～60 厘米，将下层土翻到表面，耕翻时每公顷施腐熟的有机肥 30 吨，钙镁磷肥 750 千克，酸性土壤需增施石灰 1 500 千克。

（2）定植穴基肥。一般情况下无花果移栽时期以春季为宜，在气候温暖的南方地区，冬季亦可移栽。栽植时采用深坑浅栽。定植前 1 个月整畦挖定植穴深 50～70 厘米，直径 60～80 厘米。按每株施用腐熟堆厩肥 25～30 千克、饼肥 1.0 千克、磷肥 1.5 千克，偏酸的土壤加石灰 1.0 千克。

施肥方法：在定植穴下层 10～20 厘米外放稻草、麦秆等粗杂

有机物和腐熟堆厩肥10千克，其余肥料与表土充分混匀置于中层20厘米内，再覆盖表土10厘米，填平踩实。移栽后半个月内，经常浇水或稀粪尿，保持土壤湿润，促进活苗。6月上中旬追施一次专用复合肥或尿素，每株50～60克，结合松土、除草，兑水浇灌。

3. 无花果园施肥技术

（1）施肥时期。

①基肥。无花果的基肥施用时期，可在11～12月修剪结束后进行，但以2月下旬至3月上旬施用为宜。无花果不像其他果树那样进行中耕深翻，肥料早施，撒于枯叶表面，会随风雨雪水流失较多。但也不宜施用过迟，若3月以后施用基肥，肥料腐熟、分解和渗透，需要一定的时间，植株前期吸收利用就会受到影响。基肥以有机肥为主，如畜禽厩肥、堆肥、菜籽饼等，并结合搭配施用专用复合肥，能较长期的供给植株所需的养分，恢复树势，也为翌年生长结果贮藏养分。

②追肥。无花果追肥施用时期，在无花果栽培中分为前期追肥（夏肥）和后期追肥（秋肥）。即在施基肥的基础上根据各个时期的需肥特点补给肥料，以调节树体生长与结果的矛盾，保证高产、稳产、优质。

追肥的具体时期和次数，应根据植株生长状况和土壤肥力而定。一般分3～6次进行。高温多雨地区，养分易流失，追肥次数宜多，施肥量宜少；树势弱、根系生长差，必须增加追肥次数；幼龄树掌握前期多施和早施追肥、后期少施的原则，从而促进新梢生长充实，增强抗寒能力。

无花果植株前期生长量大，需肥多。随着新梢伸长连续不断地进行花序分化，5月下旬至7月中旬为需肥高峰期，此时追肥对整个生长期起着关键性作用。主要是解决新梢伸长、果实发育与树体贮藏养分转换期间的养分供求矛盾。

7月下旬果实开始成熟，一直采收到10月下旬。采收期长达3个月。在此期间，树势健壮，养分充足，成熟果就大，产量高。如果忽视及时追肥，养分不足，新梢细弱，果实膨大受到抑制，尤其是密植园，结果量过多时，容易出现营养严重亏损，树势早衰。因此，适时适量追肥，既能促进果实膨大，增加后期产量，提高品质，又有利于新梢生长充实和树体养分积累。据江苏镇江农业科学研究所研究表明，7月中旬和8月中旬追肥，结果枝生长量比不追肥的大4.2～7.6厘米，每株鲜果产量增加0.97～1.65千克，增产12.3%～21%。若追肥时期提早，则增产作用更显著。

9月上旬，秋根开始生长，10月果实采收量减少，进入贮藏养分积累期。10月下旬进行后期追肥也很重要，此时为秋根生长发育旺盛时期，追肥有利于恢复树势，提高叶片同化作用的功能，增加贮藏养分。但施用时期不宜过早，防止引起秋梢二次伸长，反而消耗养分；施用过迟，秋根生长缓慢，贮藏养分积累也少。值得注意的是，新梢生长旺、副梢发生多的树和1年生幼树抗寒性弱，容易出现冻害，后期不需追肥。

（2）施肥量。无花果施肥量的确定，必须以土壤肥力、树龄和目标产量等进行综合分析。并通过施肥试验，在生产实践中不断加以调整，使施肥量更能符合无花果生长的需要。

土壤肥沃有机质多、树势强的园地，施肥量比标准用量少10%～15%。同一园地树势强的植株少施；树势弱应适当多施，满足养分供应，促使树势强壮。但不能一次施肥过多，尽可能分次进行，防止根部肥料浓度过高而出现肥害。幼龄树施肥量，一般以成年树的60%～70%施用。幼树期施肥量过多，容易引起枝梢徒长不充实，萌发许多无效副梢，耐寒力下降，造成冬季冻害。应避免用增加施肥量来增加成园速度，欲速则不达，往往会导致失败。

据江苏镇江农业科学研究所研究表明（表8-34、表8-35），无花果1年生定植苗对氮、磷、钾的需求量较少，每公顷施氮90千克、磷50千克、钾100千克时新梢生长量最大。与1年生未结果树相比，2年生结果树对氮、磷、钾的需求量要高1～2倍。由此看来，无花果的施肥量要随着树龄增大、产量的提高而递增。幼树期不必施用过多氮、磷、钾肥，否则会造成新梢徒长反而减产。

表 8-34　氮、磷、钾不同用量对 1 年生定植苗生长的影响

46%尿素				14%过磷酸钙				50%硫酸钾			
用量（千克/公顷）	氮（千克/公顷）	苗高（厘米）	茎粗（厘米）	用量（千克/公顷）	磷（千克/公顷）	苗高（厘米）	茎粗（厘米）	用量（千克/公顷）	钾（千克/公顷）	苗高（厘米）	茎粗（厘米）
0	—	149	2.5	0	—	149	2.5	0	—	149	2.5
75.0	34.5	151	2.9	187.5	26.3	163	3.0	112.5	57.0	151	2.9
187.5	86.3	161	3.0	375.0	52.5	158	2.9	187.5	93.8	168	2.9
375.0	172.5	152	2.5	562.5	78.8	156	2.9	375.0	187.5	162	3.0
562.5	258.8	145	2.3	750.0	105.0	135	2.6	562.5	281.3	159	2.9
750.0	345.0	144	1.9	1125	157.5	146	2.6	750.0	375.0	149	2.6

1988—1990 年，连续 3 年进行定点施肥量和有效成分配比试验（表 8-35），各个时期的施肥量，基肥占全年施肥量的 50%～70%，夏季追肥占 30%～40%，秋季追肥占 10%～20%。其中氮素肥料，基肥约占总氮量的 60%，夏季追肥占 30%，秋季追肥占 10%；磷肥主要用于基肥，占总磷量的 70%，余下部分在复合肥中搭配作追肥；钾肥则以追肥为主，基肥占总钾肥量的 40%，追肥占 60%。从试验结果看出，施肥量增加对果实产量有明显的增产作用。3 年生树每公顷施氮 240 千克，比每公顷施氮 120 或 90 千克的增产 13.54%和 44%，扣除多投肥成本，净收入每公顷增加 17%和 29%。

从施用肥料种类看，增施腐熟有机肥的田块，如鸡粪、菜籽饼，不仅产量高而且品质好。与施尿素相比，产量增加 57.96%，糖分高 36.4%（表 8-36）。

表 8-35　施肥量与产量的关系

施肥量（千克/亩）			果实产量	
氮（N）	磷（P_2O_5）	钾（K_2O）	千克/株	千克/公顷
16.0	12.0	16.0	13.29	23 922
8.0	6.0	8.0	10.48	18 864
6.0	5.0	5.0	9.23	16 614

表 8-36　不同肥料种类对无花果产量与品质的影响

肥料名称	用量（千克/亩）	新稍长（厘米/枝）	产量（千克/株）	糖分（%）
不施肥	0	74.2	1.07	12.0
46%尿素	22.5	86.7	1.57	11.0
菜籽饼	75.0	112.2	2.01	13.0
鸡粪	300.0	144.6	2.48	15.0

综上所述，无花果施肥以适磷重氮钾为原则。氮、磷、钾三要素的配合比例，幼龄树以 1：0.5：0.7 为宜；成年树以 1：0.75：1 为宜。具体应用时，施肥量可按目标产量每 100 千克果实需施氮 1.06 千克、磷 0.8 千克、钾 1.06 千克计算。如果以每公顷生产果实 22 500 千克为标准，大致每公顷需氮 240 千克、磷 180 千克、钾 240 千克。但由于各地土壤条件差异比较大，施肥量和氮、磷、钾的施用比例应结合当地实际情况来确定。现根据江苏省镇江地区近几年的实践，将不同树龄的施肥时期、次数和用量列于表 8-37 和表 8-38 中，供参考。

表 8-37　幼树期（1～2 年生）施肥时期和施肥量

施肥时期		施肥量（千克/亩）			氮：磷：钾
		氮（N）	磷（P_2O_5）	钾（K_2O）	
3 月上旬	基肥	5	2	2.5	1：0.4：0.5
6 月上旬	追肥	2	1	1	1：0.5：0.5
7 月中旬	追肥	—	—	1.5	0：0：1.5
8 月中旬	追肥	0.5	0.5	0.5	1：1：1
10 月中旬	追肥	0.5	0.5	0.5	1：1：1
合计纯量		8	4	6	1：0.5：0.75

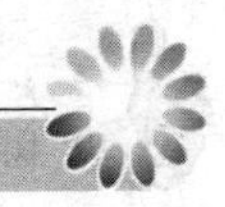

表 8-38　成年树施肥时期和施肥量

施肥时期		施肥量（千克/亩）			氮：磷：钾
		氮（N）	磷（P_2O_5）	钾（K_2O）	
3月上旬	基肥	8	6	6	1：0.75：0.75
6月上旬	追肥	4	2	2	1：0.5：0.5
7月中旬	追肥	—	—	4	0：0：4
8月中旬	追肥	2	2	2	1：1：1
9月中旬	追肥	1	1	1	1：1：1
10月下旬	追肥	1	1	1	1：1：1
合计纯量		16	12	16	1：0.75：1

（3）施肥方法。施肥效果与施肥方法有密切关系，而施肥方法又要与果树的根系分布特点相适应，只有肥料施在根系集中的分布层内，才能充分吸收利用。

基肥施用时，可在株间先挖浅沟深 20～30 厘米，将肥料拌匀施入浅沟内再覆土或者在清园后将肥料拌匀撒于表土，及时进行浅翻 15 厘米土层，再结合清沟覆盖一层碎土。浅翻时距主干 50 厘米，防止根系伤断。

追肥若施有机肥，距主干 50 厘米开条沟施肥，无机肥以畦面撒施法为好。有灌溉条件的园地施肥后结合灌水，施肥效果更好；如果灌溉条件差，则要抓紧在雨前撒施，或趁土壤湿润时施肥。总之，掌握因时因地施肥，适宜的土壤含水量，才能发挥肥效作用。土壤干燥时施肥有害无益。土壤积水或多雨，养分流失，肥料利用率降低。

第二十三节　银杏配方施肥技术

银杏别名白果树、公孙树、鸭脚树、蒲扇等，为银杏科银杏属落叶乔木，是一种现存种子植物中极为古老的孑遗木本植物，和它同纲的所有其他植物皆已灭绝，号称“活化石”为我国特有、世界公认的一种珍稀名贵树种。银杏全身是宝，它集生态、经济、社会效益于一身，汇材用、药用、食用、防护、绿化、观赏于一体。特别是近几年来银杏及其制品在国际市场畅销，因此，我国各地出现“银杏热”。目前，世界上只有3个国家批量生产银杏果（白果），而我国白果产量占世界总产量的90%以上。在我国主要分布在温带和亚热带气候区内，以种用栽培面积和产量为依据，可分为5大银杏产区，即江苏、广西桂林、山东、浙江、湖北产区。

一、银杏需肥特性

中国不仅是银杏的故乡，而且也是栽培研究最早、成果最丰富的国家地区之一，古往今来，无论是栽培面积还是果实产量，中国均居世界首位。银杏树高挺拔，树干光洁，叶型古雅，姿态优美，春夏翠绿，深秋金黄，寿命绵长，无病虫害，抗污染，适应性强，是著名的无公害园林绿化树种。千百年来，银杏以其枝叶繁茂、叶形奇特、果实优美、生命力极强等优点，给人以美感而被列为中国四大长寿观赏树种（松、柏、槐、银杏）之一。

（一）银杏营养特性

1. 根系的营养生长特性

（1）根系垂直分布。银杏根系垂直分布随土层厚度、质地、地下水位和栽培情况而异。用1～2年生播种苗栽植，根系的垂直分布较深，有的大树主根可深达5米以上；用扦插苗栽植，由粗壮侧根代替主根，根系的垂直分布较浅，一般在1.5～3.5米。通常情况下，根系主要集中分布在20～60厘米的土层处。

（2）根系水平分布。银杏根量很大，分枝很多。50年以上的大银杏树，根系集中在离主干3～5米的范围，随着树龄的增长，水平分布范围也随之扩大。银杏的水平侧根比主根长，一般为树冠冠幅半径的1.8～2.5倍。湖南省洞口县大屋乡1 200年生的古银杏，树高52米，根系垂直分布20多米，水平分布达500多米，但是根量主要集中分布在距树干5～7米处。银杏根幅与冠幅之比随

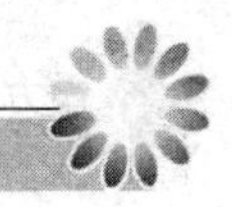

树龄和立地条件的变化而变化，幼年树为（1.4～1.7）：1，进入盛果期后，根冠比为（0.99～1.2）：1。由于银杏根系分布范围大，因此，在营造银杏林时，宜选择深厚疏松的土壤。

（3）根系营养生长特性。银杏根系从3月下旬开始萌动，到12月初停止生长，生长期约250天，在其年生长周期内有两个生长高峰。第一个生长高峰期在5月下旬至7月中旬，约60天，此阶段与地上部的生长高峰同步发生，树体对养分需求量很大；第二个生长高峰期在10月中旬至11月上中旬，即种子采收后和高径生长的缓慢期，此阶段树体所含养分充足，但生长时间短，光合能力弱，生长量很小。

银杏林地土壤中VAM真菌侵染根系是自然现象，苗木接种VAM真菌，能增加生长量。银杏VAM真菌能形成大量的胞内菌丝，胞间菌丝很少，根系被侵染后，有大量根毛，是吸收根的典型形式。银杏的吸收根只有侵染上内生VAM真菌才具有良好的吸收能力。

银杏根系的含水量较高，具有一定的耐旱能力，但若起苗时间长或长途运输，根部失水过多，菌根的菌丝干枯，根系吸水能力降低，则影响苗木成活率或幼树的生长发育。

2. 银杏对土壤条件的要求　银杏对土壤要求虽不严格，但也具有“四喜六怕”的特性，即喜水、喜肥、喜光、喜温凉湿润的气候环境，怕旱、怕涝、怕盐碱、怕荫蔽、怕瘠薄、怕高温受热的不良气候环境。只要在选地建园和栽培管理方面严格掌握银杏的这些特性，就能获得优质高产。

银杏虽然对土壤条件选择并不严格，但以沙质壤土最适。银杏根系不耐涝，以排水良好而又能保持一定湿度的土壤为宜。我国几个银杏主产区的土壤多为冲积土，地势平坦，土质沙性，肥沃疏松，土壤pH 6.5～7.5为最佳。当土壤含盐量0.25%时，生长正常，大于0.3%时，根系生长受阻，甚至死亡。在正常排水条件下，随着盐基含量的提高，土壤养分钙等随之提高，致使种实生理品质亦相应提高，银杏喜钙性决定了它对碱的适应性高于对酸的忍耐力。据调查，在湖南银杏分布石灰岩或钙质丰富的母岩上的比例高于72.8%，充分证明银杏树对钙的需求和在适应的生态类型上属于喜钙树种。

（二）银杏需肥特性

银杏萌芽开花期为4月。在银杏树的新梢、幼叶、花朵内氮、磷、钾三要素的含量均较高，其中氮素含量最高。充分说明银杏此期对三要素的需求很迫切，主要是消耗上一年树体内贮藏的养分。

新梢旺长期为4月中旬至6月下旬，此期是树体快速生长的前期，枝叶生长量很大，是吸收各种营养元素最多的时期，其中，氮素的吸收量最多，其次是钾，磷素最少。

果实采收至落叶期为9月中旬至11月中旬，此期树体吸收各种养分数量明显减少，主要是为翌年萌芽、长叶、开花、结果积累和贮藏养分。

一般来讲，银杏从萌芽前就开始吸收各种养分。氮素的吸收高峰在6～8月，与枝叶旺长及种子的迅速发育密切相关。钾素的吸收高峰为7～8月，与种子的快速膨大相关。磷的吸收量均少于氮钾，且各生育期吸收速率较均匀。

银杏对各种养分的需求量随树龄、种子产量的增加而递增。3年生幼树在年生长周期内需氮（N）4～7克、磷（P_2O_5）1～3克、钾（K_2O）4～7克，三要素比例为1∶0.4∶1；5年生银杏在年生长周期内需氮（N）21～34克、磷（P_2O_5）4～10克、钾（K_2O）31～54克，三要素比例为1∶0.3∶1.5；盛果期银杏则需氮（N）170～380克、磷（P_2O_5）100～240克、钾（K_2O）370～880克，三要素比例为1∶0.5∶2.0。据统计，随树龄增大对钾素的需求比例递增，12～15年生的银杏对钾素的吸收比例是氮素的2～3倍，可见丰产银杏园必须增施钾肥。

（三）银杏营养诊断与施肥

1. 土壤营养诊断临界指标 通过7月采集土壤样品测试，银杏园土壤营养诊断临界指标参考值如表8-39所示。

表 8-39　银杏园土壤营养诊断临界指标

（毫克/千克）

元素	低	适宜	高
有效氮	＜78.8	78.8～115.2	＞115.2
速效磷	＜9.8	9.8～14.0	＞14.0
速效钾	＜50.1	50.1～75.0	＞75.0

2. 叶片营养诊断临界指标　据相关研究资料，银杏叶片三要素营养诊断最佳采样期为 7 月，最佳诊断部位为伸长枝条上的第八位叶片，叶片营养诊断临界指标如表 8-40 所示。必须注意的是：供分析用的叶样要有代表性，如长势要一致、砧木年龄、土壤类型要相同，采叶时间、在树冠中的部位、枝条类型等都要相同，选有代表性的树 5～10 株，采集叶片 100～200 枚，确保分析结果可靠。对生长健壮、结种正常的银杏，9 月上旬叶片分析表明，长枝上叶片含还原糖 13.8％、含氮 1.84％、粗蛋白 11.5％，磷 0.16％；短枝上叶片含还原糖 11.2％、氮 1.27％、磷 0.78％、粗蛋白 7.94％。据江苏的测定，种子含氮 4.34％、磷 0.78％；长枝中叶片含氮 3.29％，长枝中含磷 0.69％；未结种枝叶片含氮 3.41％，含磷 0.47％；未结种短枝含氮 2.47％，含磷 0.43％；结种枝叶片中含磷 0.39％；结种短枝中含氮 3.42％、磷 0.08％。所测数据供施肥参考。

表 8-40　叶片营养诊断临界指标

（％）

元素	低	适宜	高
全氮	＜1.8	1.8～2.04	＞2.04
全磷	＜0.265	0.265～0.329	＞0.329
全钾	＜0.818	0.818～0.958	＞0.958

3. 营养诊断与施肥

（1）氮素营养与施肥。因为氮素是叶绿素的组成元素，当银杏缺氮时，下部老叶先变黄绿色或黄色，上部的新叶变小变薄，易提早落叶。枝梢生长缓慢、细弱，花芽分化少，种实小而着色浓，树势弱，抗逆性差。严重缺氮时甚至导致枝梢早衰或死亡。

氮肥施用过量时，树势旺盛，枝叶徒长，花芽分化不良，落花落果严重，病虫害增多，抗逆性降低，种实品质差，耐贮性降低。

矫治措施：增施有机肥，合理施用氮肥，采取配方施肥技术。若发现缺氮症状时，及时喷施尿素1.0%～1.5%或硫酸铵2.0%，间隔7天左右喷1次，连续喷施3～4次，直至症状消失。

（2）磷素营养与施肥。磷素是树体内多种重要化合物的组分，银杏缺磷时，枝叶生长受阻，分枝少，叶片变小，叶色暗绿。严重缺磷时，下部老叶出现紫红色或红色斑块，叶缘出现半月形坏死，提早落叶，产量降低。

磷素过剩时，阻碍对铁、锌等微量元素的吸收利用，诱发铁、锌等微量元素的缺乏症。

矫治措施：加强果园肥水管理，扩穴改土，注意有机肥与其他营养元素的合理搭配与施用。发现缺磷时，及时喷施磷酸二氢钾1.0%或过磷酸钙1.5%的浸提液，间隔7～8天喷1次，连续喷施2～3次，效果良好。

（3）钾素营养与施肥。钾素在树体内移动性较大，缺钾症状首先从下部成熟叶片表现出来，叶缘出现褐色枯斑，叶片从边缘向内枯焦，向下卷曲而枯死；然后症状发展至上部幼嫩叶。缺钾严重时，虽然成熟的根系和枝梢加粗，但生长缓慢，新梢细弱。

钾素过剩时，由于离子间的拮抗作用，阻碍钙、镁等营养元素的有效吸收利用，易产生钙、镁的缺素症。

矫治措施：增施有机肥作基肥，合理施用钾肥和氮肥，注意深翻扩穴，采用穴蓄肥水技术，适时灌溉、排水防涝，为银杏根系生长创造良好生态环境。发现缺钾时，要及时追施速效钾肥，还可叶面喷施磷酸二氢钾1.0%或硫酸钾1.5%，间隔7天左右喷1次，连续喷施3～4次，缺钾症状很快消失。

（4）钙素营养与施肥。钙素能促进氮素的代谢和细胞分裂，能平衡细胞液离子间的酸碱度。银杏缺钙时，叶片变小，叶脉间失绿，老叶叶缘失绿坏死，幼叶也可完全失绿；严重缺钙时，枝梢枯死，花芽分化受阻，花朵萎蔫。

若酸性土壤施用石灰过量时，由于离子间的拮抗作用，会诱发银杏缺铁症。

矫治措施：酸性土壤适量施用石灰，注意含钙肥料与其他肥料的合理搭配，加强果园土壤肥水管理。发现缺钙症状时，要及时追施钙肥，并结合喷施硝酸钙 1.5%或氨基酸钙 800 倍液，间隔 7 天左右喷 1 次，连续喷施 3～4 次，矫治效果会更好。

（5）镁素营养与施肥。银杏缺镁时，顶梢上的叶片小而薄，叶色淡绿，叶缘黄化；缺镁严重时，整个叶片变成黄褐色，叶脉也变成黄色，叶基部黄色中部暗褐色并逐渐坏死。

矫治措施：潜在缺镁银杏园，采取配方施肥技术，将含镁肥料与有机肥混合作基肥，预防缺镁的发生。在银杏生长期间，注意适时每公顷追施硫酸镁 150～300 千克。发现有缺镁症状时，及时喷施硫酸镁 1.5%与尿素 0.5%的混合液，间隔 7 天左右喷 1 次，连续喷施 2～3 次，直至症状消失。

（6）硫素营养与施肥。硫素在树体内移动性很小，银杏缺硫时首先幼嫩叶失绿黄化，叶面、叶肉均变黄，然后叶基部变成红棕色，并出现焦斑而逐渐脱落。

矫治措施：缺硫的果园，结合施用基肥，将硫磺与有机肥料混合施入，还可结合浇水追施水溶性含硫肥料。

（7）硼素营养与施肥。缺硼时首先老叶尖端变红，并向内卷曲。缺硼严重时，根尖和新梢生长点易枯萎，花芽分化受阻，易落花落果，坐果率降低。

矫治措施：潜在缺硼的果园，足量的有机肥与硼砂混合作基肥预防缺硼症状的发生。在发现有缺硼症时，可叶面喷施硼酸 0.3%～0.5%与尿素 0.5%或氨基酸复合微肥 700 倍液的混合液，间隔7～10 天喷 1 次，连续喷施 2～3 次，矫治效果较为

理想。

（8）铁素营养与施肥。由于铁在树体内移动性极差，所以缺铁的症状首先从嫩枝、幼叶表现出失绿黄化病，叶脉间变成灰黄色或灰白色；严重缺铁时树势衰弱，幼叶及老叶均变为近白色，老叶上出现坏死褐色斑点，并极易脱落，相继枝梢枯死，花芽不能分化，坐果率很低。

矫治措施：潜在缺铁的果园，每年必须结合深翻扩穴，增施有机肥，改良土壤，注意磷肥与铁、锌等微量元素肥料的合理配比与施用，预防缺素症的发生。发现缺铁时，应及时追施硫酸亚铁肥料，还可喷施硫酸亚铁0.3%～0.5%与尿素0.5%混合液或氨基酸螯合铁700倍液，间隔7～10天喷1次，连续喷施3～4次，直至症状消失。

（9）锌素营养与施肥。锌素参与树体的光合作用中CO_2的水合作用，也参与生长素的合成，因此，缺锌时，银杏光合作用降低，生长受阻，新梢叶片明显变小，叶面出现黄化斑点，整个叶片逐渐失绿黄化，叶缘皱缩，质地脆；枝条细弱，节间缩短；缺锌严重时，典型的“小叶病”表现突出。

矫治措施：增施有机肥和锌肥，合理施用磷肥，有效调控磷锌比。发现有缺锌症状时，及时喷施硫酸锌0.3%～0.5%与尿素0.5%的混合液或氨基酸螯合锌800倍液，间隔7～10天喷1次，连续喷施3～4次，矫治效果良好。

（10）锰素营养与施肥。锰是维持叶绿体结构所必需的微量元素，直接参与树体的光合作用，因此，银杏缺锰时，叶片失绿，叶面上出现杂色斑点，而叶脉仍然保持绿色；缺锰严重时，幼叶变成花叶，叶脉也变黄。

矫治措施：潜在缺锰的果园，必须重施有机肥和锰肥作基肥，合理施用磷肥与铁肥，预防缺锰症状的发生。一旦出现缺锰症时，可及时喷施硫酸锰0.5%～1.0%与尿素0.5%的混合液或氨基酸螯合锰800倍液，间隔7～10天喷1次，连续喷施3～4次，有明显矫治效果。

二、银杏配方施肥技术

（一）苗床施肥技术

1. 择好苗圃地　苗圃地选择是培育壮苗的重要环节。圃地选择合理与否，对播种苗的出苗和生长均有直接影响。苗圃地要选在交通方便、地势平坦、背风向阳、排灌方便、土壤疏松、肥力较好的地方。以沙壤土和轻黏壤土为宜。土层深度应在 50 厘米以上，适宜于微酸或中性（pH 6.5～7.5 为最佳）土壤，含盐不得超过 0.3%。在水源条件较差的地方，尤其要加厚土层，蓄水保墒，提高抗旱能力。土壤黏重、低湿地、内涝地、重茬地以及前作为马铃薯、黄瓜等蔬菜地，均不宜作银杏育苗地。

2. 培肥苗床　圃地要全面深翻，深度为 30～40 厘米，经冬季冻垡，土壤进一步风化。结合翻地每公顷施腐熟的有机肥 3 万～4.5 万千克，另外应增施银杏专用复合肥 50 千克或尿素、磷钾复合肥各 30 千克，或饼肥 4 500 千克、复合肥 1 500 千克，并混施硫酸亚铁 45～75 千克，锌硫磷 12.5 千克，以预防生理病害发生。南方多雨地区，为防止积水，应采用高床，床面高度为 25～35 厘米。北方少雨地区，可采用低床。苗床东西方向，床宽 100～120 厘米。苗床长视地形而定，但过长易于积水。畦做好后，如土壤过旱应灌水一次，保持湿润，以待播种。

3. 培育壮苗的施肥技术　银杏虽对土壤的生态适宜范围很广，但银杏本质上仍属喜肥树种。所以施肥是提高苗木产量和生长量的关键措施。根据江苏邳州的经验，一般情况下，除施基肥外，在苗木生长期间，还要施追肥 3～4 次。第一次在 5 月中旬，可用尿素 0.1%或磷酸二氢钾 0.2%或 100 倍的银杏叶面增产素喷洒；第二次在 6 月上旬，每公顷浇施 20%～40%腐熟的人粪尿 4.5～6.0 万千克或尿素 150 千克；第三次在 7 月下旬至 8 月上旬，肥料施用量与施用方法同第二次。李家玉在相同措施条件下，对不同施肥种类和用量进行了试验，结果表明，施肥对苗木生长有明显的促进作用（表 8-41）。

表 8-41　施肥对银杏 1 年生苗木生长的影响

施肥种类	施肥量（千克/亩）	平均苗高（厘米）	平均地径（厘米）	平均叶数（枚）	生物量（克/米^2）
猪牛厩肥	5 000	13.9	0.7	11.3	118.0
猪牛厩肥	5 000	14.1	0.74	8.6	134.9
猪牛厩肥	10 000	16.06	0.8	19.85	236.7
猪牛厩肥	10 000	18.97	0.83	14.7	285.7
无肥	—	16.47	0.46	6.3	57.5

从表 8-41 可见，每亩施肥 1 万千克较每亩施 0.5 万千克的苗木粗壮，且苗高、地径、叶片数均有明显增加。苗木生物量每亩施肥 1 万千克较每亩施 0.5 万千克的 2 倍，相当于不施肥的 4 倍。不施肥的苗木，虽然高度超过每亩施肥 0.5 万千克，但苗木细弱，平均地径、叶片数及生物量均与每亩施肥 0.5 万千克有显著差异。从苗木质量上看，每亩施肥 1 万千克的苗木地径 0.7 厘米以上者占 75%～85%；每亩施肥 0.5 万千克，只占 45.6%～63.6%；而不施肥的苗木地径均在 0.65 厘米以下，其中地径 0.45 厘米的苗木要占 50%。说明培育壮苗，不仅要施肥，而且以适当多施为好。在苗木生长期间喷施磷酸二氢钾 0.5%，比同样条件下不喷洒的高生长要增加 15%~17%。

（二）矮化密植早果，丰产园配方施肥技术

银杏是一种高大乔木树种，野生性状比较明显。在自然生长条件下开花结果较其他果树晚。经过近 10 余年来研究试验，已基本达到 1 年育苗、2 年嫁接、3 年开花、4 年见果、5 年形成一定产量的结果，并积累与完善了一系列成熟的早果丰产配套技术。

1. 择地改土　银杏对土壤虽然有很强的适应性，但要使树体发育健壮、早实、丰产和稳产、经济效益高，仍需要有良好的土壤条件。土壤肥力及其理化性状的优劣，直接影响根系的生长和地上部的开花结实。

土壤改良包括深翻熟化、加厚土层、淘沙换土、培土掺沙、低洼盐碱地排水洗碱、酸性土壤施石灰石和增施有机肥料、种植绿肥等。

2. 整地施肥　一般应在栽植前一个季节整好地，使定植穴内土壤经过日晒和冬季冻垡，促进土壤熟化、消灭病虫。平地可采用带状整地法，带宽 1.5～2.0 米、深 0.8 米，丘陵地可按梯田整地。冬前挖好穴，翌年早春向沟内回填时，施入腐熟厩肥 75 000 千克/公顷，将厩肥与土混匀后再回填。填平后连续浇水 2 次，使土壤沉实、湿润。若不采取带状整地时，可直接将有机肥加少量磷肥施入穴内，穴施基肥 100 千克，加施过磷酸钙 0.2～0.5 千克，以利于发根缓苗。

3. 栽后扩穴改土　栽后 1～2 年要保持土壤湿润、疏松，适时适量浇水，树盘内覆草，树盘外间套种绿肥等。为扩大根系吸收面积，随树龄的增长，应逐年扩穴改土或深翻熟化。银杏园以秋季深翻最好。夏季深翻可在根系生长高峰前结合压绿肥进行，冬春季结合追施氮肥深翻，最好从定植后第二年起，连续 3 次扩穴。沙性大、砾石多的园地还要换土。排水不良的园地，浇水或雨后土壤下沉时，应及时填平排水，防止积水烂根。干旱园地深翻后要及时浇水。

4. 矮化密植的施肥技术

（1）施肥时期。银杏对肥水的需求十分迫切，水肥越足长势越强，否则长势变弱。银杏生长发育、开花结种的各个阶段，都需要从土壤中吸收多种营养元素。要想使银杏种实早产、丰产、稳产、优质，则保证土壤中可被利用的营养元素有足够的量非常重要。但是营养元素过多或不足，都会给银杏生长带来不利影响。银杏栽植后，采取次多、量少集中施肥的方法。从施肥时期看，一年施 3～4 次肥，基本上在春夏秋冬季节进行。一般情况下银杏苗定植当年只追肥一次；第二、三年各施肥 3 次；结果后每年施肥 4 次。

第一次施肥（即春季施肥，也称为长叶肥），应在地温开始上升、根系活动时进行。在长江以北多在 2 月下旬至 3 月上旬，淮河以北约在3月中旬、春季发芽抽梢前施肥，以速效氮肥为主（也可施入腐熟人畜粪，并加施速效氮肥），适量配合磷肥，第一次施肥量要占全年施肥量的25%。每公顷施用腐熟人畜粪尿肥1.5万千克、银杏专用肥150千克或尿素450～750千克、过磷酸钙300千克。此次施肥的目的在于：促进花器官发育、枝叶生长，使新梢生长量变长，叶片增大、增厚和提高坐果率。对结实多的母树，最好在谷雨以后再增施些氮肥，尤其是花多的大年树，进一步补充营养。

第二次施肥（即夏季施肥，也称为长果肥），是根系处于旺盛生长高峰的后期，又是种实生长的高峰期。故可适当延长根的旺盛生长期，并对种实生长和胚发育大有益处。我国长江以北约在6月下旬，长江以南稍早一点施入，其中以速效氮肥为主，配合适量磷肥。施肥量为全年施肥量的40%～50%。每公顷施用银杏专用肥1 200～1 500千克或尿素450～750千克、氯化钾225～375千克、过磷酸钙600～750千克。此次施肥也有在谢花后进行，目的在于：使新芽健壮成长，促进幼小种子迅速膨大，减少生理落种。夏季施肥及其时期要看树势和结种多少而定，对结种少的旺树可不施或少施；对春季施肥量较多的，也可不施或少施。

第三次施肥（即秋季施肥，也称为壮木肥），一般在7月上中旬进行，也有在7月下旬完成，此期正值硬核期，径粗加速生长。因此，适时适量施肥对提高当年种实产量和品质至关重要，追肥以磷、钾肥为主，配合施用氮肥。每公顷施用银杏专用肥450～600千克或45%氮磷钾复混肥450～675千克。此期正处于花芽分化期，能为翌年产量奠定基础。追施磷、钾肥意在提高树体营养水平，促进碳水化合物和蛋白质的形成，从而提高产量、品质和花芽形成。

第四次施肥（即冬季施肥，也称为谢果肥），种子采收后，结合土壤深翻施入迟效性有机肥作基肥。此次施肥一般在9月底至10月上旬。此期光合产物大量回流，根系又一次生长，施肥具有延缓叶片衰老（能使叶片发黄期推迟一个月），增加养分积累、枝

芽得到较好的充实发育、增加根的数量。肥料以堆肥、厩肥、塘泥、饼肥、人畜粪、树叶、绿肥等为主，并增施磷肥，适当配施速效氮肥，每公顷施用有机肥3.0万千克或银杏专用肥525～675千克或45%氮磷钾复混肥525～675千克。这次施肥还具有改良土壤、提高土壤肥力的作用。

在上述4次施肥中，前3次为追肥，以速效化肥为主，后1次为基肥，以迟效性有机肥为主。在实际生产中应根据树势、结果情况增或减施肥次数和施肥量。

（2）施肥量。由于影响施肥量的因素非常多，诸如树龄、品种、树势的强弱、种实产量、土壤肥瘠程度、肥料的种类、环境条件等，所以，要综合分析土壤测试与营养诊断等各方面情况，提出合理的肥料配方与施肥量。可以说，在一定范围内增加施肥量，能提高产量，但并不是说施肥量越大产量越高。虽然银杏营养的复杂性和环境因子的多样性，很难确定一个固定的施肥量，但是通过土壤分析、田间施肥试验和群众施肥经验的总结，尤其是随着植物营养诊断研究的发展，应用叶片分析法确定树体营养水平则为确定施肥量较为可靠的依据。叶片分析法是根据叶片内各种元素的含量，判断树体营养水平。根据叶片分析的结果，作为施肥的参考，有针对性的调整营养元素的比例和用量，以满足银杏树体正常生长的需要。从长远观点看，无论是银杏丰产园还是叶用园、采穗圃等，施肥标准化、数量化是银杏生产管理的趋势。但是在我国实际生产中常根据多方面实际因素，并分析预测年产量等进行施肥。如广西灵川果农的经验是：生产1千克种子，冬春季节各施入有机肥4千克，夏秋季节各施入种实产量5%的化肥。另据测定每生产100千克种实，需氮肥40～50千克、磷肥16～26千克、钾肥45～70千克，再加上一定量的微量元素。推算得，每结100千克种实，冬春两季各施400～500千克有机肥，夏秋两季各施5～10千克复合肥。值得注意的是，银杏园必须以有机肥为主导，配合速效化肥，结合土壤的改良与熟化是施肥的前提，尤其是种植绿肥，不仅肥效高，并且可改善土壤结构，增强银杏生产后劲。

（3）施肥方法。施肥方法同其他果树一样，有土壤施肥和根外追肥之分。土壤施肥既含有机肥，又含无机肥，其中基肥主要是有机肥土壤施入。根外追肥以无机肥为主。土壤施肥又有沟施、穴施、全园撒施等多种方法，根外追肥又根据具体情况确定。一般来说在硬核期以前，根外追肥较适宜。为提高吸收率，可在喷肥时加入黏着剂，如洗衣粉等。常用浓度0.3%～0.5%尿素，喷后叶色浓绿，促进光合作用，延长叶片寿命和活力。还可增加叶面积和叶片厚度。叶喷尿素可每月1次，从4月下旬人工授粉后开始，9～10月止。还可常用硫酸钾、硝酸钾、磷酸二氢钾浓度0.3%～0.5%及草木灰浸出液1.0%～3.0%，分别于5月下旬至6月上旬和7月中下旬各喷1次，喷钾目的是促进种实生长、种核发育和延缓叶片衰老。也可与尿素交替进行喷施。

从6月中下旬至8月中旬同时配合喷施过磷酸钙0.5%～1%或磷酸二氢钾0.3%～0.5%浓度为宜，连续喷施两次。磷可以改善树体内氮素状况，促进碳水化合物运输，促进新根产生及根系生长，磷还可增加体内束缚水及可溶性糖含量，提高银杏的抗逆性。从目前研究现状和生产来看，在银杏萌芽后、开花前喷1%浓度的硼酸，盛花期喷0.1%～0.3%硼酸，或盛花期和盛花期后各喷1次0.25%～0.5%硼砂，并混加同浓度的石灰水，给树体补充适当的硼对授粉受精有利。在缺铁或缺锌时，叶喷0.3%～0.5%硫酸亚铁或0.5%硫酸锌，并与同浓度的石灰水混喷，效果较好。此外，还有喷锰、镁等。

参考文献

鲍士旦. 2000. 土壤农化分析. 北京：中国农业出版社.
曹尚银，侯乐峰. 2013. 中国果树志（石榴卷）. 北京：中国林业出版社.
陈海红. 2014. 亚热带果树生产技术. 北京：中国农业大学出版社.
陈杰忠. 2011. 果树栽培学各论（南方本）. 北京：中国农业出版社.
董启凤. 1998. 中国果树实用技术大全：落叶果树卷. 北京：中国农业科技出版社.
高国人. 2013. 香蕉优质丰产栽培. 广州：广东科技出版社.
高祥照，马常等. 2005. 测土配方施肥技术. 北京：中国农业出版社.
姜远茂，彭福田，巨晓棠. 2002. 果园施肥新技术. 北京：中国农业出版社.
劳家柽. 1988. 土壤农化分析手册. 北京：农业出版社.
劳秀荣，魏志强，郝艳茹. 2011. 测土配方施肥. 北京：中国农业出版社.
劳秀荣，杨守祥，韩燕来. 2008. 果园测土配方施肥技术. 北京：中国农业出版社.
劳秀荣，杨守祥，李燕婷. 2009. 果园测土配方施肥技术百问百答. 北京：中国农业出版社.
劳秀荣. 2000. 果树施肥手册. 北京：中国农业出版社.
龙兴柱. 2000. 现代中国果树栽培. 北京：中国林业出版社.
马国瑞，石伟勇. 2002. 果树营养失调症原色图谱. 北京：中国农业出版社.
农业部发展南亚热带作物办公室组. 1998. 中国热带南亚热带果树. 北京：中国农业出版社.
农业部农业局. 1989. 配方施肥. 北京：农业出版社.
邱武陵，章恢志. 1996. 中国果树志：龙眼、枇杷卷. 北京：中国林业出版社.
全国农业技术推广服务中心. 2011. 南方果树测土配方施肥技术. 北京：中国农业出版社.
沈兆敏. 1999. 中国果树实用技术大全. 常绿果树卷. 北京：中国农业科技出

版社.

宋志伟，杨净云.2011.果树测土配方施肥技术.北京：中国农业科学技术出版社.

吴中军，袁亚芳.2009.果树生产技术（南方本）.北京：化学工业出版社.

谢德体.2014.土壤学（南方本）.北京：中国农业出版社.

谢建昌.1997.菜园土壤肥力与蔬菜的合理施肥.南京：河海大学出版社.

许邦丽.2011.果树栽培技术（南方本）.北京：中国农业大学出版社.

姚允聪.1998.石榴和无花果三高栽培技术.北京：中国农业出版社.

袁卫明.2009.果树生产技术.苏州：苏州大学出版社.

张福锁.2011.测土配方施肥技术.北京：中国农业大学出版社.

张福锁.2006.测土配方施肥技术要览.北京：中国农业大学出版社.

张洪昌，段继贤，王顺利.2014.果树施肥技术手册.北京：中国农业出版社.

赵永志.2012.果树测土配方施肥技术理论与实践.北京：中国农业科学技术出版社.

周开隆，叶荫民.2010.中国果树志.柑橘卷.北京：中国林业出版社.

周鸣铮.1988.土壤肥力测定与测土施肥.北京：农业出版社.